低渗、致密气藏
渗流规律与产能评价方法文集

甯　波　赵　昕　付宁海　刘林清　编著

石油工业出版社

内 容 提 要

在中国四川、鄂尔多斯、柴达木、塔里木、松辽等盆地先后发现了大量致密气田，资源评估量巨大，致密气开发成为目前的热点，但致密气的有效开发存在诸多问题，迫切需要解决。本书汇总了国内一批天然气开发领域专家的最新研究成果与心得，可以为气藏开发提供理论参考和方法借鉴。

本书可供从事天然气开发的科研人员使用，也可作为高等院校相关专业师生的参考用书。

图书在版编目（CIP）数据

低渗、致密气藏渗流规律与产能评价方法文集／甯波等编著. — 北京：石油工业出版社，2020.5
ISBN 978-7-5183-3938-9

Ⅰ.①低… Ⅱ.①甯… Ⅲ.致密砂岩-砂岩油气藏-渗流-文集 ②致密砂岩-砂岩油气藏-气藏工程-文集
Ⅳ.①TE343-53

中国版本图书馆 CIP 数据核字（2020）第 050949 号

出版发行：石油工业出版社
　　　　　（北京安定门外安华里2区1号　100011）
　　　　　网　　址：www.petropub.com
　　　　　编辑部：（010）64523708
　　　　　图书营销中心：（010）64523633
经　　销：全国新华书店
印　　刷：北京中石油彩色印刷有限责任公司

2020年5月第1版　2020年5月第1次印刷
787×1092毫米　开本：1/16　印张：14
字数：335千字

定价：130.00元
（如出现印装质量问题，我社图书营销中心负责调换）
版权所有，翻印必究

前　言

由于致密砂岩气藏的渗流机理和开发规律都不同于常规气藏，渗流机理的特殊性带来气藏物性参数的不确定性，导致用常规的生产动态分析方法来评价致密砂岩气藏会产生较大的误差。总结说来，致密气藏开发给气藏工程带来了以下三个难题：储层致密和强非均质性给致密气藏的渗流机理认识带来难度；由于致密气藏的低、超低渗特征，气藏很难进入边界控制流状态，因此基于稳态、拟稳态流的分析模型和方法（如 ARPS 模型、物质平衡方法）将不再适用于致密气藏动态分析评价，给现有的生产动态分析带来难度；致密气藏有着复杂的地质和岩石物理系统，并且常存在强非均质性特征，必须经过增产措施如水力压裂等才能建立具有经济意义的气井产能，开发完井工艺多样化、完井作业复杂化，因此给产能评价带来难度。

"十二五"期间，是以苏里格大气田为代表的致密气大发展的阶段，也是以须家河组为代表的高含水致密气藏开发的探索阶段，在常规的气藏工程分析方法的基础上，从致密气藏储层特征出发，研究了致密气藏的渗流机理，包括滑脱效应、高速非达西渗流、应力敏感性和启动压力梯度等引起非线性渗流特征的渗流现象。总结了目前致密气藏的开发特征以及常用的开发技术方法，形成了一系列针对致密气的气藏工程方法，基本解决了储层渗流、压裂改造和水平井等复杂储层和新工艺技术的研究评价问题。

"十三五"以来，以鄂尔多斯盆地苏里格气田、四川盆地须家河组气藏为重点研究区，针对多层改造直井和多段压裂水平井两种井型、富气型和富水型两类储层，开展致密气藏渗流规律研究，创新形成致密气藏复杂工艺井和产水井的产能评价技术，发展变产量、变压力的试井分析技术，定量化地质和工程参数对产能的影响，寻求解决井型优选、参数优化和气田稳产等关键问题的气藏工程方法，为我国致密气已规模开发区稳产、未动用区有效开发提供理论和技术支撑。

"十三五"即将进入收官之年，《低渗、致密气藏渗流规律与产能评价方法文集》立足我国致密气开发所取得的成果，收集整理了"十三五"国家致密气专项课题《致密气渗流规律与气藏工程方法》研究团队近年来具有代表性的论文，集结出版，希望在总结"十三五"研究理论和技术成果同时，对这些理论和成果的推广应用发挥积极作用。同时，感谢研究团队成员对文集出版所做出的贡献，也希望该书能给同行们一些有益的参考。

目　　录

储层应力敏感性对异常高压低渗透气藏采收率的影响研究
　　……………………向祖平　严文德　李继强　黄小亮　马　群　梁洪彬（1）
低渗透砂岩克氏渗透率影响因素实验研究 ……………………吕志凯　何东博　宵　波（6）
低渗透—致密气藏水平井探测半径研究
　　………………………………陈志明　廖新维　赵晓亮　窦祥骥　祝浪涛（14）
低渗透—致密砂岩气藏开发中后期精细调整技术…………付宁海　唐海发　刘群明（22）
多层合采气藏井底压力响应模型通解
　　………………………………李成勇　蒋裕强　伍　勇　龚　伟　刘永良（32）
基于拟时间函数分析气井不稳定生产数据………王军磊　宵　波　蒋俊超　赵　亮（39）
考虑微观渗流机理的致密气藏产量预测方法
　　…………陈中华　刘先山　宵　波　姜柏材　向祖平　秦正山　唐　欢　常小龙（49）
考虑微观渗流机理的致密气藏水平井产量预测方法
　　…………………宵　波　向祖平　刘先山　李志军　陈中华　姜柏材　赵　昕（60）
裂缝应力敏感性对异常高压低渗透气藏气井产能影响研究
　　……………………………………………………向祖平　陈中华　邱蜀峰（75）
受相分离影响的低渗透有水气藏试井解释方法
　　………………………………李成勇　伊向艺　邓元洲　龚　伟　张锦良（81）
水平井技术在松辽盆地深层致密气中的应用
　　………………………………宵　波　何东博　郭建林　魏铁军　李忠诚（87）
苏里格气田差异化井网加密设计方法——以苏×井区为例
　　……………………………………………赵　昕　郭　智　宵　波　付宁海（95）
苏里格气田强非均质性致密气藏水平井产能评价
　　………………………李　波　贾爱林　何东博　吕志凯　宵　波　冀　光（103）
体积压裂复杂裂缝形态压力响应特征分析
　　……………赵晓亮　廖新维　王　欢　赵东锋　陈晓明　叶　恒　李东晖（117）
体积压裂直井油气产能预测模型
　　………………陈志明　廖新维　赵晓亮　王　欢　叶　恒　祝浪涛　陈奕洲（125）
应力敏感气藏水平井试井解释方法研究
　　………………………………伊向艺　张　志　李成勇　李德财　王胜波（136）
有限导流压裂水平气井拟稳态产能计算及优化
　　………………………………………王军磊　贾爱林　位云生　赵文琪（145）
阈压效应对致密高含水砂岩气藏气井产能影响研究
　　………………………………………李明秋　刘林清　庄小菊　王小娟（158）
致密气藏分段压裂水平井产量递减规律及递减因素
　　………………………………………王军磊　贾爱林　何东博　位云生　齐亚东（164）

致密气藏水平井产能图版及应用 …… 吕志凯　冀　光　位云生　孙永兵　宿　波（177）

致密砂岩气藏气井产量递减影响因素研究
………………………… 李明秋　杨　柳　刘林清　徐　伟　周　鸿　常　程　申　艳（183）

气井单井控制储量快速评价新方法——以苏里格气田水平井为例
………………………………… 李　波　贾爱林　宿　波　王军磊　位云生（189）

致密砂岩气田储量分类及井网加密调整
……… 郭　智　贾爱林　冀　光　宿　波　王国亭　孟德伟　赵　昕　付宁海（200）

储层应力敏感性对异常高压低渗透气藏采收率的影响研究

向祖平　严文德　李继强　黄小亮　马　群　梁洪彬

（重庆科技学院石油与天然气工程学院）

摘要：异常高压低渗透气藏由于其自身的地质特征，在衰竭式开发过程中表现出较强的储层渗透率应力敏感性，其对气藏开发效果影响显著，并对该类气藏采收率的标定带来较大的偏差。本次研究在非线性渗流力学基础上建立了考虑储层应力敏感性的三维模型、气水两相渗流及数值模拟模型。利用室内岩心实验和气藏前期经济评价等参数，模拟计算不同采速和考虑与不考虑储层应力敏感性等多种情况下的气藏采收率，研究认为在该类气藏采收率标定中应充分考虑应力敏感性的影响，否则会使标定的采收率偏高 10% 左右，给气藏的开发决策带来较大不利影响；同时应力敏感性越强，其对气藏采收率的影响就越大。
关键词：异常高压；低渗透气藏；应力敏感性；渗流数学模型；采收率

经过近几年的勘探开发，在我国西部发现了大量的异常高压、低渗透—致密气藏，如四川的磨溪气田嘉二段气藏、新场气田沙溪庙组气藏等。异常高压气藏由于其地层压力系数高、原始地层压力高，在衰竭式开采过程中，随着地层压力下降，岩石骨架承受的有效应力大幅增加，从而使岩石发生显著地弹塑性形变，岩石渗透率、孔隙度等物性参数变小，影响气藏的最终开发效果[1,2]。这给气藏经济极限采收率的标定带来较大偏差。因此，研究该类气藏中应力敏感性对气藏经济极限采收率的影响具有重要意义。

1　异常高压低渗透气藏储层应力敏感性

位于异常高压带的储层岩石孔隙度通常比正常压力下同类型岩石的孔隙度大，孔隙度的增加往往伴随着岩石其他特征的变化，如渗透率增加、油气体积增大、毛细管压力减小等[2]。气藏开发中，由于地层压力下降导致有效应力增加，从而也使得岩石的相关物性特征发生变化。有效应力、上覆压力和地层流体压力的关系式可表达为

$$\sigma_e = \sigma_t - \kappa p \tag{1}$$

式中　σ_e——岩石基质的垂直有效应力，MPa；
　　　σ_t——上覆净岩压力，MPa；
　　　p——地层流体静压，MPa；

基金项目：重庆市教委科学技术研究项目"页岩气藏体积压裂水平井流—固耦合流动规律及数值试井方法研究"（KJ1501313）；重庆市科委基础与前言研究项目"页岩气藏体积压裂水平井非线性渗流理论及流—固耦合综合模型研究"（cstc2015jcyjA90014）；重庆科技学院博士、教授科研启动基金项目"页岩气藏数值试井理论研究"（CK2015B10）。

κ——有效应力系数。

由式（1）可知，异常高压使得储层岩石原始有效应力降低，有效应力变化的下限值降低，增大了气藏开发过程中有效应力的变化范围，使得储层岩石变形更加敏感[3,4]。

由川西典型的异常高压低渗透气藏 XZ 气田 JP 气藏室内实验数据（图 1）可知，储层物性参数中渗透率随有效应力变化的幅度最大，其应力敏感性最强，而孔隙度应力敏感性则相对较弱，因此，一般研究中重点讨论渗透率应力敏感性的影响。当气藏的地层压力从原始状态下降到 50% 时，JP_3 气层的渗透率下降幅度最大，只有初始值的 36.0% 左右，该气层的应力敏感性最强；JP_1 气层的渗透率只有初始值的 59.6%；JP_2 气层的应力敏感性相对较弱，渗透率仍保持在初始值的 73.4% 左右。

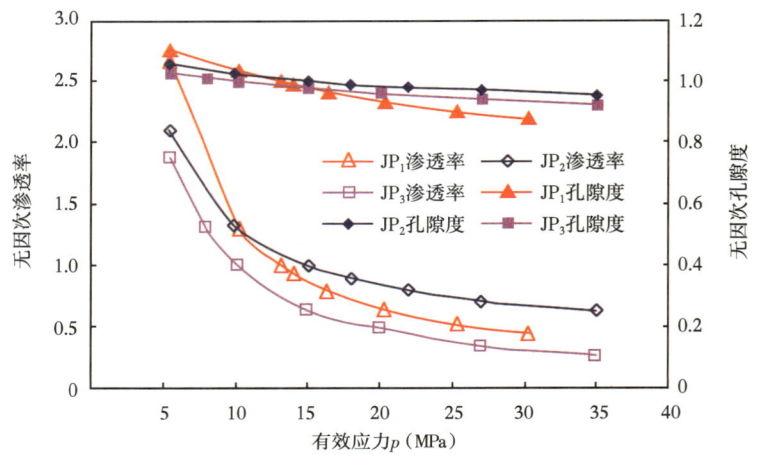

图 1 XZ 气田 JP 气藏应力敏感性曲线

2 考虑储层应力敏感性的渗流及数值计算模型

在达西定律和数值模拟黑油模型的基础上，Jackson 等[5,6]建立了考虑储层应力敏感性的三维模型、气水两相非线性渗流数学模型：

$$\nabla \cdot \left[\frac{K(p_g)K_{rl}}{B_l \mu_l} \nabla \Phi_l \right] - q_l = \frac{\partial}{\partial t}\left[\frac{\phi(p_g)S_l}{B_l} \right] \bigg|_{(l=g,\ w)} \quad (2)$$

令 $\phi(p_g) = \phi_{MULT}(p_g)\phi_i$，$K(p_g) = K_{MULT}(p_g)K_i$，并代入式（2）中得

$$\nabla \cdot \left[\frac{K_{MULT}(p_g)K_i K_{rl}}{B_l \mu_l} \nabla \Phi_l \right] - q_l = \frac{\partial}{\partial t}\left(\frac{\phi_{MULT}(p_g)\phi_i S_l}{B_l} \right) \bigg|_{(l=g,\ w)} \quad (3)$$

式（3）中包含了 4 个基本变量 p_g、p_w、S_g、S_w，为完整地描述方程，还需 4 个附加的辅助关系式：

$$S_w + S_g = 1 \quad (4)$$

$$p_{cgw} = p_g - p_w = f_{pc}(S_w) \quad (5)$$

$$\phi_{MULT}(p_g) = \frac{\phi(p_g)}{K_i} = f_\phi(p_g) \quad (6)$$

$$K_{\text{MULT}}(p_g) = \frac{K(p_g)}{K_i} = f_K(p_g) \quad (7)$$

对式（3）空间采用中心差分，时间采用向前差分的进行离散[7]，整理得到对应的数值计算方程为

$$\Delta T_1^{n+1} \Delta \Phi_1^{n+1} - q_1^{n+1} = \frac{V_b \phi_i}{\Delta t} \left[\left(\frac{\phi_{\text{MULT}} S_1}{B_1} \right)^{n+1} - \left(\frac{\phi_{\text{MULT}} S_1}{B_1} \right)^n \right] \quad (8)$$

式中 T_1——网格间的传导率，$cm^3/(s \cdot MPa)$，$T_1 = \frac{K_{\text{MULT}} K_i K_{rl}}{B_1 \mu_1} f_G$；

K_{MULT}——随地层压力变化的渗透率乘子；

K_i——原始地层渗透率，D；

ϕ_{MULT}——随地层压力变化的孔隙度乘子；

ϕ_i——原始孔隙度；

f_G——几何因子，$f_G = A/L$；

V_b——网格块体积，cm^3，$V_b = \Delta x \Delta y \Delta z$，$\Delta x$、$\Delta y$、$\Delta z$ 为网格步长；

S_1——流体的饱和度，分别为气相（下标 g）和水相（下标 w）。

3 应力敏感性对采收率的影响分析及实例计算

在考虑储层应力敏感性的非线性渗流及数值计算模型基础上，编制了考虑储层应力敏感性的数值模拟软件。用此软件模拟计算川西典型异常高压低渗透气藏 XZ 气田 JP 气藏在不同采气规模下、考虑与不考虑应力敏感性时的经济极限采收率，研究分析应力敏感性对经济极限采收率的影响。研究思路是首先根据经营成本、气价等经济参数，评价单井与气藏的经济极限废弃产量和气藏废弃地层压力，再将其和应力敏感性室内实验数据输入到考虑储层应力敏感的数值模拟软件中，预测不同采速、考虑与不考虑应力敏感性情况下的气藏采收率，并对其进行对比分析。

XZ 气田 JP 气藏的 3 个气层（JP_1、JP_2、JP_3）海拔分别为 $-650m$、$-770m$、$-1350m$，有效厚度分别为 7.6m、11.7m、10.0m，孔隙度分别为 9.9%、9.6%、7.8%，渗透率分别为 7.65mD、11.69mD、0.056mD，含气饱和度分别为 51.4%、53.5%、53.4%，原始地层压力分别为 16.5MPa、19.5MPa、30.5MPa，压力系数分别为 1.457、1.60、1.74。根据 XZ 气田 JP 气藏前期的经济评价结果，气藏单井废弃产量为 $500m^3/d$。气藏的废弃产量及相关参数见表 1。

表 1 XZ 气田 JP 气藏开采废弃条件参数

气层	地质储量（$10^8 m^3$）	井数（口）	单井废弃日产气量（m^3）	气藏废弃日产气量（$10^4 m^3$）	废弃压力（MPa）
JP_1	19.08	40	500	3.00	7.407
JP_2	89.33	154	500	11.55	9.294
JP_3	16.75	36	500	2.70	14.082
合计	125.16	230	500	17.25	10.275

为便于应用应力敏感性实验数据，将室内实验获得的渗透率和孔隙度随有效应力变化的曲线转换为随地层压力变化的曲线，并用原始地层压力下的渗透率 K_i 和孔隙度 ϕ_i 进行无因次化（图2）。

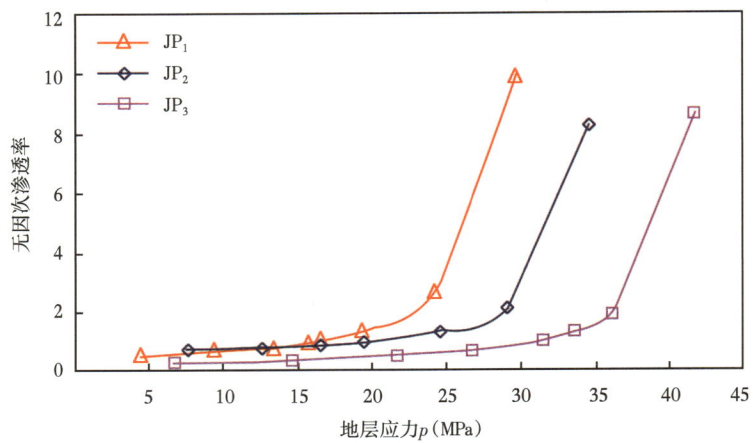

图2　XZ气田JP气藏渗透率随地层压力变化曲线

将技术及经济等相关参数输入数值模拟模型，分别计算了不同采速、考虑与不考虑应力敏感性的经济极限采收率（表2）。

表2　XZ气田JP气藏采收率预测表

气藏	地质储量（$10^8 m^3$）	预测方案号	采速（%）	经济极限采收率			
				有压敏		无压敏	
				采收率（%）	开采时间（a）	采收率（%）	开采时间（a）
JP$_1$	19.08	1	1.91	45.549	35.1	53.297	33.1
		2	2.387	45.979	34.1	53.069	29.0
		3	2.865	45.854	33.1	53.098	27.0
JP$_2$	89.33	1	2.763	52.922	31.1	53.164	25.5
		2	3.454	52.96	29.1	53.158	23.0
		3	4.145	52.915	28.2	53.146	21.7
JP$_3$	16.75	1	2.048	46.382	34.1	51.429	26.4
		2	2.56	46.434	32.1	51.432	21.8
		3	3.073	46.474	31.1	51.424	19.1

通过对气藏不同情况下的采收率预测结果分析可知：

（1）经济极限采收率受储层应力敏感性的影响较大，如果不考虑应力敏感性的影响将会使预测的经济极限采收率值偏高。在不同采气速度下，若不考虑应力敏感性的影响，XZ气田JP$_1$气层、JP$_2$气层、JP$_3$气层的经济极限采收率均偏高，且应力敏感性越强，采收率就越大（偏高）。其中JP$_1$气层和JP$_3$气层应力敏感性相对较强，其经济极限采收率分别相对偏高16.08%、10.77%；JP$_2$气层的应力敏感性相对较弱，其经济极限采收率只相对偏高0.42%。分析原因主要是因为应力敏感性使得储层渗透率大幅下降，导致气井稳产能力降低，产量递减加快，虽然后期以小产量开采较长时间，但总体产量规模减小，导致气藏最终的采收率降低。

（2）应力敏感性导致气藏的开采年限延长，增加了开采成本，降低了开发效益。在不同采气速度下，考虑应力敏感性与不考虑应力敏感性相比，JP_1 气层的开采年限将延长 5 年左右，JP_2 气层的开采年限延长 6 年左右，JP_3 气层的开采年限延长 10 年左右。分析原因主要是应力敏感性导致气井具有产量早期快速递减，而后期以高于气藏经济极限产量的小产量生产较长时间的生产特征，从而大幅延长了气藏的开采年限。

（3）采气速度对气藏采收率影响不大，但对开采年限有一定影响。

有无应力敏感性的影响，采气速度对气藏采收率的影响较小，仅在 0.1% 左右，但对气藏的开采年限有一定的影响；在考虑应力敏感性影响的条件下，采气速度对开采年限的影响低于不考虑应力敏感性的情况，主要原因是应力敏感性使得气井产量过早递减，而后期进入较长时期的小产量生产阶段。

4　结语

（1）建立了异常高压低渗透气藏考虑储层应力敏感性的非线性渗流及数值计算模型，并编制了相应的数值模拟软件。

（2）储层应力敏感性对异常高压、低渗透气藏的经济极限采收率具有较大影响，该类气藏的开发过程中应充分考虑储层应力敏感性的影响，否则会使标定的采收率偏高，影响气藏的开发决策。

（3）储层应力敏感性越强，对经济极限采收率的影响就越大，且会使气藏的开采年限延长，增加气藏的开采成本，降低气藏的开发效果。

参 考 文 献

[1] 向祖平，谢峰，张箭，等．异常高压低渗透气藏储层应力敏感对气井产能的影响［J］．天然气工业，2009，29（6）：83-85.

[2] 郑维师，刘易非．低渗砂岩气藏中压敏效应对产能的影响［J］．天然气工业，2004，24（12）：113-115.

[3] 熊健，王婷，郭平，等．考虑非达西效应的低渗气藏压裂井产能分析［J］．天然气与试油，2012，30（1）：64-66.

[4] 熊健，吕生利．非线性流下变形介质油藏压裂井产能评价［J］．天然气与试油，2012，30（4）：54-57.

[5] Jackson R R, Banerjee R. Advances in Multilayer Reservoir Testing and Analysis using Numerical Well Testing and Reservoir Simulation［G］, SPE62917, 2000.

[6] 孔祥言．高等渗流力学［M］．合肥：中国科学技术大学出版社，1999.

[7] 张烈辉，向祖平，冯国庆．低渗透气藏考虑启动压力梯度的单井数值模拟［J］．天然气工业，2008，28（1）：108-109.

低渗透砂岩克氏渗透率影响因素实验研究

吕志凯 何东博 宵 波

（中国石油勘探开发研究院）

摘要：室内实验是认识储层渗流规律的有效手段，低渗透岩石气体渗流受到滑脱效应的影响。国内外学者在滑脱效应影响因素及受滑脱效应影响的渗透率参数测量方面进行了大量研究，但结论仍存在分歧。以鄂尔多斯盆地苏里格气田低渗透砂岩气藏为研究对象，设计了新的岩心含水饱和度的建立方法，通过实验方法研究了含水饱和度、有效应力及二者耦合作用对低渗透岩石气体滑脱效应的影响规律。结果表明，不同含水饱和度条件下（低于束缚水饱和度）岩心的气测渗透率与平均压力倒数仍然呈线性正相关关系，含水饱和度越高，滑脱因子越小，滑脱效应越弱；对于干岩样，有效应力增大，气体滑脱效应变强，且滑脱因子随有效应力的增加呈线性增加的趋势，进行岩石应力敏感性实验过程中，若忽略滑脱效应的影响，未对气测渗透率做校正，实验评价结果偏高；有效应力对滑脱因子的影响随含水饱和度的升高而逐渐减小，对于高含水饱和度的低渗透率岩心，滑脱效应影响微弱，且受有效应力的影响不大。这为低渗透砂岩气藏渗流机理研究提供了新思路。

关键词：低渗透；含水饱和度；有效应力；应力敏感性；滑脱效应

随着国内外对油气资源需求量的日益增大，低渗透气藏已成为我国天然气勘探与开发的重要领域之一，对低渗透气藏的研究具有重要的现实意义，越来越受到人们的关注[1-3]。低渗透砂岩气藏储层一般成岩作用强烈，物性较差，非均质性强。由于特殊的储层物性特征，往往有较高的初始含水饱和度，随着储层流体的采出，多孔介质发生变形，岩石孔喉变小。这些特征使得气体流动规律呈现非线性，表现出不同于常规气藏的渗流规律。

滑脱效应是气体在细小毛细管或低渗透多孔介质中流动时的一种现象。此时，气体相对于组成岩石的多孔介质内毛细管壁面的切向速度不等于零，使得气测渗透率大于液体渗透率[4-5]。1941年，Klinkenberg根据实验资料和理论推导，提出了考虑气体滑脱效应的气测渗透率数学表达式[6]：

$$K_g = K_\infty \left(1 + \frac{b}{\bar{p}}\right) \tag{1}$$

式中 K_g——气测渗透率，mD；

K_∞——等效液体渗透率，mD；

$\bar{p}$——岩心进出口平均压力，MPa；

b——滑脱因子或滑脱系数，取决于气体性质和岩石孔隙结构，其值大小反映了滑脱效应的强弱。

基金项目：国家重大科技专项"天然气开发关键技术"（2011ZX05015）资助。

$$b = \frac{4C\lambda \bar{p}}{r} \tag{2}$$

式中 C——近似等于1的比例常数；

λ——对应于平均压力下气体分子平均自由程；

r——岩石孔隙半径。

许多学者对单相气体滑脱效应影响因素有一致的观点：气体分子滑脱效应的程度与压力、温度、多孔介质孔隙结构及气体种类都有关系[6-9]，即：（1）平均压力越小，则分子的平均自由行程越大，滑脱现象越严重；（2）温度越高，气体分子越活泼，滑脱效应越明显；（3）岩心越致密，孔道半径越小，滑脱效应越严重；（4）相对分子量越小，滑脱效应越严重。但对于含水岩石的气体滑脱效应，国内外学者的认识不同，尤其对于含水饱和度与有效应力耦合作用对滑脱效应的影响，研究甚少[10-17]。为了研究此问题，首先要建立不同岩心含水饱和度条件（为保证不出现两相流，建立的含水饱和度应低于束缚水饱和度），目前建立含水饱和度的方法主要有（表1）：烘干法、离心法、驱替法和毛细管自吸法[18-22]。其中烘干法、离心法和毛细管自吸法可实现此目标。但利用这些方法建立岩心含水饱和度，并没有模拟原始地层条件而缺乏针对性和有效性。因此，笔者在前人研究的基础上设计了新的岩心含水饱和度建立方法，对含水饱和度、有效应力及二者耦合作用对岩石滑脱效应的影响进行了实验研究，以期进一步认识低渗透砂岩气藏气体渗流机理，为该类气藏的合理、高效开发提供依据。

表1 建立含水饱和度的方法对比

方　法	存在的问题
烘干法[18]	岩心中水的分布不够均匀
离心法[19]	岩心中水的分布不够均匀； 确定合适的离心机转速困难； 对于胶结差的岩心离心脱水过程易于破碎
驱替法[20,21]	不能建立低于束缚水饱和度的含水饱和度； 在低渗透率岩心尤其是致密岩心中建立含水饱和度困难
毛细管自吸法[22]	岩心中水的分布不够均匀

1 实验装置与方案

1.1 实验装置

实验装置为多功能综合驱替系统，包括高压气源、环压泵、真空泵、岩心夹持器、压力传感器、恒温箱、调压阀、皂膜流量计、冷凝干燥器、精密电子秤等。

本文对驱替法进行了改进，设计了高温高压驱替装置以建立不同的岩心含水饱和度（图1）。高压气体通过高温岩心时，将岩心中的水蒸气驱出，通过计量装置（冷凝干燥器与精密电子秤）得到驱出的水量。岩心中剩余的均匀分布的水蒸气待冷却成液态后在毛细管力的作用下赋存于小空隙中。通过驱出的水量可计算出岩心含水饱和度。该方法模拟成藏条件，在建立不同含水饱和度的同时保证了水在岩心中的均匀分布。

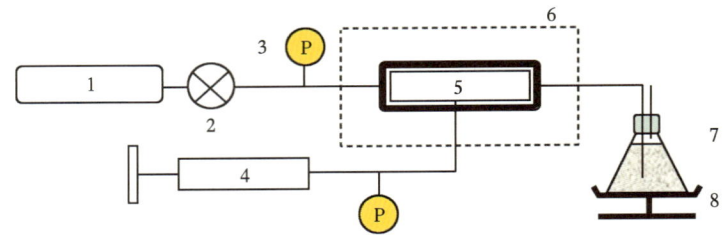

图 1 高温高压驱替法建立岩心含水饱和度

1—高压气源；2—调压阀；3—压力传感器；4—环压泵；5—岩心夹持器；
6—恒温箱；7—冷凝干燥器；8—精密电子秤

实验岩心采用苏里格气田低渗透率岩心，其物性参数见表2，按照SY/T 5336—2006分别测定其孔隙度和渗透率。

表 2 实验岩心物性参数

岩心编号	长度(mm)	直径(mm)	孔隙度(%)	气测渗透率(mD)
S240-16	6.962	2.520	9.251	0.292
T40-2	5.688	2.486	9.990	0.344
Z47-5	5.828	2.486	8.396	0.167
Z54-1	3.440	2.520	7.695	0.035
Z63-1	3.179	2.522	7.894	0.057
T33-2	3.090	2.536	8.860	0.109
Z70-2	3.300	2.536	10.214	0.157

1.2 实验方案

（1）不同含水饱和度条件下的气体渗流实验，实验温度20℃，实验气体氮气。
（2）不同有效应力条件下的气体渗流实验，实验温度20℃，实验气体氮气。
（3）含水饱和度、有效应力耦合条件下的气体渗流实验，实验温度20℃，实验气体氮气。

2 不同含水饱和度下的滑脱效应

如图2所示，由岩心在不同含水饱和度条件下的气测渗透率与平均压力倒数的关系可以看出：（1）与干岩样相同，不同含水饱和度条件下（低于束缚水饱和度）岩心的气测渗透率与平均压力倒数仍然呈线性正相关关系；（2）含水饱和度对岩心渗透率的影响很大，S_w 在 0 到 45.9% 之间，岩心克氏渗透率为 0.116~0.062mD；（3）岩心的含水饱和度越高，滑脱因子越小，滑脱效应越弱。这些现象表明，利用本文方法建立的岩心含水饱和度由于模拟成藏过程，水相受毛细管力作用赋存于小孔道，连续的大孔道成为气相渗流通道，流动过程发生滑脱现象，气测渗透率与平均压力倒数满足克氏渗透率方程。当岩心含水饱和度增大时,气相(非润湿相)占据大孔隙,更多的水相(润湿相)占据小孔隙,气体与孔隙接触面积变小,克氏效应减弱,与 Rushing 等的研究结果一致[16]。

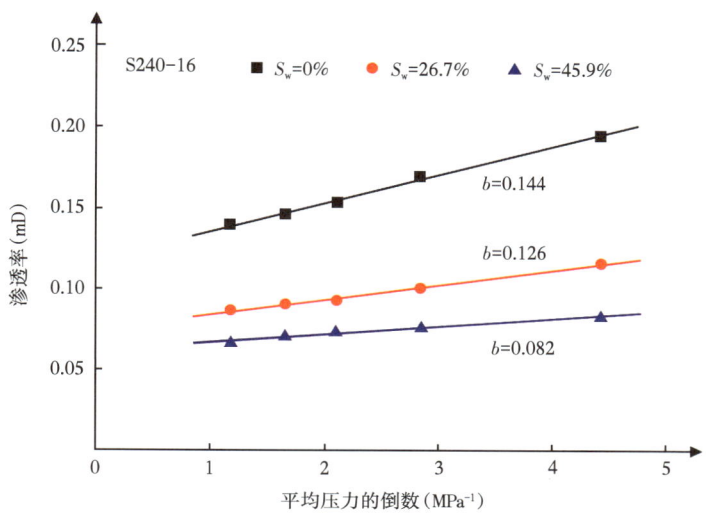

图 2　不同含水饱和度条件下的克氏渗透率

3　不同有效应力下的滑脱效应

研究发现,滑脱因子 b 与岩石有效应力呈线性正相关关系(图3)。这说明,随着岩心有效应力的增加,气体滑脱效应在增强,气测渗透率更加偏离克氏渗透率。低渗透率岩心具有孔径小、比表面积大等特点,随着有效应力的增大,岩心受到压缩物理参数发生变化,孔喉半径变小,由 Klinkenberg 理论 [式(2)] 可知气体滑脱效应变强。

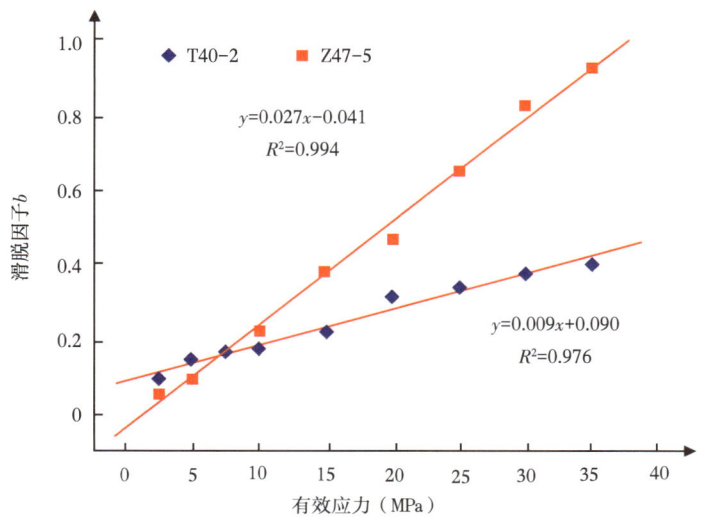

图 3　气体滑脱因子随岩心有效应力的变化

钻井、完井及开发过程中，有效应力变化引起储层渗透率改变的现象称为应力敏感性。近年来，国内外学者在应力敏感性评价方面进行了大量的研究[23-32]。通过上述实验研究发现，在每个应力测点，气体渗流都存在滑脱效应，并且其影响随有效应力的增加而增强，因此需要在每个应力测点测定气测渗透率与平均压力倒数的关系，得到克氏渗透率作为评价指标，从而消除滑脱效应的影响。前人在此问题上，多采用气测渗透率进行岩心应力敏感性评价[28-32]。如图4所示，对气测渗透率进行校正后，各有效应力测点下的渗透率值变小。采用文献[32]中的应力敏感性系数 S_s（反映岩样应力敏感性的强弱）为评价标准发现，未对气测渗透率做校正，实验评价结果偏高。

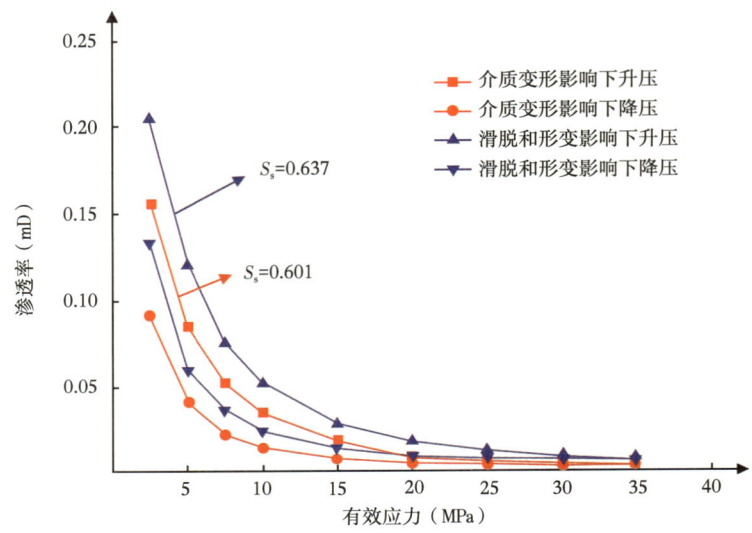

图4　岩样T40-2气体滑脱效应对应力敏感性实验的影响

4　含水饱和度与有效应力作用下的滑脱效应

分析实验数据可以得出，岩心在一定含水饱和度条件下，气体滑脱效应随有效应力的增加而增强，滑脱因子与有效应力呈线性正相关关系（图5）。随着岩心含水饱和度升高，滑脱因子减小，滑脱效应减弱，且滑脱因子与有效应力曲线走势趋于平缓，说明有效应力对滑脱因子的影响随着含水饱和度的升高而逐渐减小。图6是岩样Z63-1、T33-2、Z70-2在束缚水饱和度条件下，滑脱因子随有效应力的变化曲线。从图中可以看出，二者关系曲线趋于平直，说明在束缚水饱和度条件下，有效应力对滑脱效应的影响很小甚至可忽略。出现这些现象的原因在于：（1）随着含水饱和度的升高，更多的小孔隙被水相占据，气相与岩心孔隙的接触面积变小，从而使滑脱效应减弱；（2）一定含水饱和度时随着有效应力的增大，岩石的压实程度越来越大，孔隙及渗流通道亦受压变小，而同时水相与小孔隙的接触面积变大。相应地，气相与孔隙的接触面积变小，所以滑脱因子与有效应力关系的曲线逐渐趋于平缓。

考虑文献[33]和[34]中的观点"气体在多孔介质中的滑脱效应是在低压下产生的现象，而实际低渗透致密气藏的废弃压力很高，在这一压力范围内气体在储层中的滑脱效应很弱"。对于低渗透气藏，储层含水饱和度普遍较高，气体滑脱效应更为不明显，实际生产过程中无须考虑其影响。而对于室内实验研究，必须考虑其影响，对气测渗透率进行校正，以获得准确结果。

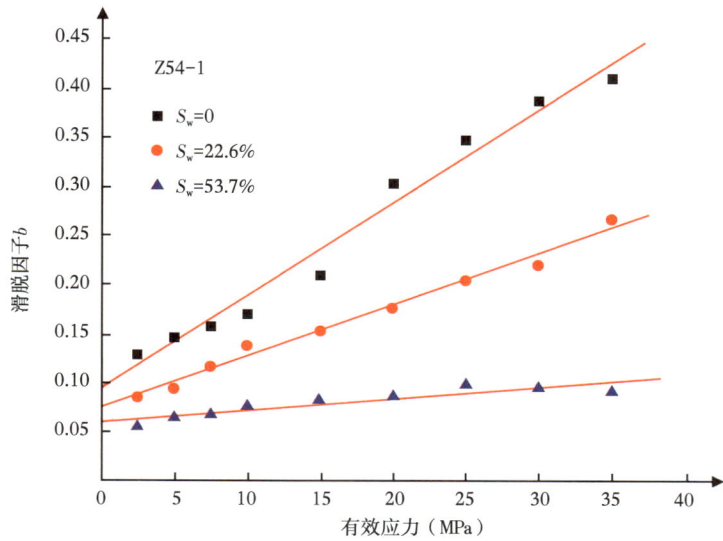

图 5 不同含水饱和度条件下气体滑脱因子随岩心有效应力的变化

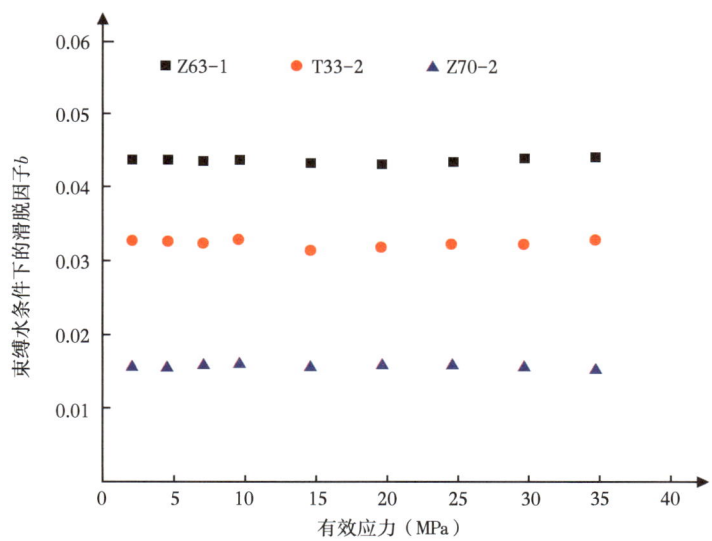

图 6 束缚水饱和度条件下气体滑脱因子随岩心有效应力的变化

5 结论

（1）随着含水饱和度的增加，岩样渗透率减小，气测渗透率与平均压力倒数仍然呈线性正相关关系，滑脱效应逐渐减弱。

（2）对于干岩样，有效应力增大，气体滑脱效应变强，且滑脱因子 b 随有效应力的增大呈线性增加的趋势，进行岩石应力敏感性实验过程中，若忽略滑脱效应的影响，未对气测渗透率做校正，则实验评价结果偏高。

(3) 有效应力对滑脱因子的影响随着含水饱和度的升高而逐渐减小，对于高含水饱和度的致密岩心，滑脱效应影响微弱，且受有效应力的影响不大。

(4) 低渗透储层含水饱和度高、压力大，气体滑脱效应微弱，气藏实际生产无须过多考虑其影响，但对于室内常规渗流实验，若忽略其影响，结果会出现偏差，无法准确反映储层条件下的流动。

参 考 文 献

[1] 姚广聚，彭红利，熊钰，等．低渗透砂岩气藏气体渗流特征 [J]．油气地质与采收率，2009，16 (4)：104-108.

[2] 何学文，杨胜来，唐嘉．深层火山岩油气藏滑脱效应及启动压力梯度研究 [J]．特种油气藏，2010，17 (5)：100-102.

[3] 何东博，王丽娟，冀光，位云生，等．苏里格致密砂岩气田开发井距优化 [J]．石油勘探与开发，2012，39 (4)：458-464.

[4] 王勇杰，王昌杰，高家碧．低渗透多孔介质中气体滑脱行为研究 [J]．石油学报，1995，16 (3)：101-105.

[5] 万军凤，卢渊，赵仕俊．低渗气藏滑脱效应研究现状及认识 [J]．新疆石油地质，2008，29 (2)：229-231.

[6] Klinkenberg L J. The permeability of porous media to liquids and gases [J]. API Drilling and Production Practice, 1941：200-213.

[7] Krutter H, Day R J. Modification of permeability measurements [J]. Oil Weekly, 1941, 104 (4)：24-32.

[8] Calhoun J C, Yuster S T. A study of the flow of homogeneous fluids through ideal porous media [J]. API Drilling and Production Practice, 1946：335-355.

[9] 姚约东，李相方，葛家理，等．低渗气层中气体渗流克林贝尔效应的实验研究 [J]．天然气工业，2004，24 (11)：100-102.

[10] Rose W D. Permeability and gas-slippage phenomena [J]. API Drilling and Production Practice, 1949：209-217.

[11] Fulton P F. The effect of gas slippage on relative permeability measurements [J]. Producers Monthly, 1951, 15 (12)：14-19.

[12] Sampath K, Keighin C W. Factors affecting gas slippage in tight sandstones of cretaceous age in the Uinta basin [J]. JPT, 1982：2715-2720.

[13] Estes R K, Fulton P F. Gas slippage and permeability measurements [J]. Trans. AIME, 1956, 207：338-342.

[14] Kewen li, Horne R N. Gas slippage in two-phase flow and the effect of temperature [J]. SPE 68778, 2001.

[15] Jones F O, Owens W W. A laboratory study of low permeability gas sands [J]. JPT, 1980：1631-1640.

[16] Rushing J A, Newsham K E, Van Fraassen K C. Measurement of the two-phase gas slippage phenomenon and its effect on gas relative permeability in tight gas sands [J]. SPE 84297, 2003.

[17] 肖晓春，潘一山，于丽艳．水饱和度作用下低渗透气藏滑脱效应实验研究 [J]．水资源与水工程学报，2010，21 (5)：15-19.

[18] 向阳，单钰铭，赵冠军．干法毛管压力试验新技术及其在判别储层水饱和度中的应用 [J]．矿物岩石，1994，14 (2)：84-91.

[19] 姬彦庆，黄平珍，邓刚，等．气藏水锁损害机理研究 [J]．内蒙古石油化工，2002，28 (3)：253-254.

[20] 汪伟英. 原油组分、孔隙结构对自吸的影响 [J]. 大庆石油地质与开发, 2000, 19 (6): 18-20.

[21] 崔迎春, 张琰. 低渗气层岩样束缚水饱和度的室内实现方法 [J]. 石油钻采工艺, 2000, 22 (4): 11-13.

[22] 游利军, 康毅力, 陈一健. 致密砂岩含水饱和度建立新方法——毛管自吸法 [J]. 西南石油学院学报, 2005, 27 (1): 28-31.

[23] Jones F O. A laboratory study of the effects of confining pressure on fracture flow and storage capacity in carbonate rocks [J]. JPT, 1975, 27: 21-27.

[24] Jones F O, Owens W W. A laboratory study of gas sands [J]. JPT, 1980, 32 (9): 1631-1640.

[25] Jelmert T A, Selseng H. Permeability function describes core permeability in stress sensitive rocks [J]. Oil & Gas Journal, 1998, 96 (49): 60-63.

[26] Davies J P, Davies D K. Stress dependent permeability: Characterization and modeling [C]. SPE 71750, 2001.

[27] 蒋海军, 鄢捷年. 裂缝性储集层应力敏感性实验研究 [J]. 特种油气藏, 2000, 7 (3): 39-41, 46.

[28] 杨满平, 李允, 李治平. 气藏含束缚水储层岩石应力敏感性实验研究 [J]. 天然气地球科学, 2004, 15 (3): 227-229.

[29] 储层敏感性流动实验评价方法. 中华人民共和国石油天然气行业标准 [S]. SY/T 5358—2010.

[30] 张浩, 康毅力, 陈一健, 等. 致密砂岩油气储层岩石变形理论与应力敏感性 [J]. 天然气地球科学, 2004, 15 (5): 482-486.

[31] 游利军, 康毅力, 陈一健, 等. 考虑裂缝和含水饱和度的致密砂岩应力敏感性 [J]. 中国石油大学 (自然科学版), 2006, 30 (2): 59-62.

[32] 兰林, 康毅力, 陈一健, 等. 储层应力敏感性实验评价方法与评价指标探讨 [J]. 钻井液与完井液, 2005, 22 (3): 1-4.

[33] 郭平, 徐永高, 陈召佑, 等. 对低渗气藏渗流机理实验研究的新认识 [J]. 天然气工业, 2007, 27 (7): 86-88.

[34] 李士伦, 孙良田, 郭平, 等. 气田及凝析气田开发新理论、新技术 [M]. 北京: 石油工业出版社, 2005.

低渗透—致密气藏水平井探测半径研究

陈志明　廖新维　赵晓亮　窦祥骥　祝浪涛

[教育部石油工程重点实验室 中国石油大学（北京）]

摘要：目前，针对低渗透—致密气藏水平井探测半径的研究鲜有报道。为解决低渗透—致密气藏水平井的探测半径计算问题，建立了考虑渗透率动态效应和应力敏感效应下的水平井渗流模型，并以鄂尔多斯盆地致密气藏为例，采用数值离散法得出水平井探测半径。结果表明：鄂尔多斯盆地致密气藏水平井探测半径曲线的拟合系数为 1.2~1.3，小于未考虑渗透率动态效应和压力敏感效应的情况；水平井探测半径由小至大依次为考虑动态渗透率和压力敏感效应时的情况、只考虑动态渗透率效应时的情况、只考虑压力敏感效应时的情况和不考虑动态渗透率和压力敏感效应时的情况；其中，渗透率动态效应对探测半径的影响比压力敏感效应更显著。该研究对低渗透—致密气藏开发具有指导意义。

关键词：渗透率动态效应；压力敏感；数值离散；探测半径；水平井；致密气藏

由于水平井能大大地增加储层渗流面积和控制程度[1,2]，因此被广泛应用于鄂尔多斯盆地低渗透—致密气藏的开发中，而探测半径是评价水平井对气藏控制程度及井网部署的重要参数[3,4]。

在石油工业中，探测半径被定义为瞬时对地层施加一个压力波，某一时刻压力波传播位置与井的距离即为探测半径[5]。Matthews[6]、Slider[7]和Daungkaew[8]等基于油井的控制储量得出探测半径公式。然而，这些公式并不能解决大井径问题、短时问题和叠加问题。Gringarten等[9]根据压力导数曲线给出了探测半径的范围，但其精度较低，不能满足实际要求。毛伟[10]以地层流量分布为基础得到探测半径公式，但地层流量难以测量，公式应用起来不方便；石军太等[11]基于压力分辨率推导出探测半径公式，但其随着施工条件的变化而变化，难以推广。同时，这些研究都是针对直井，不适用于水平井。齐丽巍等[12]、朱黎鹍等[13]分别采用分形理论和虚拟直井方法建立了水平井的探测半径公式。但是，这些研究仅适用于常规油藏。低渗透—致密气藏存在渗透率动态效应和压力敏感现象[14]，而在考虑渗透率动态效应和压力敏感效应（简称压敏效应）的探测半径方面，国内外鲜有报道。

因此，有必要对低渗透—致密气藏水平井的探测半径进行系统研究。由于渗透率动态效应和压敏效应使得渗流方程具有较强的非线性，难以得到探测半径的解析解。因此，采用数值离散法对低渗透—致密气藏水平井的探测半径进行研究，以期能弥补这一不足，为鄂尔多斯盆地低渗透—致密气藏开发的工作人员提供参考。

基金项目：国家重点基础研究发展计划（973）"陆相致密油高效开发基础研究"（2015CB250905）；国家自然科学基金"超低渗透油藏注气提高采收理论与技术研究"（U1262101）；教育部高等学校博士学科点专项科研基金项目（新教师类）"CO_2驱渗流机理及理论模型研究"（20120007120007）。

1 渗透率动态效应和应力敏感效应

1.1 渗透率动态效应

许多研究成果表明，低渗透岩石流体渗流偏离达西定律。一些学者采用启动压力梯度[15-17]来表征这种非线性现象，然而对于启动压力梯度存在许多争议[18]。在此，借鉴前人的研究[19]，利用渗透率动态效应来描述非线性现象，即认为渗透率 K 随压力梯度的变化而变化。

$$K_G = K(\text{grad}p) \tag{1}$$

式中 K_G——动态渗透率，mD；

grad$p$——压力梯度，MPa/m；

p——气藏压力，MPa。

气体拟压力被定义为

$$\psi = 2\int_{0.1}^{p} \frac{p}{\mu(p)z(p)}\text{d}p \tag{2}$$

而气体的黏度和压缩系数通常被认为是常数，常采用地层平均压力下的数值[20]，则

$$\mu(p)z(p) = \overline{\mu z} \tag{3}$$

对于一般气藏来说，式（3）成立，则式（2）可得

$$\text{grad}p = \frac{\overline{\mu z}}{p}\text{grad}\psi \tag{4}$$

将式（4）代入式（1），可得到气藏渗透率与拟压力之间关系：

$$K_G = K(\text{grad}\psi) \tag{5}$$

式中 ψ——气藏拟压力，MPa^2/(mPa·s)；

gradψ——拟压力梯度，MPa^2/(mPa·s·m)；

μ——气体黏度，mPa·s；

z——气体压缩因子。

1.2 应力敏感效应

在气藏开发过程中，随着地层压力不断下降，岩石有效应力不断增加，导致渗透率逐渐降低。在此过程，可认为渗透率是压力的指数函数[21]：

$$K_p/K_0 = e^{-\alpha(p_i-p)} \tag{6}$$

根据式（2）和式（3），并利用无量纲渗透率系数 K_D 表示 K_p/K_0，则

$$K_D = e^{-\alpha(\sqrt{0.01+\psi_i\overline{\mu z}} - \sqrt{0.01-\psi\overline{\mu z}})} \tag{7}$$

可得到无量纲渗透率系数与拟压力之间的关系：

$$K_D = K_D(\psi) \tag{8}$$

式中　K_p——压力敏感下渗透率,mD;
　　　K_0——某一有效应力下渗透率,mD;
　　　p_i——初始气藏压力,MPa;
　　　p——开发过程气藏压力,MPa;
　　　α——介质变形系数。

2　水平井渗流模型

2.1　物理模型

渗流力学模型如图1所示,基本假设如下:水平井位于均质低渗致密气藏中心,气体流动方式为达西流,考虑井储和表皮效应,考虑渗透率动态效应和压力敏感效应,忽略毛细管力和重力影响,渗流过程为等温,气井以定产量进行生产。

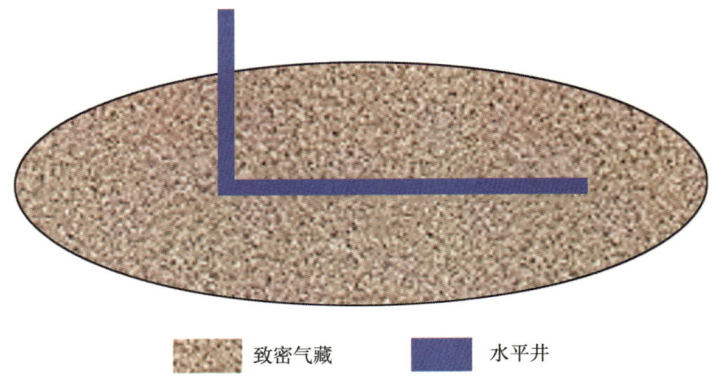

图1　低渗透—致密薄层气藏水平井物理模型

2.2　保角变换

由保角变换原理可知,变换前后对应线段的势(压力波)不变,变化的仅是线段的长短和流动形式[22]。在变换过程中,忽略油井半径的影响。

假设气藏长轴为 $L\mathrm{ch}\xi_e$,短轴为 $L\mathrm{sh}\xi_e$,水平井半长为 L。则

$$\mathrm{ch}w = \frac{z}{L} \tag{9}$$

取保角变换式(9),将 Z 平面的椭圆形变成 W 平面上矩形,长为 ξ_e,宽为 η(图2)。经过保角变换后,水平井的椭圆流变为 W 平面的单向流。其中,蓝色线段表示水平井,

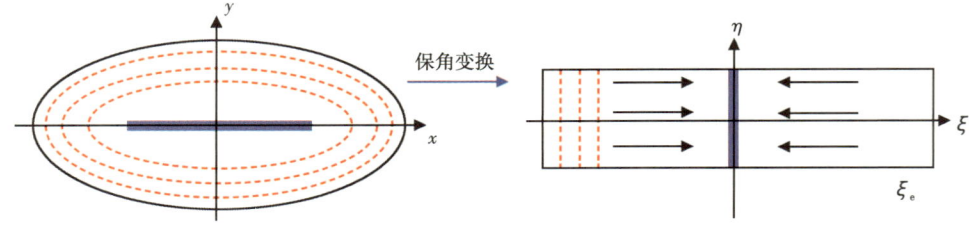

图2　水平井保角变换示意图

红色虚线表示压力波位置。

利用面积等效原理，将椭圆等效为圆，则探测半径为

$$r = L\sqrt{\frac{\text{sh}2\xi}{2}} \tag{10}$$

式中　L——水平井半长，m；

　　　r——等效探测半径，m。

2.3　数学模型

在 W 平面上，由连续性方程、运动方程和状态方程可得到以下数学模型：

$$\frac{\partial}{\partial x}\left(\frac{K}{\mu_g}\frac{\mathrm{d}\psi}{\mathrm{d}\xi}\right) = \frac{\phi C_t}{3.6\times 10^{-3}}\frac{\partial \psi}{\partial t} \tag{11}$$

为简化计算，认为渗透率动态效应和压力敏感效应影响是相互独立的，则

$$K = K_D K_G \tag{12}$$

式（11）可化为

$$K_G K_D\left[\frac{\partial^2 \psi}{\partial \xi^2} + \left(\frac{\mathrm{d}K_D}{K_D \mathrm{d}\xi} + \frac{\mathrm{d}K_G}{K_G \mathrm{d}\xi}\right)\frac{\mathrm{d}\psi}{\mathrm{d}\xi}\right] = \frac{\phi\mu_g C_t}{3.6\times 10^{-3}}\frac{\partial \psi}{\partial t} \tag{13}$$

初始条件：

$$\psi(\xi, t)\big|_{t=0} = \psi_0 \tag{14}$$

外边界条件：

$$\left.\frac{\partial \psi(\xi, t)}{\partial \xi}\right|_{\xi \to \pm \xi_e} = 0 \tag{15}$$

内边界：

$$h\pi\frac{K_G K_D}{11.574\mu_g}\left(\frac{\partial \psi}{\partial \xi}\right)\bigg|_{\xi=r_w} - 24C\frac{\mathrm{d}\psi_w}{\mathrm{d}t} = qB_g \tag{16}$$

$$\psi_w = \left(\psi - \pi S\frac{\partial \psi}{\partial \xi}\right)_{\xi=r_w} \tag{17}$$

式中　ψ_w——井底拟压力，$\text{MPa}^2/(\text{mPa}\cdot\text{s})$；

　　　ψ_0——原始致密气藏拟压力，$\text{MPa}^2/(\text{mPa}\cdot\text{s})$；

　　　ξ——保角变换后矩形地层横坐标，m；

　　　K_G——动态渗透率，与拟压力梯度有关，mD；

　　　K_D——压敏因素影响下无量纲渗透率系数；

　　　t——生产时间，h；

　　　ϕ——孔隙度；

　　　C_t——气层综合压缩系数，MPa^{-1}；

　　　μ_g——气体黏度，$\text{mPa}\cdot\text{s}$；

　　　r_w——气井半径，m；

h——气层厚度,m;
C——井筒储集系数,m³/(d·MPa);
S——表皮系数;
q——气井产量,m³/d;
B_g——气体体积系数,m³/m³。

3 模型求解

采用数值方法对式(13)至式(17)进行离散,可得到一个对角占优的三对角矩阵,利用追赶法可求解出任意时刻气层拟压力分布情况,并得到矩形地层拟压力波传播的距离,利用式(10)可得到低渗透—致密气藏水平井探测半径。其求解过程如下:

(1) 确定渗透率K与拟压力梯度、拟压力的曲线关系,为迭代计算做准备。

(2) 对于K_G与K_D的处理方法。若拟压力与拟压力梯度位于离散曲线之间,则采用插值法计算。

(3) 对数学模型进行离散,确定时间步长和距离步长,对模型进行求解:①载入初始数据;②利用初始数据计算出气藏拟压力分布,由拟压力分布得到K_D分布;③由气藏拟压力分布计算拟压力梯度分布,由拟压力梯度分布得出K_G分布,并认为拟压力梯度等于0处为探测边界;④将K_D和K_G代入模型中,准备计算气藏的拟压力分布;⑤循环②~④,记录时间和距离;⑥迭代时间为探测时间,对应距离为探测半径。

4 实例计算

4.1 基本参数

以鄂尔多斯盆地两种不同物性的低渗透—致密气藏1和气藏2为例,其K_D与拟压力Ψ的关系曲线、K_G与拟压力梯度$\mathrm{grad}\Psi$的关系曲线如图3所示,其他参数一致:地层厚度为10m,原始地层压力为31.8MPa,水平井表皮因子为-0.6,水平井产能为10000m³/d,气体黏度为0.01mPa·s,气体压缩因子为0.95,地层综合压缩系数为0.0005MPa⁻¹,地层孔隙度为0.012,水平井半径为0.1m,水平井半长为400m,井储系数为0.08m³/(d·MPa)。

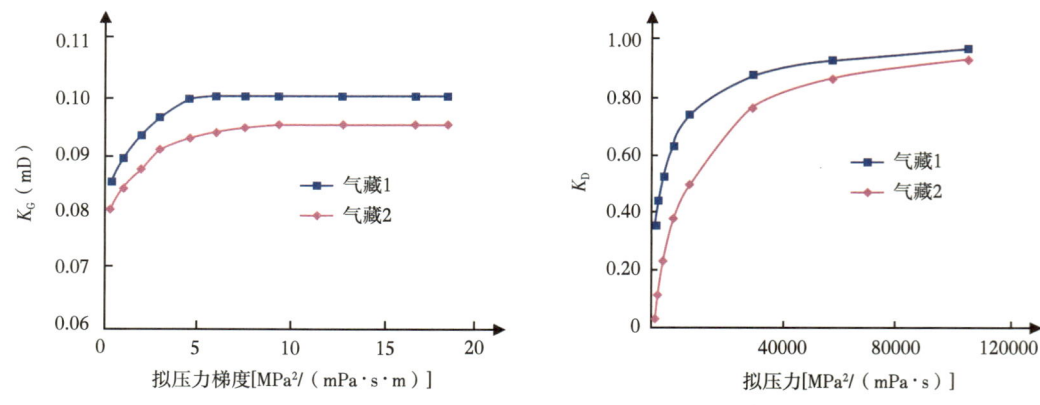

图3 K_G、K_D与拟压力梯度的关系曲线

4.2 不同情况下的水平井探测半径数值解

为对比分析动态渗透率和压力敏感效应下对气层水平井探测半径的影响，同时求解动态渗透率效应、压力敏感效应、无动态渗透率和压力敏感效应下水平井探测半径与时间的关系曲线。图5是气藏1和气藏2在4种不同情况下水平井探测半径的数值解（基本参数一致），分别是考虑动态渗透率和压力敏感效应、只考虑动态渗透率效应、只考虑压力敏感效应、不考虑动态渗透率和压力敏感效应。

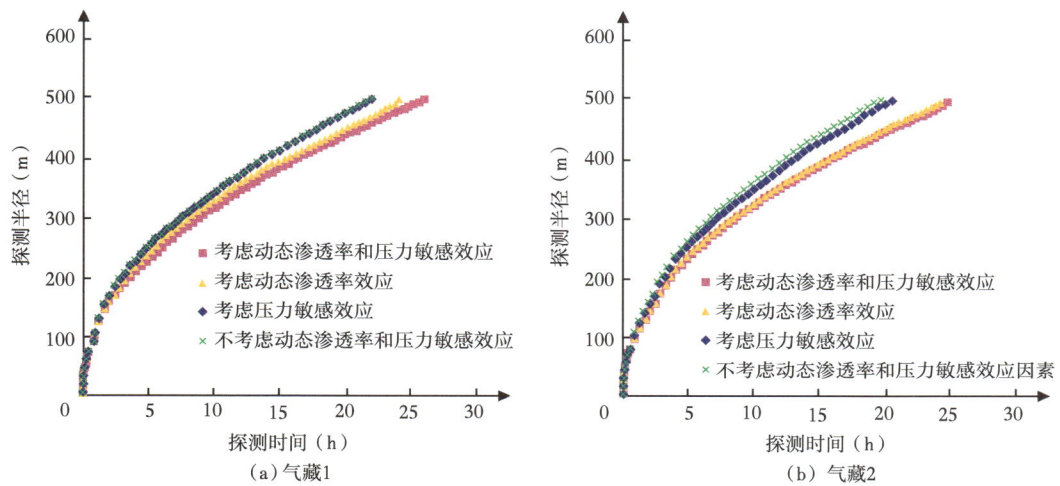

图 4　低渗透—致密气藏1、气藏2在不同情况下水平井探测半径与时间的关系

由图4可以看出，动态渗透率和压力敏感效应的存在都会减小水平井的探测半径，因为压力波在地层传播时，动态渗透率和压力敏感效应会使气层渗透率变小，降低了拟压力波在气层的传播速度，进而减小水平井探测半径，使水平井探测半径曲线下弯，这与实际情况相符。

同时，应力敏感效应对探测半径的影响比渗透率动态效应弱。因为拟压力波在气层传播速度较快，当达到某位置时，拟压力变化很小，岩石变形可忽略，K_D接近于1，因此压敏效应对水平井探测半径影响较小。

4.3 水平井探测半径拟合

目前，由于理论上的不完善，探测半径计算公式缺乏统一和规范性，但探测半径可以用通式 $x_i = C\sqrt{\eta t}$（η 为压力传导系数）来表示，只是不同的学者研究得到了不同的系数 C[23]。

考虑动态渗透率和压力敏感效应，分别对气藏1、气藏2下的水平井探测半径曲线进行数学拟合。如图5所示，对于气藏1的曲线拟合结果为 $C = 1.23$；对于气藏2拟合结果为 $C = 1.27$，C 值在 1.2~1.3，而未考虑渗透率动态效应和压敏效应时，C 值为 $\sqrt{2}$[8,9]，进一步说明了动态渗透率效应和压力敏感效应会减小探测半径。

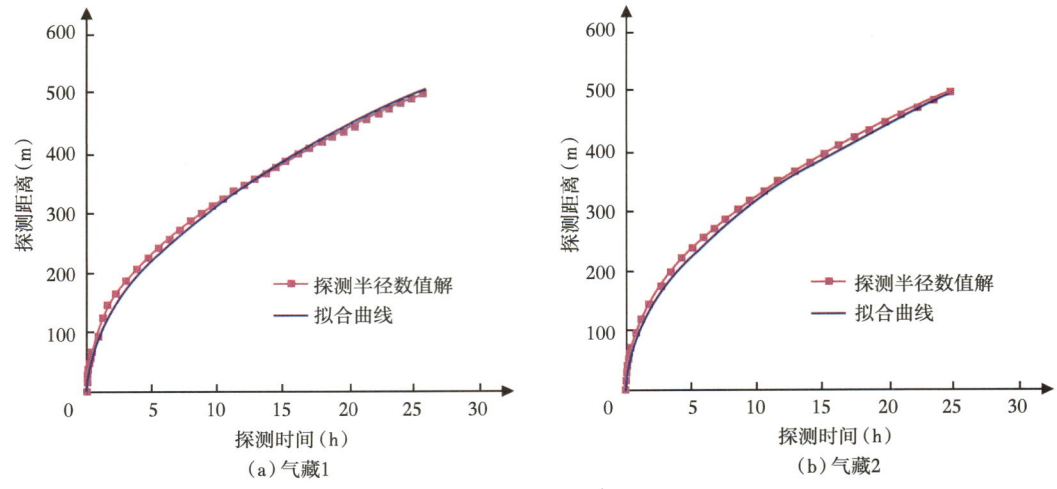

图 5　水平井探测半径拟合曲线

气藏 1 为 $A=1.23\sqrt{\eta t}$；气藏 2 为 $B=1.27\sqrt{\eta t}$

5　结论

（1）建立了动态渗透率和压力敏感效应下水平井渗流模型，以鄂尔多斯盆地致密气藏为例，采用数值离散法，得到其探测半径与时间的关系曲线，并与只考虑动态渗透率效应、只考虑压力敏感效应、不考虑动态渗透率和压力敏感效应下的曲线进行对比。

（2）动态渗透率和压敏效应会减小水平井探测半径，使探测半径曲线下弯。其中，动态渗透率效应对水平井探测半径的影响比压敏效应更显著。因此，研究低渗透—致密气藏水平井探测半径时，需重点考虑动态渗透率效应。

（3）对动态渗透率和压敏效应下水平井探测半径曲线进行数学拟合，系数 C 值在 1.2~1.3，比一些学者的研究结果偏小，是因为笔者考虑动态渗透率和压力敏感效应，其会使气层渗透率变小，降低了拟压力波在地层的传播速度，进而减小探测半径。

参 考 文 献

[1] 吕志凯，冀光，位云生，等. 致密气藏水平井产能图版及应用 [J]. 特种油气藏，2014，21（6）：105-108.

[2] 陈元千. 辐射状分支水平井产能公式研究进展 [J]. 特种油气藏，2014，21（1）：1-6+11+151.

[3] 王刚，戴卫华，段宇. 压力恢复试井探测半径计算新方法 [J]. 中国海上油气，2014，26（5）：55-57.

[4] 陈志明，廖新维. 探测半径的计算公式 [J]. 油气井测试，2014，23（5）：5-9.

[5] Van Poollen H R. Radius-of-Drainage and Stabilization-Time Equations [J]. Oil and Gas Journal, 1964, 62（4）：138-164.

[6] Matthews C S, Russell D G. Pressure Buildup and Flow Tests in Wells [C]. Monograph Series, Society of Petroleum Engineers of RIME, Dallas, 1967.

[7] Slider, H C. Worldwide Practical Petroleum Reservoir Engineering Methods [C]. Tulsa, Oklahoma, Penn Well Publishing Co, 1983.

[8] Daungkaew S, Hollaender F, Gringarten A C. Frequently Asked Questions in Well Test Analysis [C]. SPE63077, 2000.
[9] 刘能强. 实用现代试井解释方法 [M]. 北京：石油工业出版社, 2008：66-68.
[10] 毛伟. 基于流量的探测半径计算方法研究 [J]. 油气地质与采收率, 2006, 13（1）：77-78.
[11] 石军太, 李相方, 李乐忠, 等. 考虑压力计分辨率的探测半径公式 [J]. 油气井测试, 2012, 21（2）：8-10.
[12] 齐丽巍, 王晓冬. 探测半径计算方法研究 [J]. 油气井测试, 2007, 16（2）：1-3.
[13] 朱黎鹂, 童敏, 闫林. 水平井探测半径及其计算方法 [J]. 天然气工业, 2010, 30（5）：55-57.
[14] 姚军, 刘顺. 基于动态渗透率效应的低渗透油藏试井解释模型 [J]. 石油学报, 2009, 30（3）：430-433.
[15] 陈志明, 蔡雨桐, 刘冰, 等. 低渗透岩石渗流规律的实验研究方法 [J]. 天然气与石油, 2012, 30（3）：49-52.
[16] 张楠, 王晓琴, 徐锋, 等. 启动压力梯度和应力敏感效应对低渗透油藏直井产能的影响 [J]. 特种油气藏, 2012, 19（1）：74-77.
[17] 熊健, 王绍平, 郭平. 低渗油藏水平裂缝井增产规律研究 [J]. 特种油气藏, 2012, 19（6）：101-103.
[18] 李传亮. 启动压力梯度真的存在吗？[J]. 石油学报, 2010, 31（5）：867-870.
[19] 郑春峰, 程时清, 李冬瑶, 等. 低渗透油藏通用非达西渗流模型及压力曲线特征 [J]. 大庆石油地质与开发, 2009, 28（4）：60-63.
[20] Wattenbarger, Robert A, Ramey J R. Gas well testing with turbulence, damage and wellbore storage [J]. Journal of Petroleum Technology, 1968, 20（8）：877-887.
[21] 许涛, 黄海龙, 修德艳, 等. 低渗透油藏应力敏感评价新方法 [J]. 特种油气藏, 2014, 21（6）：126-129.
[22] Chen, Z. M., Liao, X W, Zhao X L. Productivity estimations for vertically fractured wells with asymmetrical multiple fractures [J]. Journal of Natural Gas Science and Engineering, 2014. 21（6）：1048-1060.
[23] Hsieh B Z, Chilingar G V, Lin Z S. Propagation of Radius of Investigation from Producing Well [J]. Energy sources, 2007, 29（5）：403-417.

低渗透—致密砂岩气藏开发中后期精细调整技术

付宁海　唐海发　刘群明

（中国石油勘探开发研究院）

摘要：低渗透—致密砂岩气藏进入开发中后期，面临如何进一步提高储量动用程度与采收率问题，开展开发中后期精细调整是改善其开发效果的重要技术手段。针对该类气藏进入开发中后期地质、生产动态以及开发方式上相对于开发早期的变化，梳理了开发中后期在剩余储量描述、提高储量动用程度和井网适应性评价中面临的关键技术问题，围绕气田挖潜与提高采收率，有针对性地提出了技术对策，提出了以开发中后期精细气藏描述、储量动用程度评价和井网井距优化为核心的气藏开发中后期精细调整的技术思路及流程。以 C 气田为例，采用该技术方法进行了气田中后期的开发调整，解决了剩余储量的有效动用问题，整体提升了气田开发效果和经济效益。

关键词：低渗透；致密气；精细调整；储量动用程度；开发中后期

近年来，随着我国天然气业务的快速发展，国内低渗透—致密砂岩气藏储量和产量快速增长，尤其是其产量所占比重越来越大，低渗透—致密砂岩气藏是我国天然气未来增储上产最重要的领域之一[1]。据统计，2011 年，致密气产量约占国内天然气产量的 1/4 [2]；2014 年，约占全国天然气总产量的 32%[3]，目前，低渗透—致密砂岩气藏是我国天然气开发最具规模、储量和产量贡献最大的一类气藏，其有效开发成为天然气上产及稳产的重要支撑。

低渗透—致密气藏具有储层非均质性强、产能差异大的特点，随着气田开发的深入，尤其是在气田开发中后期，储量动用不均衡进一步加剧，气田剩余储量难以有效动用的问题日益突出，因此，开展中后期精细调整研究，总结出相应的技术方法，对于提高储量动用程度，改善气田开发效果具有重要意义，也是提高气田最终采收率的关键。随着进入开发中后期气田比例的增加，客观上也需要加强中后期气藏精细调整技术研究，进一步细化对气藏的认识，明确储量动用状况与剩余储量分布，以延长稳产期和进行后期挖潜。

国内开发中后期精细调整研究多集中于油藏[4-7]，关于气藏中后期精细调整研究主要以气藏描述为主，或针对某一具体气田面临的特定问题开展研究[8-13]，缺少普遍的适用性与技术流程的梳理。在前人研究基础上，通过对低渗透—致密气藏开发中后期面临的关键技术问题的分析，总结提出了一套适用于低渗透—致密气藏开发中后期精细调整的技术思路及流程，可较为快速、准确地确定气藏加密潜力、优选井位，进行剩余气挖潜，可为同类气藏开发提供借鉴。

基金项目："十三五"国家科技重大专项"复杂天然气藏开发关键技术"（2016ZX05015）；中国石油天然气股份有限公司科技攻关项目"天然气藏开发关键技术"（2016B-15）。

1 低渗透—致密气藏开发中后期面临的关键技术问题

气藏进入开发中后期，开发重点由开发初期快速上产与规模开发向提高储量动用程度和提高采收率转变。开发中后期的气藏大多已进入稳产后期或递减阶段，由于储层的非均质性及井网的不完善性，导致剩余气分布相对分散。在开发早期阶段以砂层组或小层为单元所做的储层描述，已不能满足研究剩余气分布状况的需求。早期井网的不完善性需要井网的调整，同时需要根据气藏中后期生产动态特征的变化进行相应的开发调整。在地质、生产动态及开发方式等方面面临的主要问题不同于开发早期。

1.1 开发地质

气藏进入开发中后期，剩余储量的描述和预测是气藏面临的关键问题。开发初期井资料建立的地质模型精度较低，影响剩余储量预测的准确度。需要不断更新对气藏的认识，对剩余储量进行精细描述与评价。利用开发过程中逐渐丰富的资料，对地质储量进行复算，在此基础上，进行剩余储量评价，开展储层精细地质特征描述、有效砂体分布描述，以精细沉积微相、微构造和储渗单元为主对剩余储量进行描述和预测，研究剩余储量的分布规律，为气藏进一步的开发提供依据。

国内低渗透—致密储层多属陆相沉积，单层厚度薄，横向变化大。以河流相、三角洲相储层居多。对于三角洲相储层，三角洲类型的差异、沉积特征的差异及相组合的不同，导致储层特征及平面非均质性的差异，形成不同的剩余储量分布特征。精细研究三角洲沉积微相及其物性，对后期改善气田开发效果具有重要的意义。河流相储层在剖面上一般呈透镜状分布，横向连续性差。单砂体较小且分散，砂体平面上呈不规则带状，多以顶平底凸、两侧不对称的透镜体为主[14]。开展有效储层三维精细刻画，对有效储层及其连通性进行准确预测和评价，有利于后期提高剩余储量的动用程度。

低渗透—致密气藏按储层产状，可划分为3种主要类型[1]：块状、层状和透镜状。透镜体多层叠置气藏，以鄂尔多斯盆地苏里格气田为代表，多层状气藏以川中地区须家河组气藏、松辽盆地长岭气田登娄库组气藏为代表，块状气藏以塔里木盆地库车坳陷迪西1井区为代表[15]，气藏类型不同，其面临的问题与中后期开发重点也不同（表1）。

表1 不同类型气藏开发中后期气藏描述重点

气藏类型	主要特点	描述重点	典型气田
透镜状	非均质性强，单砂体较小	储渗单元、有效砂体连续性、连通性	苏里格
层状	构造控制不明显、气层连续性差、层间差异大	储层连续性、连通性	须家河组、登娄库组
块状	断块背斜为主，连通性较好，具有边底水	构造、裂缝、气水关系	迪西

透镜状气藏与层状气藏，构造对气层分布控制不明显，气层连续性差，开发中后期对剩余储量的评价和预测，以储层连续性、连通性评价为重点。以苏里格气田为代表的透镜状气藏，辫状河发育，河道侧向迁移、改道和切割频繁，造成心滩和边滩砂体在纵向上相互叠置、交错排列[16]。储层小透镜体、多层发育，区域上富集不均，大面积复合连片分布，储层连续性、连通性差。气藏开发前期研究，苏里格大型复合砂体分级构型描述技术、富集区和井位优选技术，使富集区内Ⅰ类+Ⅱ类直井比例保持在75%以上[15,17]，保障

了建产区的优选,实现了气藏的规模开发。中后期面临如何进一步提高储量动用程度与采收率,需要以储渗单元描述为重点,开展密井网区井间精细对比,对有效砂体分布进行定量描述,建立精细地质模型,以此为基础评价储量动用程度和剩余储量分布,提高剩余储量预测的准确度。

块状气藏一般储层整体连通性好,储量动用程度相对较高。进入开发中后期,应以构造、裂缝、气水关系的描述为重点。需要基于新的钻井、地震资料,动静结合,加强对构造的认识,精细刻画微构造、裂缝、断层等。构造精细刻画关系到开发后期高效井位部署的成功率。同时由于气水关系复杂,面临防、控、治水问题,需加强裂缝、隔(夹)层空间配置关系研究,深化气藏水侵模式、气水关系的认识,实现均衡开采,提高最终采收率。

1.2 生产动态

低渗透—致密气藏进入开发中后期,生产动态特征的变化主要表现在:(1)压力、产量下降速度变缓,单位压降产气量增加,气井泄气半径后期因外围低渗透区补给有一定扩大,在较低产量水平上可保持较长时期的稳定生产;(2)气藏产能分布不均,不同气井采气速度和采出程度差异较大,造成储量动用不均衡;(3)气井产能与初期变化较大,随着生产阶段的变化需要核实与调整,以充分发挥气井生产能力;(4)低产气井增多,少数高产气井、中产气井对气藏整体产能贡献比例增加,气藏逐渐进入多井低产阶段。

生产动态特征的变化加上储层本身的非均质性,导致储量动用不均衡程度进一步加剧。因此,在开发中后期,面临对气藏储量动用程度进行评价问题,以此确定开发调整的重点。一方面需要根据生产动态特征的变化对气井的产能进行核实,确定气藏合理的产能规模、生产潜力。尤其是对于产能贡献大的高产井和中产气井,保证这部分高产井和中产井的合理生产,对整个气藏的稳产具有重要意义。另一方面需要确定气井的动态储量,结合生产动态特征,评价气藏开发效果,确定各小层储量平面上和纵向上的动用状况,确定剩余储量的潜力区域和层位。

1.3 开发方式

低渗透—致密气藏往往采用衰竭式开发,通过加密钻井弥补递减保持稳产。对于多层气藏和透镜状气藏,由于井控储量少,单井泄气面积小,井间加密是提高采收率的关键。国内外低渗透—致密气藏的开发经验表明,对于多层叠置透镜状气藏,通过加密井网,天然气的采收率可大幅度提高[17-20]。气藏初期井网对储量控制程度不够充分,现有井网存在未控制住的储量。表现在:(1)低渗透—致密储层展布规模小,连通性差,单井产能低,不宜采用稀井高产的模式开发,一般采用边评价、边开发的思路,井间逐次加密,局部区域存在初期井网未控制住的储量;(2)井网平面分布不均,局部较密,局部过稀,造成储量动用不均衡;(3)井网控制住的区域,在开发过程中由于储层非均质性、气井产能、泄气半径的差异,造成平面上储量动用不均衡;(4)多层生产气井,垂向上具有补孔潜力的未射孔小层,其储量尚未动用。

因此,在开发中后期面临对井网进行加密与调整的问题,以提高井网对储量的控制程度。需要开展井型与井网的适应性评价,论证现有井网对储量的控制程度与开发效果,论证合理的布井方式和井网密度,优选井型,优化井网井距。结合地质研究和生产动态特征,进行井位论证,确定开发调整井位的部署。

2 精细调整思路及流程

在开发中后期的气藏调整中,需要以剩余气分布研究为核心,以精细的小层划分与对比及储层的定量评价为基础,充分利用各种静态资料和动态资料,进行精细的气藏描述,建立精细地质模型,并通过开发过程中气藏动态变化研究、剩余气分布规律研究,最终确定剩余气的空间分布情况,为开发调整与挖潜提供可靠的依据。

整体思路是针对剩余储量描述、提高储量动用程度和井网适应性评价中面临的关键问题,分别采用精细气藏描述技术、储量动用程度评价技术和井网井距优化技术,解决储量的空间分布、剩余储量潜力区层位与平面分布及调整井井位论证问题。具体流程分为三部分:首先,开展精细气藏描述,精细刻画小层砂体、有效砂体展布,复算小层地质储量,通过对气藏有效砂体发育规律的认识,精细刻画储层特征,落实气藏地质储量,落实调整基础;其次,应用多种气藏工程方法,论证气藏合理产量和动态储量,评价单井采出程度和小层储量动用程度,确定开发调整方向和重点;最后,综合考量地质、动态、经济三方面因素,评价开发井网适应性和开发效果,论证气田合理井网井距,制订气田调整技术对策,落实调整井位的部署(图1)。

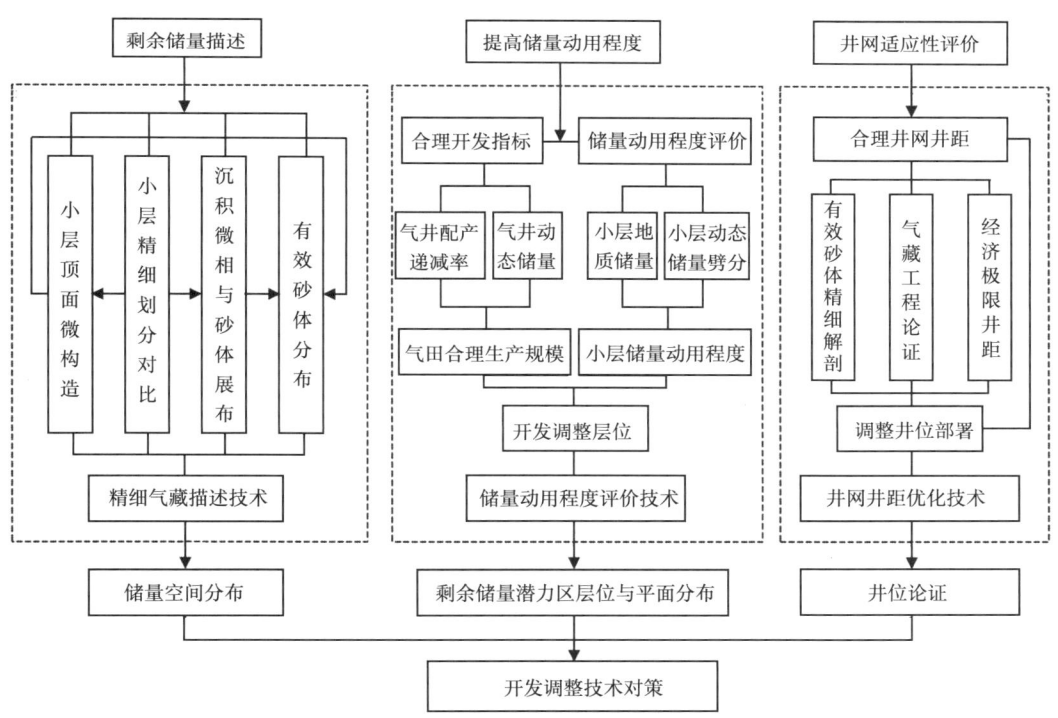

图1 气藏开发中后期精细调整技术流程图

3 开发中后期精细调整技术

精细调整前提是提高对气藏认识的深度。通过精细气藏描述技术、储量动用程度评价技术、井网井距优化技术,对气藏开发动态规律、剩余气特点及分布规律进行深入研究,从而为下一步的调整挖潜提供依据,确定调整井位的部署,以提高气藏最终采收率。

3.1 精细气藏描述技术

开发中后期的气藏描述,重点是提高描述精度。综合运用地质、地震、测井、测试等各方面资料,利用开发中后期增多的井资料,从区块到井间,通常以单砂体或流动单元为基本地层单元,与动态结合紧密,基本单元小,精细程度高。

3.1.1 精细地层结构描述

随着开发中后期资料的丰富,需要进一步细分小层,确定小层界限,落实微构造。主要包括小层精细划分与对比及构造精细解释对比两方面内容。小层划分与对比是描述储层空间分布的前提,通过小层对比,对研究区内气井的原始地质分层数据进行复查,建立骨架对比剖面。在小层划分对比基础上,区域上结合地震资料、构造及断层解释成果,分小层编制顶面构造图。对比与开发前期认识上的变化,对开发前期认识的不足进行更新与调整。

3.1.2 沉积微相分析技术

综合区域沉积背景和单井相分析,确定沉积相类型,分析沉积特征,包括沉积环境、沉积相、沉积模式等。进行沉积微相分析,分析沉积微相类型、沉积微相垂向演化特征、沉积微相及砂体平面展布特征。

3.1.3 有效砂体描述技术

对于透镜状气藏与层状气藏,开发中后期气藏描述重点是对有效砂体进行描述。开展密井网区精细地质解剖,刻画有效砂体的规模尺度、连通性及其分布规律。对密井网区单砂体进行解剖,通过垂直物源密井网连井剖面与顺物源密井网连井剖面,分析有效单砂体规模尺度。进而分析复合有效砂体的结构模式与规模,最后分析有效砂体平面、剖面在三维空间的分布特征。在此基础上,建立定量的精细地质模型,对剩余气分布进行预测。

以C气田为例,C气田构造形态为一北北东方向展布的背斜,以发育辫状河三角洲沉积相为主,东西向剖面单砂体相变快、连通差、延伸距离短,垂向上具有砂泥岩薄互层发育的特点。气藏有效砂体规模小、多呈孤立状分散分布,局部存在富集区。有效砂体钻遇率30%~60%,平均有效厚度4~9m。剖面上(图2)有效砂体分布密度小,90%以上有效

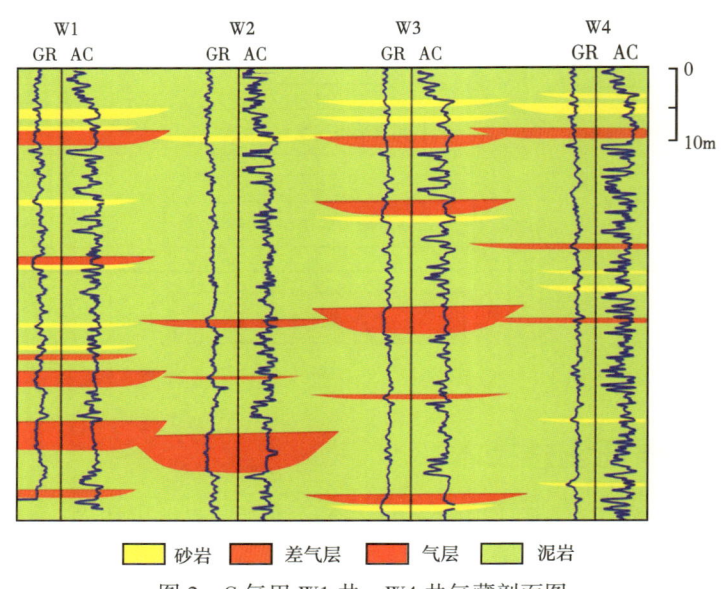

图2 C气田W1井—W4井气藏剖面图

砂体呈孤立状分散分布，横向范围局限，连通性差，垂向叠置模式以孤立状为主，少量垂向叠置型；平面上，小层有效砂体多呈孤立状分布。

密井网区单砂体解剖显示，单期河道砂体砂体厚度一般在3～8m，三角洲平原相辫状分流河道宽400～700m，三角洲前缘相水下分流河道宽350～600m。有效单砂体厚度集中分布在2～4m，平均厚度为3.5m。垂直物源密井网连井剖面显示，有效单砂体宽度集中在300～400m。顺物源密井网直井连井剖面显示，有效单砂体长度主要分布在300～450m。

3.2 储量动用程度评价技术

在气藏地质认识与动态特征分析的基础上，进行储量动用程度评价，确定各砂层组和小层储量动用程度，落实已动用储量和剩余未动用储量，确定调整挖潜的潜力区。

3.2.1 气田开发指标计算

储量动用程度评价前，首先论证气井的合理开发指标。一方面，对气井目前的产能、递减等指标进行计算，评价气井的生产能力，确定开发调整时气田的合理生产规模；另一方面，重点要计算与核实气井的动态储量，进而确定储层动用程度与开发潜力。不同的动态储量计算方法有其自身的适应性和局限性，针对不同生产动态特征的气井，应结合多种方法进行评价。对于有测压资料的气井，采用压降法计算动态储量较为准确；对于生产时间较长、采出程度较高、进入递减期的气井，可通过产量累计法和油压递减法及常规递减分析方法计算；气藏渗流达到或接近拟稳态、气井产量相对稳定的气井可采用流动物质平衡法[21]；产量不稳定分析方法，对于计算低渗透气藏储量具有较大优势[22]，其建立在常规的生产动态资料之上，对地层压力测试点的依赖程度较低，对产量和压力数据要求低，生产数据经过处理后，采用不稳定法进行图版拟合，得到气井动态储量，目前常用的有Blasingame、Agarwal-Gardner、NPI、Transient等方法。

3.2.2 储量动用程度评价

储量动用程度评价的目的是确定储量的动用状况和剩余储量的分布情况，从而确定挖潜的目标层位。在计算得到单井的动态控制储量，并对地质储量进行复核的基础上，将单井的动态储量和累计产量细化到小层，确定各个小层储量动用程度。目前小层产量劈分方法主要有地层系数法、产气剖面测试法、物理实验模拟法及数值模拟方法等[23-25]。将各个单井的动态储量和累计产量劈分到各个小层，结合各个砂层组和小层的地质储量，就可以得到各砂层组及小层的储量动用程度和采出程度。计算气井在每个小层的泄流半径和动用面积。通过各小层储量动用面积与含气面积叠合图，确定储量在各小层平面上的动用情况。依此确定挖潜重点层位，明确挖潜的主力小层。

C气田自上而下分为M_2、N_1、N_2、N_3、N_4 5套砂层组。根据对C气田有效砂体的描述，N_1、N_2砂层组有效砂体发育相对较好，局部存在富集区，N_3、N_4砂层组有效砂体零星分布。根据砂层组储量动用程度和采出程度分析（图3），M_2、N_1砂层组储量动用程度低（<40%），采出程度低（<25%），且剩余储量多；N_2砂层组储量动用程度高，但储量基数大，仍有较多的剩余储量；N_3、N_4砂层组储量动用程度较高，且剩余储量少。因此，剩余储量潜力主要集中在M_2、N_1、N_2砂层组，是下一步气田挖潜的重点层位。从小层看（图4），M_2^2、N_1^3小层地质储量动用程度低（<35%），采出程度低（<25%），剩余储量高，是挖潜的主力小层，其次是N_2^3、N_2^2小层。

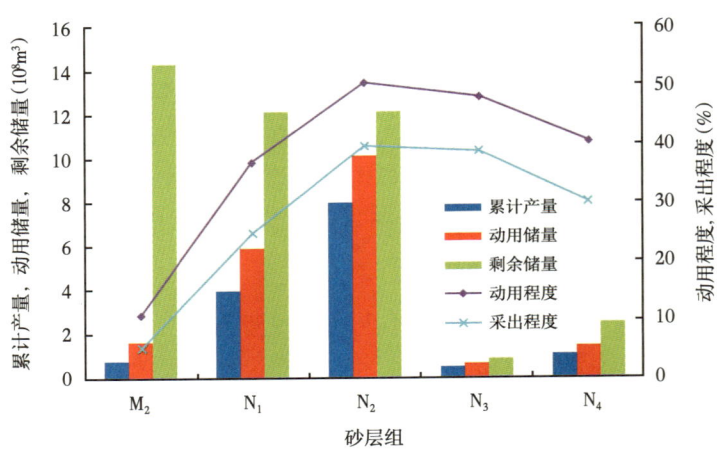

图 3　C 气田砂层组储量动用程度与采出程度分布图

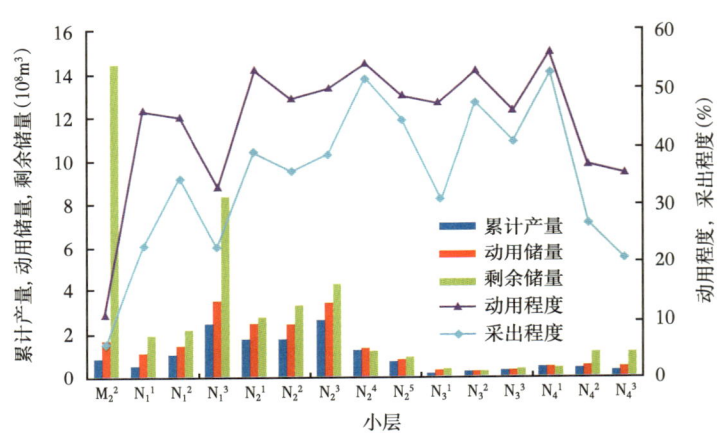

图 4　C 气田小层储量动用程度与采出程度分布图

3.3　井网井距优化与调整井位部署技术

从技术和经济方面确定合理井距，进行井网适应性论证，确定加密调整的空间和潜力，进而优选调整井位的有利目标区，确定井位及目的层。

3.3.1　井网井距优化技术

低渗透—致密气藏不适合大井距开发，需采用密井网开发，以提高储量的动用程度和最终采收率。合理井距的论证主要有地质分析、气井泄气半径折算、井间干扰分析及经济极限井距评价等方法。

（1）地质分析。

选取密井网区，进行精细地质解剖，根据密井排有效砂体连井对比，分析有效砂体的规模尺度，研究砂体的连通程度，确定有效砂体规模大小。根据砂体的长度、宽度分布范围和频率，确定井排距范围。

（2）气井泄气半径折算。

泄气半径计算方法主要可分为试井探测半径方法、不稳定产能分析图版方法、动静态储量结合反算方法等[26-28]。试井探测半径方法多采用压降或压力恢复试井进行探边测试，以压力波传播的探测半径作为气井的泄气半径。不稳定产能分析利用气井的生产数据和地质参数，通过 Blasingame、Agarwal-Gardner、NPI、Transient 等图版拟合确定泄气半径。动静态储量结合反算方法根据气井的动态储量，由容积法储量计算公式，反算气井泄气半径。

（3）井间干扰分析。

同一气层上相邻两口气井同时生产时，某一口气井改变工作制度，对相邻气井的压力、产量产生影响，或是新井投产，在存在井间干扰情况下，邻近老井产量或压力发生改变。根据相邻气井压力产量的变化判断两口井间连通和干扰情况，以此来判断井距是否合理。

（4）经济极限井距。

开发中后期调整涉及井网加密，低渗透—致密砂岩气藏一般属于边际效益气藏，其经济有效性是井网加密重要的考量因素，开发调整的井距应大于经济极限井距。根据经济极限井距计算公式[29]，得到不同气价下的极限井距，以此来作为加密调整井距的下限。

综合以上几种方法，从技术、经济两方面确定合理的井距及井网密度。通过密井网区单砂体解剖、气井泄流半径分析以及经济极限井网密度计算，确定 C 气田合理开发井网井距：350m×400m，井控面积 0.14km²/口。从井网控制程度看，平均井控面积约 0.3km²/口，与合理井控面积 0.14km²/口相比，具有较大的加密空间。从单井的动用面积与储层的含气面积叠合情况及小层储量动用状况的分析看，现有井网对储量控制不充分，气藏具有进一步加密调整的空间和潜力。

3.3.2 调整井位部署技术

在气藏挖潜主力层和加密潜力区域研究基础上，结合小层沉积相、砂体、有效砂体平面及剖面分布特征和邻井生产动态，优选加密井位。

加密井位部署时，依据"十图两表"（储量动用面积与含气面积叠合图、顶面构造图、沉积相平面图、砂体厚度图、有效砂体厚度图、孔隙度分布图、渗透率分布图、含气饱和度分布图、邻井砂体及有效砂体连井对比剖面图、邻井生产曲线图、储量动用程度与采出程度统计表、邻井生产动态统计表），重点分析部署位置的储层静态以及邻井生产动态特征，优选有利的位置和层位。具体分为以下 4 个步骤：

（1）根据小层储量动用面积与含气面积叠合图，结合数值模拟剩余储量和压力分布确定加密调整井位部署的潜力区域。

（2）在确定的潜力区域基础上，进一步优选加密部署的有利目标区。根据区域地质特征，分析加密井及邻井的构造及储层分布情况，加密井的部署要满足 3 个基本条件：①处于微构造局部高点附近；②处于有利相带内，砂体发育厚度大，分布稳定，邻井可横向对比追踪；③储集物性好，有效砂体较发育。

（3）在此基础上，结合精细气藏描述中对小层砂体的精细刻画，从邻井砂体及有效砂体对比剖面，分析纵向上含气砂体发育状况以及有效砂体横向分布情况，结合小层储量动用程度、采出程度，确定加密井的目标开采层位。

（4）根据邻井生产动态及生产现状，分析加密井周围的储层生产情况，估算加密井所处井组的储量动用状况和剩余储量情况，进而预测加密井的生产能力及可采储量，判断加密井投产效果及对邻井可能产生的影响。

最终在动态、静态特征综合分析的基础上，确定加密井位及开采目的层位。

以 C 气田加密井 J1 井为例,从储层物性分布图及构造图看,构造位置有利,物性较好,小层沉积相平面图及小层有效砂体厚度图显示(图 5a、b),该井处在水下分流河道有利相带内,砂体发育情况好,有效厚度约为 6~8m。邻井砂体及有效砂体对比剖面显示(图 5c),J1 井 N_2^1 小层砂体、有效砂体横向发育好,分布稳定。从邻井动态来看,邻井以一类井居多,生产稳定,井距大幅高于合理井距,具备加密的条件且加密位置较为有利。经过"十图两表"设计优选,该井投产后,产量达到 $2×10^4m^3/d$ 以上,生产稳定。

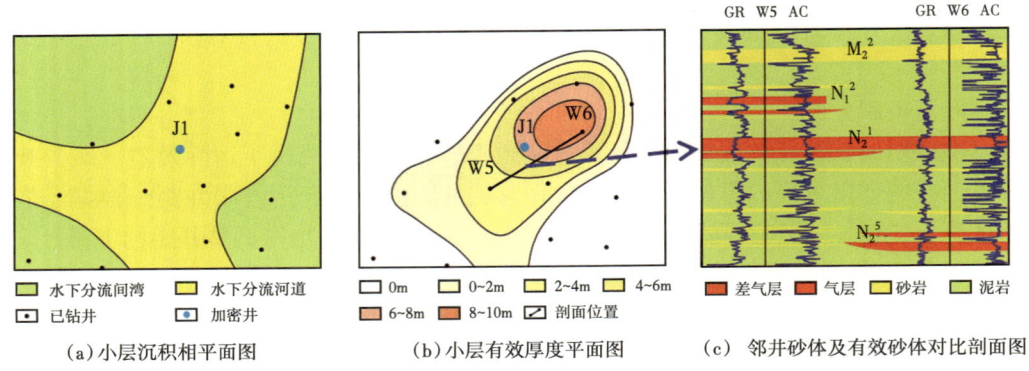

(a)小层沉积相平面图　　(b)小层有效厚度平面图　　(c)邻井砂体及有效砂体对比剖面图

图 5　加密井及邻井沉积相与砂体分布图

通过合理井网井距及储量动用情况的论证,确定了气田整体加密调整的技术思路。根据上述加密部署流程,对气田的加密有利目标区进行了优选,确定加密井位 49 口,现已全部实施并投入开发。加密井投产以来,其产量占气田产量的 1/3 左右,加密效果良好,有效弥补了气田老井的递减,保持了气田稳产。预计加密井最终可使气田采收率提高 6%。

4　结语

(1)对低渗透—致密气藏开发中后期面临的关键问题进行了系统分析,以具体气田为例,提出以精细气藏描述为基础,综合储量动用程度评价及井网井距优化等关键技术手段,深入认识气藏,进行有效砂体精细刻画,落实储量动用程度,明确剩余储量分布与开发潜力并进行井位部署的具体做法,为气藏开发中后期的开发调整提供了现实可行的技术思路与流程。

(2)该技术方法可快速评价开发潜力区,实施调整井位的部署,有效解决了剩余储量潜力区优选及调整井井位论证问题,取得了较好的现场应用效果,明确了气田的开发潜力,大幅提升了气田开发效果,可为同类气田开发调整提供方法及借鉴。

参 考 文 献

[1] 雷群,李熙喆,万玉金,等. 中国低渗透砂岩气藏开发现状及发展方向[J]. 天然气工业,2009,29(6):1-3.

[2] 邱中建,赵文智,邓松涛. 我国致密砂岩气和页岩气的发展前景和战略意义[J]. 中国工程科学,2012,14(6):4-8.

[3] 胡俊坤,龚伟,任科. 中国致密气开发关键因素分析与对策思考[J]. 天然气技术与经济,2015,9(6):24-29.

［4］李志鹏，林承焰，史全党，等．高浅南区边水断块油藏类型及剩余油特征［J］．西南石油大学学报（自然科学版），2012，34（1）：115-120．

［5］贾爱林，程立华．数字化精细油藏描述程序方法［J］．石油勘探与开发，2010，37（6）：709-715．

［6］刘敬强，邹存友，普明闾，等．油田开发中后期加密潜力的计算方法［J］．断块油气田，2011，18（4）：498-501．

［7］陈金凤，庞帅，吴辉，等．唐家河油田馆陶油组剩余油研究及挖潜方法［J］．西南石油大学学报（自然科学版），2011，33（5）：79-83．

［8］李东，张云鹏，张中伟．复杂断块气藏精细描述研究［J］．断块油气田，2000，7（4）：11-15．

［9］王勇飞，曾炎．储层建模致密低渗气藏开发调整研究［J］．断块油气田，2008，15（5）：69-71．

［10］王雯娟，成涛，欧阳铁兵，等．崖城13-1气田中后期高效开发难点及对策［J］．天然气工业，2011，31（8）：22-24．

［11］徐庆龙．中浅层低渗透断块砂岩气田开发调整实践［J］．大庆石油地质与开发，2013，32（4）：67-70．

［12］刘成川，卜淘，张文喜．新场气田蓬二段气藏二次开发调整研究［J］．油气地质与采收率，2004，11（4）：46-48．

［13］廖家汉，杜锦旗，谭国华，等．户部寨复杂断块气藏剩余气分布及挖潜研究［J］．吐哈油气，2005，10（2）：127-132．

［14］关富佳，李保振．辫状河沉积气藏井网模式初探［J］．天然气勘探与开发，2010，33（2）：40-42．

［15］马新华，贾爱林，谭健，等．中国致密砂岩气开发工程技术与实践［J］．石油勘探与开发，2012，39（5）：572-579．

［16］樊友宏，李跃刚．河流相储层产能评价方法研究［J］．天然气工业，2005，25（4）：100-102．

［17］何东博，贾爱林，冀光，等．苏里格大型致密砂岩气田开发井型井网技术［J］．石油勘探与开发，2013，40（1）：79-89．

［18］Cipolla C L, Mayerhofer M. Infill drilling & reserve growth determination in Lenticular Tight Gas Sands［C］. SPE36735-MS, 1996.

［19］Mccain W D, Voneiff G W, HUNT E R, et al. A tight gas field study：Carthage (Cotton Valley) Field［C］. SPE26141-MS, 1993.

［20］Cipolla C L, Wood M C. A Statistical approach to infill drilling studies：Case history of the Ozona Canyon Sands［C］. SPE35628-PA, 1996.

［21］王京舰，王一妃，李彦军，等．鄂尔多斯盆地子洲低渗透气藏动储量评价方法优选［J］．石油天然气学报，2012，34（11）：114-117．

［22］陈霖，熊钰，张雅玲，等．低渗气藏动储量计算方法评价［J］．重庆科技学院学报（自然科学版），2013，15（5）：31-35．

［23］郭平，刘安琪，朱国金，等．多层合采凝析气藏小层产量分配规律［J］．石油钻采工艺，2011，33（2）：120-123．

［24］史进，盛蔚，李久娣，等．多层合采气藏产量劈分数值模拟研究［J］．海洋石油，2015，35（2）：56-60．

［25］李江涛，张绍辉，杨莉，等．涩北气田气层动用程度研究［J］．油气井测试，2014，23（1）：30-32．

［26］何东博，王丽娟，冀光，等．苏里格致密砂岩气田开发井距优化［J］．石油勘探与开发，2012，39（4）：458-464．

［27］庄惠农．气藏动态描述和试井［M］．北京：石油工业出版社，2004．

［28］刘海锋，王东旭，李跃刚，等．靖边气田加密井部署条件研究［J］．低渗透油气田，2007，（1）：83-85．

［29］汪周华，郭平，黄全华，等．大牛地低渗透气田试采井网井距研究［J］．西南石油学院学报，2004，26（4）：18-20．

多层合采气藏井底压力响应模型通解

李成勇[1]　蒋裕强[2]　伍勇[3]　龚伟[4]　刘永良[5]

(1. 成都理工大学地质资源与地质工程博士后工作站；2. 西南石油大学；
3. 中国石油长庆油田勘探开发研究院；4. 中国石油西南油气田分公司重庆气矿；
5. 中国石油西南油气田分公司川东北气矿)

摘要：为了提高单井产能和降低生产成本，许多生产井都是按多层合采方式进行生产的。多层气藏的开采规律有别于常规气藏，研究其井底压力变化规律对开发此类气藏具有重要的意义。为此，在分析研究多层气藏渗流机理的基础上，建立以单井为研究对象的多层气藏渗流数学模型，然后通过拉普拉斯变换对该数学模型进行求解，获得多层合采气井拉氏空间井底压力动态响应数学模型，通过 Stephest 数值反演技术获得真实空间下的井底压力响应解，通过编制计算机程序，获得了井底压力动态响应曲线，从而分析了响应特征及其影响因素，进而研究了分层流量剖面的变化规律。该研究成果对合理、高效开发多层气藏具有指导意义。
关键词：多层合采；气藏；压力；渗流；流量剖面；试井；数学模型

我国所发现的大部分气田都属于陆相沉积的非均质多层气藏，气层的物性变化大，分布很不均匀。如果对各个单油层采用一套独立的井网开发，则难以保证其工业性开采价值。因此把一些性质相近、特征相似的小气层组合在一起，以合采的方式进行开发。在气藏开发过程中，多层气藏会表现出一些与单层气藏不同的特性[1]。因而需要研究多层气藏井底压力变化规律，这对合理、高效开发此类气藏具有重要的意义。

1　多层合采气藏渗流微分方程

多层合采气藏渗流物理模型如图 1 所示。若考虑地层中的流体为单相，忽略地层中孔隙度、渗透率和其他物性的变化，则利用运动方程、状态方程和物质平衡方程就可以建立复杂外边界气藏渗流微分方程[2,3]：

$$K_j \nabla^2 p_{jD} = w_j \frac{\partial p_{jD}}{\partial t_D} \quad (j = 1, 2, \cdots, n) \tag{1}$$

无限大边界为

$$\bar{p}_{jD}(\infty, t_D) = 0 \tag{2}$$

内边界条件为

$$p_{wD} = p_{jD} - s_j \frac{\partial p_{jD}}{\partial r_D}\bigg|_{r_D = 1} \tag{3}$$

基金项目：教育部博士学科点新教师类基金资助（20095122120012）。

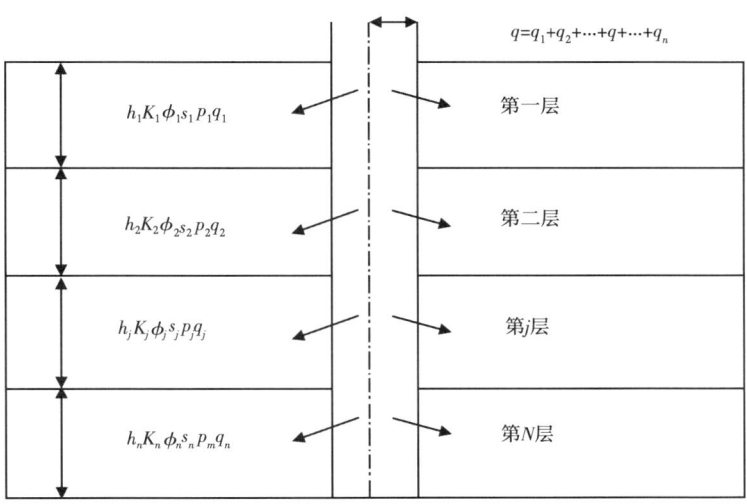

图 1 N 层合采气藏渗流物理模型

$$C_D \frac{dp_{wD}}{dt_D} - \sum_{j=1}^{n} K_j \frac{\partial p_{jD}}{\partial r_D} = 1 \quad (4)$$

其中：$p_{Dj} = \dfrac{(Kh)_r(\psi_{ji} - \psi_{wfj})}{0.01273(q_{sc}T)_r}$；

$t_D = \dfrac{3.6(Kh)_r t}{(\phi\mu c_t h)_r r_w^2}$；

$C_D = \dfrac{0.159C}{\sum_{j=1}^{n}(\phi Cth)_j r_w^2}$；

$r_D = \dfrac{r}{r_w}$；

$R_{jD} = \dfrac{R_j}{r_w}$；

$\omega_i = \dfrac{\phi_i \mu_i C_{ij} h_i}{(\phi\mu c_t h)_r}$；

$K_i = \dfrac{K_i h_i}{(kh)_r}$。

式中 s_j——j 层表皮系数；

R——边界半径，m；

r_w——半径，m；

C——井储常数，m³/MPa；

h——地层厚度，m；

K——渗透率，mD；

T——地层温度，K；

ϕ——孔隙度；

q_{sc}——气井产量，$10^4 \text{m}^3/\text{d}$；

t——时间，h；

μ——气体黏度，$\text{mPa}\cdot\text{s}$；

C_t——综合压缩系数，1/MPa；

ψ——拟压力，$\text{MPa}^2/(\text{mPa}\cdot\text{s})$。

2 多层合采气藏渗流数学模型求解

在拉普拉斯空间中进行转换后，其渗流方程如下：

$$K_j \nabla^2 \overline{p_{jD}} = w_j s \overline{p_{jD}} \quad (j=1, 2, \cdots, n) \tag{5}$$

内边界条件：

$$\overline{p_{wD}} = \overline{p_{jD}} - s_j \frac{\partial \overline{p_{jD}}}{\partial r_D}\bigg|_{r_D=1} \tag{6}$$

$$\frac{1}{s} = C_D s p_{wD} - \sum_{j=1}^{n} K_j \frac{\partial \overline{p_{jD}}}{\partial r_D} \tag{7}$$

外边界条件：

$$\lim_{r_D \to \infty} \overline{p_{jD}}(r_D, s) = 0 \tag{8}$$

结合改进的 Bessel 函数得式（5）的通解[4]：

$$\overline{p_{jD}} = A_j K_0(\sigma_j r_D) + B_j I_0(\sigma_j r_D) \quad (j=1, 2, \cdots, n)$$

式中 K_0、I_0——虚综量零阶贝塞尔函数；

s——拉普拉斯变量；

A_j、B_j——方程待定系数。

由外边界条件可得，系数 B_j 等于 0。因此 j 层的压力变为

$$\overline{p_{jD}} = A_j K_0(\sigma_j r_D) \tag{9}$$

将式（9）代入式（5），结果如下

$$K_j \sigma_j^2 K_0(\sigma_j r_D) = w_j K_0(\sigma_j r_D) \quad (j=1, 2, \cdots, n) \tag{10}$$

第 j 层的井筒压力变为

$$\overline{p_{wD}} = p_{jD} - s_j \frac{\partial \overline{p_{jD}}}{\partial r_D}\bigg|_{r_D=1} = A_j[K_0(\sigma_j) + s_j \sigma_j K_1(\sigma_j)] \quad (j=1, 2, \cdots, n) \tag{11}$$

可以通过式（11）确定 A_j：

$$A_j = \frac{\overline{p_{wD}}}{K_0(\sigma_j) + s_j \sigma_j K_1(\sigma_j)} \tag{12}$$

将式（12）代入式（7）中，得

$$\frac{1}{s} = C_D s \overline{p_{wD}} + \sum_{j=1}^{n} A_j K_j \sigma_j K_1(\sigma_j)$$

$$= C_D s \overline{p_{wD}} + \sum_{j=1}^{n} \frac{K_j \sigma_j K_1(\sigma_j) \overline{p_{wD}}}{K_0(\sigma_j) + s_j \sigma_j K_1(\sigma_j)} \quad (13)$$

由以上公式可得，在无穷大的 N 层系统中的井底压力可以表示为[5-7]

$$\overline{p_{wD}} = \frac{1}{s\left[C_D s + \sum_{j=1}^{n} \frac{K_j \sigma_j K_1(\sigma_j)}{K_0(\sigma_j) + s_j \sigma_j K_1(\sigma_j)}\right]} \quad (14)$$

3 合采井压力历史曲线影响因素分析

图 2 是井筒储存系数对井底压力动态的影响关系图。从图 2 中可以看出，井筒储存系数对井底压力动态的影响体现在储集阶段，主要表现在井筒储存系数越大，储集阶段无因次压力曲线位置越低，井筒储集的时间越长[8]。图 3 是表皮系数对井底压力动态特征的影响，表皮系数越大，无因次压力曲线的位置越高，无因次压力曲线与无因次压力导数曲线之间的距离越大，表示井所受的伤害越严重；在压力导数曲线上表皮系数越大，过渡段的驼峰越高。图 4、图 5 分别是地层系数和储容系数对井底压力动态特征的影响，从曲线上很难从压力曲线特征分辨出储层的非均质性[9]。

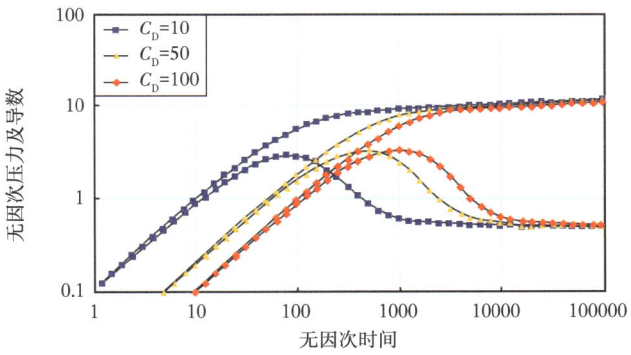

图 2 储集系数对井底压力动态的影响

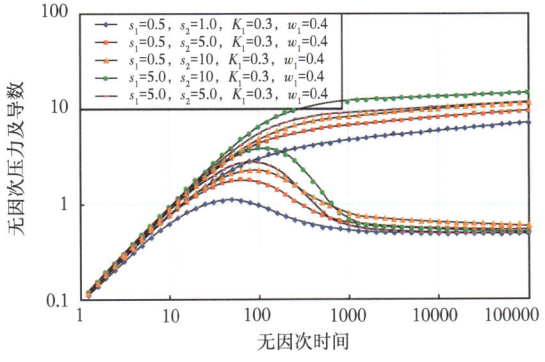

图 3 表皮系数对井底压力动态的影响

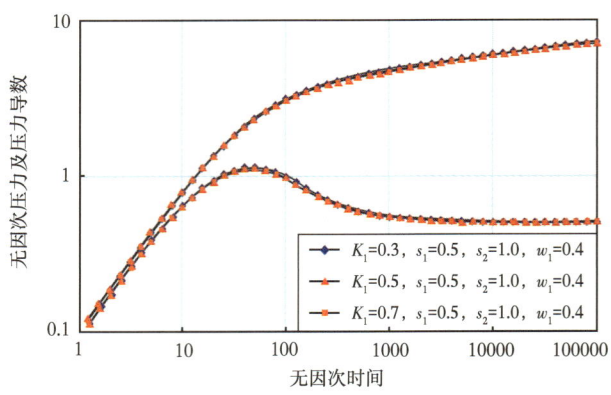

图 4　地层系数对井底压力动态的影响

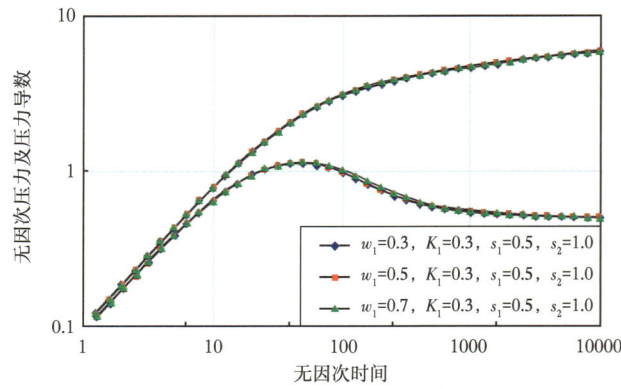

图 5　储容系数对井底压力动态的影响

4　合采井分层流量剖面变化规律

图 6 描述的是储容比对产气剖面的影响。开采初期储容比越大，各产气剖面差异较大；随着开采时间的增加，各层产气剖面逐渐降低；当压力波传播到气藏边界后，储量小

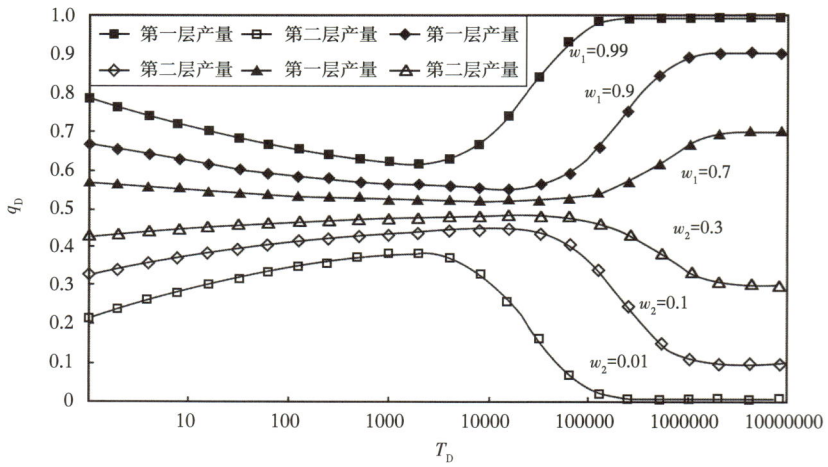

图 6　储容比对分层无因次流量的影响

的产层流量贡献率迅速降低。

图 7 描述的是地层系数对产气剖面的影响。开采初期储容比越大，各层产气剖面受地层系数的影响较大，随着生产时间的延长，渗透性好的产层气体流量有增加的趋势。

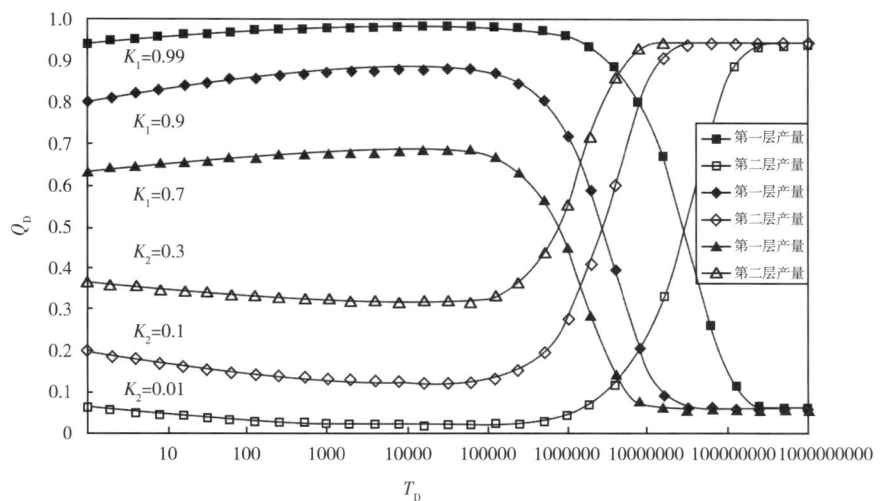

图 7　地层系数对分层无因次流量的影响

图 8 描述的是地层压力对产气剖面的影响；地层压力主要影响初期产量大小，第一层的原始地层压力越低，初期产量的比值就越低，随着开采时间的延长，该层产量比重有所增加。

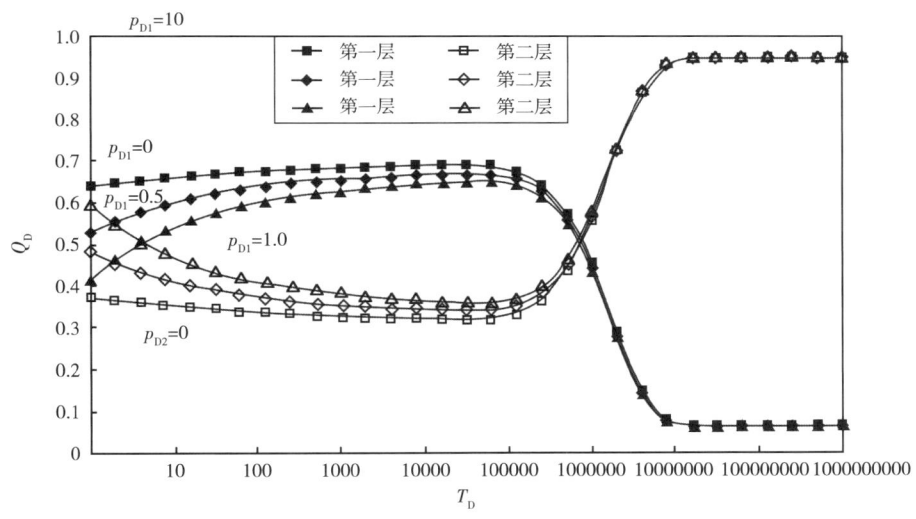

图 8　无因次地层压力对分层无因次流量的影响

5　结论

（1）笔者建立了多层合采气井井底压力动态响应数学模型，并绘制理论曲线，分析了影响其动态响应特征的具体因素。

（2）分层流量剖面数据比压力资料更容易分辨出地层系数、储容比等层间非均质参数。

参 考 文 献

[1] 钟兵,杨雅和,夏崇双,等.砂岩多层气藏多层合采合理配产方法研究[J].天然气工业,2005,25(SA):104-106.

[2] 霍进,贾永禄,等.多层窜流油气藏模型及井底压力动态[J].油气井测试,2006,15(2):1-4.

[3] 张望明,韩大匡,连淇祥,等.多层油藏试井分析[J].石油勘探与开发,2001,48(3):63-66.

[4] 伊晓东,李凤兰,等.均质多层油藏定压封闭边界灌注试井模型精确解及其计算[J].油气井测试,1998,7(3):10-14.

[5] 罗银富,黄炳光,依呷,等.高速非达西流动定压生产气井试井分析方法[J].西南石油大学学报(自然科学版),2008,30(2):17-18+117-119.

[6] 刘曰武,刘慈群,等.多层油藏有限导流垂直裂缝井试井方法研究[J].油气井测试,1998,6(3):18-22.

[7] 李顺初,张普斋,黄炳光,等.多层油藏压力分布的一般解[J].西南石油学院学报,2002,24(4):28-29.

[8] 徐献芝,况国华,陈峰磊,等.多层合采试井分析方法[J].石油学报,1999,20(5):43-46.

[9] 孙贺东,钟世敏,万玉金,等.涩北气田多层合采优化配产及动态预测[J].天然气工业,2008,28(12):86-87.

[10] 万玉金,孙贺东,黄伟岗,等.涩北气田多层气藏储量动用程度分析[J].天然气工业,2009,29(7):58-60.

基于拟时间函数分析气井不稳定生产数据

王军磊 宵波 蒋俊超 赵亮

（中国石油勘探开发研究院）

摘要：将不稳定生产阶段的产量、压力等生产数据处理为产量修正的拟压力差与拟时间，利用两者间的线性关系可以确定裂缝长度、地层渗透率。通过引入动边界概念，利用积分方法求解偏微分方程，得到由气井生产引起的探测边界传播规律，结合物质平衡方程获得探测范围内的平均地层压力，并借助迭代算法确定不稳定生产阶段的气体拟时间。分析表明，与拟时间相比，直接使用真实时间分析生产数据，定压生产时引起直线斜率偏小，且生产压差越大，偏差程度越明显，定产生产时导致数据线性相关性变差，气井产量越高，相关系数越低；在变产量生产时，利用物质平衡拟时间能够消除气体高压物性和变产量带来的非线性影响，明确生产数据间的线性关系，压裂参数的计算结果更为合理。

关键词：线性流；探测边界；平均地层压力；拟时间；生产数据；裂缝长度

对于致密气、页岩气等非常规气藏，水平井辅以分段压裂技术能够增大地层接触面积，减小渗流阻力，提高气井产能，同时也将引起持续数年的不稳定线性流动期[1-3]。将日常生产数据处理为产量修正的生产拟压差、（物质平衡）拟时间，以反映出的流态特征为诊断工具，利用相应的数学表达式能够获取不同的参数，以此评价压裂效果、预测气井产量[5,6]。

但是，气体拟时间计算中涉及的平均地层压力往往难以确定：Agrwal[7]和Mattar[8]分别利用压力迭代法和地质储量迭代法确定平均地层压力，但都只适用于拟稳态生产阶段；Anderson[9]提出使用探测边界内平均地层压力的观点，随后Nobakht等[10,11]给出了利用物质平衡方程结合探测边界传播规律的求解思路，该方法虽然突破了拟稳态流动条件的限制，但难以应用到更具实际意义的变产量生产情况。

这样，如何计算变产量下的探测边界移动规律成为合理分析生产数据的关键。传统探测边界公式是基于不稳定渗流研究的结果，多是通过脉冲波的最大响应位置[12,13]或联立不稳定与拟稳态压力导数[14,15]确定。这些公式形式基本一致，均认为探测边界移动速度与气井工作制度无关，但Wattenbarger[16]计算表明，定压和定产下的探测边界公式并不相同。鉴于此，本文借助低渗透储层中的"动边界"[17-19]概念，将探测边界视为压力扰动的外边缘，通过积分方法获得变产量下的探测边界通用表达式，利用Nobakht方法计算平均地层压力，并给出相应迭代算法计算气体拟时间函数，同时对比分析使用真实时间对线性关系产生的影响，进而利用拟时间分析气井不稳定生产数据，计算压裂参数。

基金项目：国家重大科技专项"天然气开发关键技术"（2011ZX05015）资助。

1 探测边界内的平均地层压力

1.1 探测边界模型及近似解

致密介质渗透率极低,无自然产能,气体只有在压裂区域(SRV)内才能够发生有效流动。图1假设各条裂缝等长、等间距分布,SRV区域内的渗流可以等效为一系列的线性流模型[20-22]。

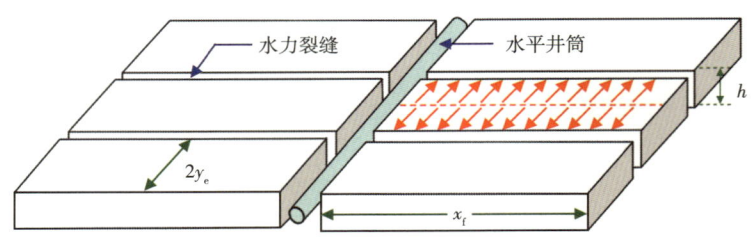

图 1 体积压裂区内等效渗流模型

借助低渗透"动边界"概念研究探测边界问题:假定地层均质,含气饱和度100%,气体全部为CH_4,忽略重力和毛细管力的影响,不考虑地层孔隙的可压缩性,压力只在探测边界内传播。利用无量纲量处理气体拟压力控制方程,其中变产量下无量纲定义为

$$m_D = \frac{Kh[m(p_i) - m(p)]}{1.842 q_{ref} \mu_{gi} B_{gi}} \quad (1)$$

$$q_D = \frac{q_{sc}}{q_{ref}} \quad (2)$$

$$t_D = \frac{3.6 \times 10^{-3} Kt}{\phi(\mu_g c_g)_i x_f^2} \quad (3)$$

$$y_D = \frac{y}{x_f} \quad (4)$$

拟压力为

$$m(p) = \frac{\mu_{gi} Z_{gi}}{p_i} \int_{p_i}^{p} \frac{\xi}{\mu_g(\xi) Z_g(\xi)} d\xi \quad (5)$$

式中 K——渗透率,mD;
h——地层厚度,m;
ϕ——地层孔隙度;
μ_g——气体黏度,mPa·s;
c_g——气体压缩系数,MPa^{-1};
Z_g——气体偏差因子;
T——地层温度,K;
x_f——裂缝半长,m;
q_{sc}——气井产量,m^3/d;

q_{ref}——参考产量，m^3/d；

p——地层压力，MPa；

t——生产时间，h；

下标 sc——标准状态，$p_{sc}=0.1$MPa，$T_{sc}=293.15$K。

地层中的无量纲拟压力控制方程满足：

$$\frac{\partial^2 m_D^2}{\partial y_D^2} = \frac{\partial m_D}{\partial t_D}, \quad 0 \leq y_D \leq y_{fD}(t_D) \tag{6}$$

压力及探测边界初始条件为

$$m_D(y_D, 0) = 0, \quad 0 \leq y_D \leq y_{fD} \tag{7}$$

$$y_{fD}(0) = 0 \tag{8}$$

压力及探测边界边界条件为

$$\left(\frac{\partial m_D}{\partial y_D}\right)_{y_D \to 0} = -\frac{\pi}{2} q_D(t) \tag{9}$$

$$\left(\frac{\partial m_D}{\partial y_D}\right)_{y_D = y_{fD}(t_D)} = 0 \tag{10}$$

$$m_D[y_{fD}(t_D), t_D] = 0 \tag{11}$$

由于探测边界 y_{fD} 随时间而变化，直接求解式（6）~式（11）并非易事，这里采用近似求解方法。首先对控制方程（6）两侧先后关于空间变量 y_D 和时间变量 t_D 进行积分，利用边界条件将偏微分方程（6）转化为探测边界内物质平衡方程：

$$\pi \int_0^{t_D} q_D(\tau) d\tau = \int_0^{y_{fD}(t_D)} m_D dy_D \tag{12}$$

考虑到初始条件（7）及边界条件式（9）~式（11），令方程（6）的近似解满足二阶近似：

$$m_D(y_D, t_D) = \alpha_0(t_D)\left(1 - \frac{y_D}{y_{fD}}\right) + \alpha_1(t_D)\left(1 - \frac{y_D}{y_{fD}}\right)^2 + o\left[\left(1 - \frac{y_D}{y_{fD}}\right)^3\right] \tag{13}$$

其中，$\alpha_0(t_D)$ 和 $\alpha_1(t_D)$ 为待定系数，通过边界条件可以得到探测边界内的压力分布公式：

$$m_D(y_D, t_D) = \pi \frac{q_D(t_D) y_{fD}(t_D)}{4}\left(1 - \frac{y_D}{y_{fD}(t_D)}\right)^2 \tag{14}$$

将压力近似解（14）代入物质平衡方程式（12），可以得到探测边界在地层中的移动规律：

$$y_{fD} = (6 t_{Dmb})^{1/2} = \left[6 \int_0^{t_D} q_D(\tau) dt / q_D(t_D)\right]^{1/2} \tag{15}$$

式（15）与经典探测边界公式相比，其系数更大、时间修正为物质平衡时间。利用式（15）可以得到任意生产制度下气井探测边界随时间的移动规律。

1.2 探测边界内平均地层压力

从气井流量来源的角度分析探测边界的物理意义。气井流量完全来自地层孔隙内气体的弹性压缩,以探测边界作为空间划分点,气井流量由探测边界内和探测边界外两部分地层组成。使用物质平衡方程的理想条件为外边界封闭,即探测边界内地层的流量供给占气井流量的100%,所以探测边界以内地层对气井产量的供给比例决定着在探测边界内使用物质平衡方程的准确性。

文献[16]给出了定流量探测边界表达式 $y_{Df}=(2t_D)^{1/2}$,定压为 $y_{Df}=(4t_D)^{1/2}$,而利用式(10)得到的探测边界定流量表达式为 $y_{Df}=(6t_D)^{1/2}$,定压 $y_{Df}=(6t_{Dmb})^{1/2}=(12t_D)^{1/2}$。利用经典解关于 y_D 的导数可获得不同位置处的流量 $q_D(y_D,t_D)$,通过计算 $q_D(y_D,t_D)/q_D(0,t_D)$ 获得探测边界内地层对气井流量的供给比例。其中文献[16]定产条件下的计算结果为68.3%,定压为63.9%,近似解式(15)分别为91.68%、95.02%。使用近似解增加了压力扰动的波及范围,减小了探测边界外地层的流量供给比重,提高了在探测边界内使用物质平衡方程的精度。

利用式(15)结合物质平衡方程(16)可以得到不同时刻探测边界内的平均地层压力 p_{avg},这是计算气体拟时间函数的基础。

$$\frac{p_{avg}}{Z_{avg}} = \frac{p_i}{Z_i}\left(1 - \frac{G_p}{G}\right) \tag{16}$$

其中,利用式(15)可获得不同生产制度下的探测边界内地质储量 G 的函数:

$$G(t) = \frac{\phi x_f h y_f}{B_{gi}} = \frac{\phi x_f h}{B_{gi}} \times \sqrt{\frac{6 \times 3.6 \times 10^{-3} K}{\phi \mu_{gi} c_{gi}}} \times \sqrt{\frac{G_p(t)}{q_{sc}(t)}} \tag{17}$$

2 气体拟时间

气体具有强可压缩性,其黏度 μ_g、压缩因子 Z、体积系数 B_g 等都是关于压力的强非线性函数,如果直接对气体渗流控制方程中的扩散系数进行强行近似必然会引起较大的误差。使用拟时间函数 t_a 能够将气体渗流问题等效转化为液体渗流问题,同时改进了"强行近似扩散系数($1/\phi\mu_g c_g$)为常数"的假设条件,结果必然使得理论描述更接近于矿场实际情况,也方便参考和借鉴液体研究领域内的成果。拟时间定义:

$$t_a = \int_0^t [\mu_{gi} c_{gi}/(\mu_{avg} c_{avg})] d\tau \tag{18}$$

2.1 定压生产

在定压生产条件下,线性流动阶段的产量变化规律[12]满足式 $1/q_{sc} = \alpha \times t^{0.5}$。其中:

$$\alpha = \frac{\pi}{2} \times \frac{1.842 \mu_{gi} B_{gi}}{h(m_i - m_w)} \times \sqrt{\frac{3.6 \times 10^{-3}}{\phi \mu_{gi} c_{gi}}} \times \frac{1}{\sqrt{K} x_f} \tag{19}$$

利用式(16)结合式(17)得到探测边界内的物质平衡方程:

$$\frac{p_{\text{avg}}}{Z_{\text{avg}}} = \frac{p_{\text{i}}}{Z_{\text{i}}}\left(1 - \frac{\sqrt{\phi\mu_{\text{gi}}c_{\text{gi}}}}{\phi x_{\text{f}} h \sqrt{K}\sqrt{6\times 3.6\times 10^{-3}}}\frac{\sqrt{2}}{\alpha}\right) \tag{20}$$

式（20）表明探测边界内的平均地层压力为常数，拟时间与真实时间关系简化为

$$t_{\text{a}} = [\mu_{\text{gi}}c_{\text{gi}}t]/[\mu_{\text{g}}(p_{\text{avg}})c_{\text{g}}(p_{\text{avg}})] \tag{21}$$

用拟时间取代真实时间，产量和探测边界内的平均地层压力重新修正为

$$\frac{(m_{\text{i}} - m_{\text{w}})}{q_{\text{sc}}} = \frac{\pi}{2} \times \frac{1.842\mu_{\text{gi}}B_{\text{gi}}}{h}\sqrt{\frac{3.6\times 10^{-3}}{\phi\mu_{\text{gi}}c_{\text{gi}}}} \times \frac{1}{\sqrt{K}x_{\text{f}}} \times f_{\text{CP}} \times \sqrt{t} \tag{22}$$

$$\frac{p_{\text{avg}}}{Z_{\text{avg}}} = \frac{p_{\text{i}}}{Z_{\text{i}}}\left\{1 - 0.56c_{\text{gi}}(m_{\text{i}} - m_{\text{w}}) \times \left[\frac{\mu_{\text{g}}(p_{\text{avg}})c_{\text{g}}(p_{\text{avg}})}{\mu_{\text{gi}}c_{\text{gi}}}\right]^{1/2}\right\} \tag{23}$$

其中，拟时间修正因子定义：

$$f_{\text{CP}} = \{(\mu_{\text{gi}}c_{\text{gi}})/[\mu_{\text{g}}(p_{\text{avg}})c_{\text{g}}(p_{\text{avg}})]\}^{1/2} \tag{24}$$

根据式（24）结合 Newton 迭代算法可以获得不同生产压差下的平均地层压力。图 2 计算了不同井底压力 p_{w} 下对应的拟时间修正因子 f_{CP}。结果表明，p_{w} 越小，f_{CP} 越大，$(m_{\text{i}} - m_{\text{w}})/q_{\text{sc}}$-$t$ 斜率较 $(m_{\text{i}}-m_{\text{w}})/q_{\text{sc}}$-$t_{\text{a}}$ 偏小程度越明显，直接使用真实时间分析生产数据的可靠性越差。

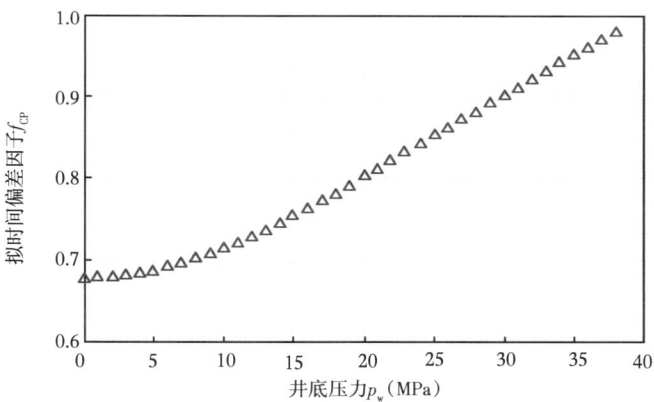

图 2　不同井底压力下的拟时间修正因子

2.2 定产生产

定产生产时，探测边界内的物质平衡方程满足

$$\frac{p_{\text{avg}}}{Z_{\text{avg}}} = \frac{p_{\text{i}}}{Z_{\text{i}}}\left(1 - \frac{1}{x_{\text{f}}\sqrt{K}} \times \frac{B_{\text{gi}}\sqrt{\phi\mu_{\text{gi}}c_{\text{gi}}}}{\phi h\sqrt{6\times 3.6\times 10^{-3}}} \times q_{\text{sc}} \times \sqrt{t}\right) \tag{25}$$

为方便研究，这里做如下假设：$c_{\text{g}} \approx 1/p$，$Z_{\text{g}} = 1$，μ_{g} 为常数，结合利用式（26），可以得到拟时间与真实时间的近似关系式：

$$t_{\text{a}} \approx t - \frac{1}{x_{\text{f}}\sqrt{K}} \times \frac{B_{\text{gi}}\sqrt{\phi\mu_{\text{gi}}c_{\text{gi}}}}{\phi h\sqrt{6\times 3.6\times 10^{-3}}} \times q_{\text{sc}} \times \frac{2}{3}t^{3/2} \tag{26}$$

则产量修正下的拟压差 $(m_i-m_w)/q_{sc}$ 与真实时间 t 的线性关系满足：

$$\frac{m_i-m_w}{q_{sc}}=\frac{0.196}{\sqrt{K}x_f}\times\frac{\mu_{gi}B_{gi}}{h\sqrt{\phi\mu_{gi}c_{gi}}}\times\sqrt{t_a(t)} \tag{27}$$

图 3 计算了不同产量下的 $t^{1/2}$ 与 $[m(p_i)-m(p_w)]/q_{sc}$ 变化规律。结果表明：$t^{1/2}$ 与 $[m(p_i)-m(p_w)]/q_{sc}$ 在生产早期呈线性关系，随着生产进行逐渐偏离直线关系（线性相关系数变小），偏离程度受气井产量控制，产量越大，偏离直线的起始时间越小，偏离程度越大（线性相关系数越小），这将导致无法直接使用真实时间分析气井生产数据。

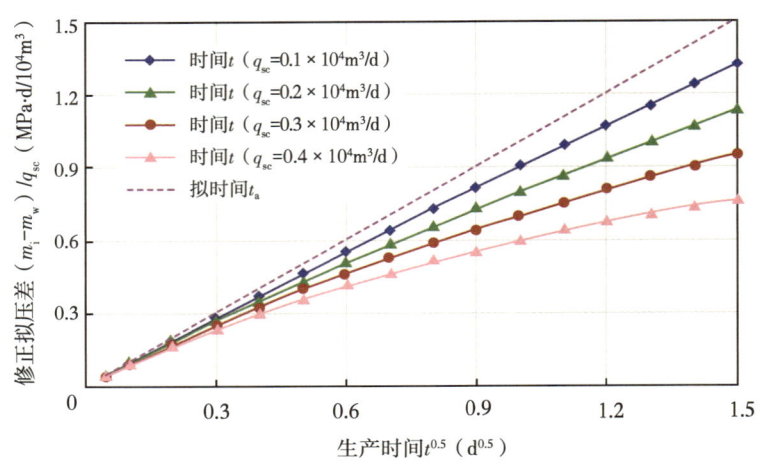

图 3 产量修正拟压差与生产时间的线性关系

2.3 变产量生产

物质平衡时间 t_{mb} 能够较好地处理产量变化引起的时间叠加影响，但 Blasingame 表明 t_{mb} 通常只在拟稳定阶段精确成立。将物质平衡时间 t_{mb} 修正为 $1.23t_{mb}$，物质平衡时间在不稳定流动阶段也能够精确成立（表1）。

表 1 修正物质平衡时间效果

无量纲时间	无量纲产量修正的拟压力差		
t_D	$p_{wD}(t_D)$	$1/q_D(t_{mbD})$	$1/q_D(1.23t_{mbD})$
0.2	0.7924	0.8797	0.7944
0.5	1.2529	1.3910	1.2535
1.0	1.7720	1.9672	1.7736
5.0	3.9623	4.8988	3.9649
10.0	5.6036	6.2208	5.6048

将式（28）中的拟时间 t_a 替换为修正物质平衡拟时间 $1.23t_{mba}$，可得到变产量条件下的解析表达式：

$$\frac{m_i-m_w(t)}{q_{sc}(t)}=\frac{0.196}{\sqrt{K}x_f}\times\frac{\mu_{gi}B_{gi}}{h\sqrt{\phi\mu_{gi}c_{gi}}}\times\sqrt{1.23t_{mba}(t)} \tag{28}$$

$$t_{mba} = \frac{\mu_{gi}c_{gi}}{q_{sc}(t)} \int_0^t \frac{q_{sc}(\tau)}{\mu_g(p_{avg})c_g(p_{avg})} d\tau \quad (29)$$

其中，探测边界内的平均地层压力可通过式（31）确定：

$$\frac{p_{avg}}{Z_{avg}} = \frac{p_i}{Z_i}\left(1 - \frac{1}{\sqrt{K}x_f} \times \frac{B_{gi}\sqrt{\phi(\mu_g c_g)_i}}{\sqrt{6 \times 3.6 \times 10^{-3}}h\phi} \times \sqrt{q_{sc}(t)G_p(t)}\right) \quad (30)$$

式（29）与式（31）中均含有未知量 x_f，这里采用迭代方法计算 x_f：

（1）绘制 $[m(p_i)-m(p_w)]/q_{sc}$ 与真实物质平衡时间 $t_{mb}^{1/2}$ 的曲线，利用式（29）的线性关系式中的斜率 β 计算 x_f，作为初值；

（2）使用式（31）计算生产数据记录点处的平均地层压力，形成 $t-p_{avg}$ 的数据表；

（3）利用 $t-p_{avg}$ 数据表结合式（30）借助数值积分计算物质平衡拟时间 t_{mba}，进一步形成 $t-t_{mba}$ 数据表；

（4）绘制各个时间点 t 对应的 $[m(p_i)-m(p_w)]/q_{sc}$ 与物质平衡拟时间 $t_{mba}^{1/2}$ 的线性关系式，确定斜率 β，计算 x_f；

（5）重复步骤（2）～（4），直到 x_f 收敛为止。

3 实例分析

以某压裂水平气井为例进行计算验证。相关参数见表2，生产历史如图4所示。

表2 数据分析基础参数

渗透率（mD）	地层厚度（m）	地层孔隙度（%）	原始地层压力（MPa）	原始地层温度（K）	水平段长度（m）	压裂段数
0.187	11.7	12.4	28.95	313.15	1045	8

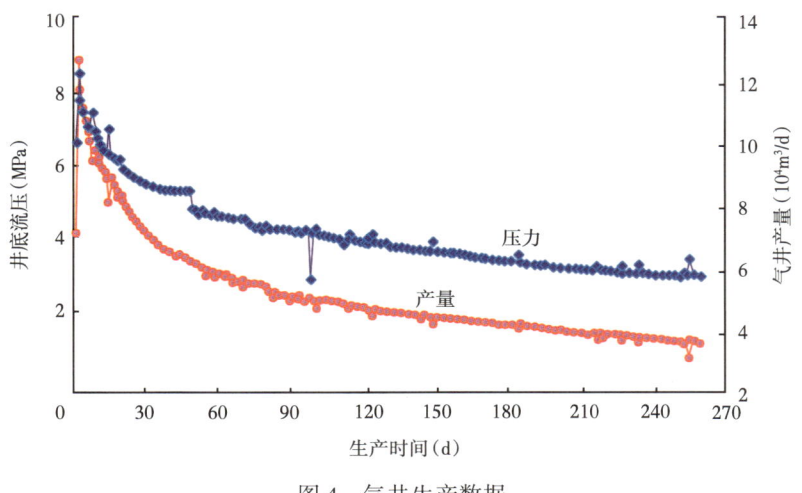

图4 气井生产数据

按照上述迭代算法分析气井生产数据。图5计算了不同时刻探测边界移动规律及探测边界内的平均地层压力，结果表明：随着生产的进行，探测边界不断向外传播，传播速度逐渐减慢，同时井底压力不断下降，探测边界内的平均地层压力随之下降。

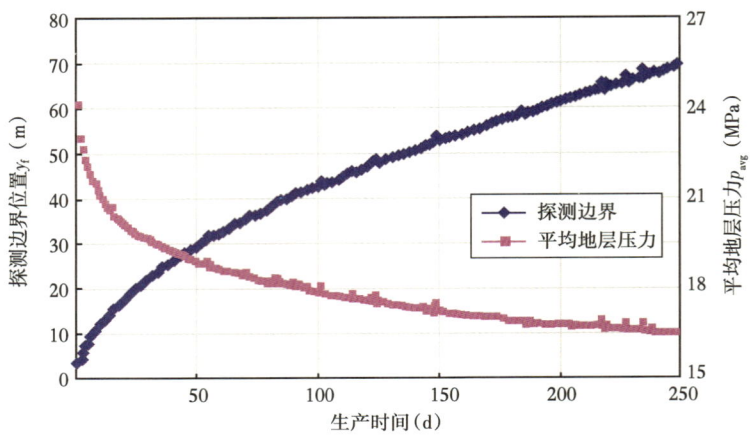

图 5　探测边界及平均地层压力变化规律

图 6 对比了使用物质平衡时间和物质平衡拟时间的计算效果：（1）直接使用物质平衡时间，生产数据间的线性关系并不明显，直线的线性相关系数较低，同时直线整体斜率偏低；（2）使用物质平衡拟时间，能够明确生产数据间的线性关系，此时拟合出的线性关系式是考虑了气体高压物性和产量变化共同作用的结果，更接近气体的实际流动情况。

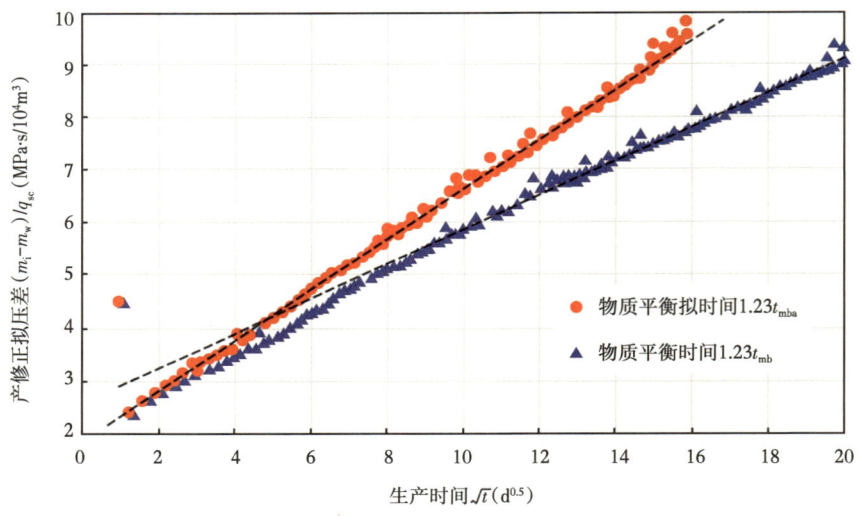

图 6　拟时间生产数据分析结果

利用生产数据间的线性关系斜率 β 计算压裂长度 x_f：

$$x_f = \frac{1}{\beta} \times \frac{0.196}{\sqrt{K}} \times \frac{\mu_{gi}B_{gi}}{h\sqrt{\phi\mu_{gi}c_{gi}}} \tag{31}$$

由于图 6 中物质平衡拟时间对应的直线斜率 β_{tmba} 大于物质平衡时间斜率 β_{tmb}，故使用真实时间分析气井生产数据导致压裂参数计算结果偏高，物质平衡时间计算结果为 $x_f =$

53.40m，物质平衡拟时间计算结果为 41.73m。

为进一步验证计算结果，基于线性流动模型重新计算井底压力，同时对比实测压力（图7）。图7表明，基于拟时间（x_f=41.73m）解释参数的预测结果更为合理，而真实时间（x_f=53.40m）解释结果则高估了气井的实际生产能力，导致相同生产时间内井底压力的下降幅度更大。

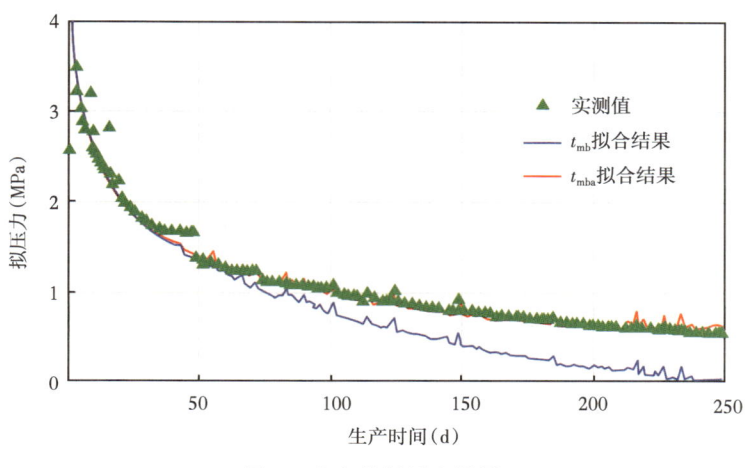

图7 生产数据拟合效果

4 结论

（1）笔者完整地给出了考虑气井产量变化和探测边界影响的气体渗流数学模型，用积分平均方法完成了近似求解，得到了探测边界传播规律的通用解析表达式，并通过对比经典结果验证近似解的准确性。

（2）探测边界公式中时间修正为物质平衡时间，利用新公式计算的探测边界内地层储存气体对气井产量贡献率超过90%，高于 Watterbarger 的计算结果，提高了在探测边界内使用物质平衡方程的精度。

（3）同修正拟压差—拟时间形成的线性关系式相比，定产条件下直接使用真实时间导致线性关系不成立，定压条件下则引起直线斜率减小，其偏差程度分别由气井产量及井底压力决定。

（4）在实际气井生产中，气体物质平衡拟时间函数能够明确生产数据间的线性关系，可提高压裂参数解释结果的可靠性，为准确评价水力压裂效果提供理论支持。

参 考 文 献

［1］Qanbari F, Clarkson C R. A new method for production data analysis of tight and shale gas reservoirs during transient linear flow period［J］. Journal of Natural Gas Science and Engineering, 2013, 14: 55-65.

［2］Production data analysis of unconventional gas wells: review of theory and best practices［J］. International Journal of Coal Geology, 2013, 101-146.

［3］Estimating in-place volume and reservoir connectivity with real-time and periodic surveillance data［J］. Journal of Petroleum Science and Engineering, 2011, 78: 258-266.

［4］张小涛, 吴建发, 冯曦, 等. 页岩气藏水平井分段压裂渗流特征数值模拟［J］. 天然气工业, 2013, 33

[5] Anderson D M, Liang P, Okouma V, et al. Probabilistic forecasting of unconventional resources using rate transient analysis: case studies [J]. SPE 155737, 2012.

[6] Nobakht M, Mattar L, Moghadam S, et al. Simplified forecasting of tight/shale-gas production in linear flow [J]. Journal of Canadian Petroleum Technology, 2012, 11: 476-486.

[7] Agrwal R G, Gardner D C, Kleinsteiber S W, et al. Analysis well produciton data using combined type curve and decline curve concepts [J]. SPE 57916, 1998.

[8] Mattar L, Anderson D M. A systematic and comprehensive methlogy for advanced analysis of production data [J]. SPE 84472, 2003.

[9] Anderson D M, Mattar L. An improved pseudo-time for gas reservoirs with significant transient flow [J]. Journal of Canadian Petroleum Technology, 2007, 46 (7): 49-54.

[10] Nobakht M, Clarkson C R. A new analytical method for analyzing linear flow in tight/shale gas reservoirs: constant-flowing-pressure boundary condition [J]. SPE Reservoir Evaluation & Engineering, 2012, 7: 370-384.

[11] Nobakht M, Clarkson C R. A new analytical method for analyzing linear flow in tight/shale gas reservoirs: constant-rate boundary condition [J]. SPE Reservoir Evaluation & Engineering, 2012, 2: 51-59.

[12] 崔迪生,贺子伦,郭宝健,等.径向复合油藏探测半径计算方法[J].油气井测试,2005,14(1):15-18.

[13] 张丽,王晓冬,王磊,等.水平井产量递减分析方法研究[J].中国矿业大学学报,2012,41(2):276-281.

[14] 李传亮.油井探测半径的计算公式研究[J].大庆石油地质与开发,2002,21(5):32-34.

[15] 齐丽巍,王晓冬.探测半径计算方法研究[J].油气井测试,2007,16(2):1-4.

[16] Wattenbarger R A, Ei-Banbi A H, Villegas M E, et al. Production analysis of linear flow into fractured tight gas wells [J]. SPE39931, 1998: 1-13.

[17] 李爱芬,刘艳霞,张华强,等.用逐步稳态替换法确定低渗透油藏合理井距[J].中国石油大学学报(自然科学版),2011,35(1):89-93.

[18] 史瑞娜,王晓冬,罗二辉,等.低渗透地层压力扰动传播规律[J].特种油气藏,2011,18(4):80-83.

[19] 王晓冬,侯晓春,郝明强,等.低渗透介质有启动压力梯度的不稳态压力分析[J].石油学报,2011,32(5):843-847.

[20] Cipolla C L, Lolon E P, Erdle J C, et al. Reservoir modeling in shale-gas reservoirs [J]. SPE Reservoir Evaluation & Engineering, 2010, 8: 638-653.

[21] Anderson D M, Liang P. Quantifying uncertainty in rate transient analysis for unconventional gas reservoirs [J]. SPE 145088, 2011.

[22] 刘晓旭,杨学锋,陈元林,等.页岩气分段压裂水平井渗流机理及试井分析[J].天然气工业,2013,33(21):1-5.

考虑微观渗流机理的致密气藏产量预测方法

陈中华[1] 刘先山[1] 宵 波[2] 姜柏材[1]
向祖平[1] 秦正山[1] 唐 欢[1] 常小龙[1]

（1. 重庆科技学院石油与天然气工程学院；2. 中国石油集团科学技术研究院）

摘要：致密气藏存在启动压力和应力敏感性等特殊渗流机理，对气井产量有较大影响，由于现有产量预测模型大多未同时考虑两者影响，且启动压力梯度等关键参数难以准确获取，导致其不适用于致密气藏气井的产量预测。在顶底封闭的均质无限大致密气藏渗流模型基础上，建立了考虑启动压力梯度和应力敏感性的致密气藏直井产量预测模型，绘制了产量递减理论图版，提出了基于产量历史数据获取模型关键参数来修正产量预测模型、提高产量预测精度的图版拟合方法。由敏感性因素分析可知，气井产量前期主要受应力敏感性影响，应力敏感性越强，则产量递减越快；后期主要受启动压力影响，启动压力梯度越大，则气井生命周期越短；当无因次渗透率模量大于 0.0001 或无因次拟启动压力梯度大于 0.001 时，气井产量快速递减，若不考虑启动压力和应力敏感性将导致产量预测误差较大。苏里格致密气藏实例验证表明，该模型预测精度较高，应用效果较好。

关键词：致密气藏；产量预测；启动压力梯度；应力敏感性

致密气是我国非常规天然气勘探开发的重点资源之一[1]，其潜力巨大，累计探明地质储量 $3.3 \times 10^{12} m^3$，勘探开发前景好[2]。在开发过程中，产量预测是认识致密气藏开发规律、气藏开发规划决策十分重要而常用的方法之一。目前已有国内外学者对此进行了大量研究并提出了许多产量预测方法，经典的 J. J. Arps[3]、M. J. Fetkovich[4]、T. A. Blasingame[5] 产量分析与预测方法由于未考虑启动压力和应力敏感性等特殊渗流机理而不能用于致密气藏产量预测分析；在启动压力、应力敏感性有一定理论研究的基础上，D. Wu、窦宏恩、刘志远、谷建伟、黄亮等[6-10]通过实验进一步证实了致密气藏中启动压力梯度和应力敏感等微观机理对气井产量有较大影响，产量预测分析时不能完全忽视；在此基础上，樊怀才、孙贺东、陈民锋、熊佩、严予晗、张强、伊向艺、方思冬等[11-18]建立了仅考虑启动压力梯度或者仅考虑应力敏感性的产量预测方法，可在某一影响因素起主导作用的情况下进行产量预测，但由于未同时考虑启动压力和应力敏感性等特殊渗流机理，仍不能完全适用于致密气藏的产量预测。因此，本文在不稳定渗流理论的基础上，建立综合考虑启动压力和渗透率应力敏感效应的致密气藏直井产量预测模型，并提出一套图版拟合气藏关键参数的方法来确保产量预测模型中地质参数更符合实际情况，从而以期更加准确地预测致密气藏气井产量，为该类气藏的科学合理开发提供指导。

基金项目：国家科技重大专项"气井、区块和气田递减规律分析方法建立与软件编制"（2016ZX05047-004-004）、重庆市基础与前沿研究计划项目"页岩气藏体积压裂水平井非线性渗流理论及流—固耦合综合模型研究"（cstc2015jcyjA90014）。

1 模型的建立

1.1 物理模型

顶底封闭的均质无限大致密气藏直井渗流物理模型如图 1 所示。

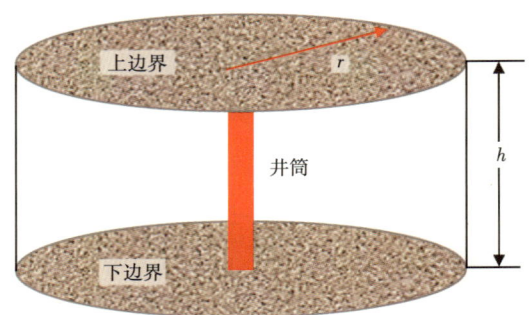

图 1 致密气藏直井渗流物理模型

假设储层厚度为 h，原始储层压力为 p_i，气井完全射开，以定标况下产量 q_{sc} 生产，气水两相流体等温渗流，其中水相以束缚水形式存在，对气相渗流的影响考虑在启动压力梯度中，忽略重力与毛细管力，考虑启动压力梯度与渗透率应力敏感效应的影响。

1.2 数学模型

由于致密气藏开采，使得储层孔隙压力降低，有效应力增加，导致其渗透率降低。参照 Pedrosa 定义的渗透率模量，针对气藏，用拟压力定义渗透率模量[19]：

$$\gamma = \frac{1}{K}\frac{\partial K}{\partial \psi} \tag{1}$$

式中 γ——渗透率模量（按拟压力定义），MPa^{-1}；

K——渗透率，mD；

ψ——拟压力，$MPa^2/(mPa·s)$。

积分得

$$K = K_i e^{-\gamma(\psi_i - \psi)} \tag{2}$$

式中 K_i——原始地层压力下的储层渗透率，mD；

ψ_i——原始地层压力下的拟压力，$MPa^2/(mPa·s)$；

e——自然常数。

其中气体拟压力函数定义为

$$\psi(p) = \int_{p_0}^{p}\frac{2p}{\mu Z}dp \tag{3}$$

式中 p——压力，MPa；

p_0——参考压力，MPa；

μ——黏度，$mPa·s$；

Z——偏差因子。

状态方程分为岩石状态方程和气体状态方程。

岩石状态方程：

$$\phi = \phi_0 + C_f (p - p_0) \tag{4}$$

式中 ϕ——储层压力 p 下岩石孔隙度；
ϕ_0——大气压力下岩石孔隙度；
C_f——岩石压缩系数，MPa^{-1}。

气体状态方程：

$$pV = nZRT \tag{5}$$

式中 V——理想气体的体积，m^3；
n——气体物质的量，mol；
R——理想气体常数，$J/(mol·K)$；
T——理想气体绝对温度，K。

当气藏存在束缚水时，气体分子在致密气藏中渗流时与其发生作用而被吸附，从而导致压力梯度高于一个值时，流体才流动，这一压力梯度阈值即为启动压力梯度[20]。考虑启动压力梯度的运动方程为

$$v = \begin{cases} -3.6 \dfrac{K_i e^{-\gamma(p_i - p)}}{\mu} \nabla p \left(1 - \dfrac{\lambda}{|\nabla p|}\right), & |\nabla p| > \lambda \\ 0, & |\nabla p| < \lambda \end{cases} \tag{6}$$

式中 v——气体流速，m/h；
∇p——压力梯度，MPa/m；
λ——启动压力梯度，MPa/m。

连续性方程为

$$-\frac{1}{r} \times \frac{\partial}{\partial r}(r\rho v) = \frac{\partial(\rho\phi)}{\partial t} \tag{7}$$

式中 r——半径，m；
ρ——天然气密度，kg/m^3；
t——时间，h。

无因次变量定义如下：

$$\psi_D = \frac{K_i h}{0.01273 T q_{sc}} \Delta\psi \tag{8}$$

式中 ψ_D——定产生产无因次拟压力。

$$t_D = \frac{3.6 K_i t}{\phi \mu C_t r_w^2} \tag{9}$$

式中 t_D——无因次时间；
C_t——综合压缩系数，MPa^{-1}。

$$r_D = \frac{r}{r_w} \tag{10}$$

式中 r_D——无因次半径；
r_w——井筒半径，m。

$$\gamma_D = \frac{q_{sc}T}{78.55k_i h}\gamma \tag{11}$$

式中 γ_D——无因次渗透率模量；
q_{sc}——标况下的产量，m³/d。

$$C_D = \frac{C}{2\pi h\phi C_t r_w^2} \tag{12}$$

式中 C_D——无因次井筒储集系数；
C——井筒储集系数，m³/MPa。

$$\lambda_\psi = \frac{2p}{\mu Z}\lambda \tag{13}$$

式中 λ_ψ——拟启动压力梯度，MPa²/(mPa·s·m)。

$$\lambda_{\psi D} = \frac{khr_w}{0.01273q_{sc}T}\lambda \tag{14}$$

式中 $\lambda_{\psi D}$——无因次拟启动压力梯度。

$$\psi_D(r_D, t_D) = -\frac{1}{\gamma_D}\ln[1-\gamma_D\xi(r_D, t_D)] \tag{15}$$

式中 ξ_D——无因次拟压力摄动解。

1.3 产量预测模型求解

将运动方程、状态方程带入连续性方程，并考虑启动压力梯度和应力敏感，根据无因次定义，结合初始条件、边界条件，建立考虑启动压力梯度及应力敏感的致密气藏无因次渗流数学模型如下：

$$\begin{cases} \dfrac{1}{r_D}\dfrac{\partial}{\partial r_D}\left[r_D(\dfrac{\partial \psi_D}{\partial r_D}-\lambda_{\psi D})\right] = e^{\gamma_D\psi_D}\dfrac{\partial \psi_D}{\partial t_D} \\ \psi_D(r_D, 0) = 0 \\ C_D\dfrac{d\psi_{wD}}{dt_D} - \left(r_D e^{-\gamma_D\psi_D}\dfrac{\partial \psi_D}{\partial r_D}\right)_{r_D=1} = 1 \\ \psi_{wD} = \left(\psi_D - Sr_D e^{-\gamma_D\psi_D}\dfrac{\partial \psi_D}{\partial r_D}\right)_{r_D=1} \\ \lim_{r_D\to\infty}\psi_D(r_D, t_D) = 0 \end{cases} \tag{16}$$

式中 S——表皮系数。

利用摄动理论，取零阶摄动解进行化简并通过拉普拉斯变换于球坐标系，由内边界条件结合 Lord Kelvin 点源解所得的考虑启动压力梯度影响的致密气藏瞬时点源基本解，通过镜像反映法，对瞬时点源进行叠加，得顶底封闭边界瞬时点源的基本解，将该基本解沿直

井井筒方向进行积分,得顶底封闭致密气藏直井井底压力响应函数拉普拉斯解:

$$\bar{\xi}_{0D} = \frac{1}{2u}\int_{-1}^{1} K_0(\sqrt{u} \times \sqrt{x_D^2 + y_D^2})d\alpha +$$

$$\frac{1}{u}\sum_{n=1}^{n=\infty} K_0(R_D\sqrt{u + \frac{n^2\pi^2}{Z_{eD}^2}})\cos(n\pi z_{wD})\int_{-1}^{1}\cos(n\pi\alpha)d\alpha +$$

$$\int_{-Z_{eD}}^{Z_{eD}} \frac{2\lambda_{\psi D}}{u^2}\left[\sum_{n=-\infty}^{n=+\infty}\frac{1}{\sqrt{R_D^2 + (Z_D - Z'_D - 2nZ_{eD})^2}} + \frac{1}{\sqrt{R_D^2 + (Z_D + Z'_D - 2nZ_{eD})^2}}\right]dZ'_D$$

(17)

式中 ξ_{0D}——零阶无因次拟压力拉氏空间摄动解;

$K_0(\ )$——第二类零阶贝塞尔函数;

α——积分变量。

其中,R_D、l_D、z_{eD} 表达式分别为

$$R_D^2 = (x_D - x'_D)^2 + (y_D - y'_D)^2 \quad (18)$$

$$l_D = \frac{l}{L}\sqrt{\frac{K}{K_l}} \quad (19)$$

式中 L——任意参考长度,m;

l——x、y、z 3 个参考方向。

$$z_{eD} = \frac{z_e}{l}\sqrt{\frac{K}{K_z}} \quad (20)$$

式中 z_e——z 方向储层边界所在位置,m。

根据 Duhamel 叠加原理,可得考虑表皮效应和井筒储集效应的井底压力响应函数拉普拉斯解:

$$\bar{\xi}_{wD} = \frac{u\bar{\xi}_{0D} + S}{u + C_D u^2 \bar{\xi}_{0D} + S} \quad (21)$$

式中 ξ_{wD}——考虑表皮效应和井筒储集效应的零阶无因次拟压力拉普拉斯空间摄动解;

u——拉普拉斯变量。

通过 Stehfest 数值反演结果结合拟压力变换式,得到同时考虑启动压力梯度及渗透率应力敏感效应的致密气藏直井无因次拟压力解 ψ_D,根据拉普拉斯空间下定产压力解与定压产量解的关系[21]:

$$\bar{q}_D(u) = \frac{1}{u^2 \bar{\psi}_{wD}(u)} \quad (22)$$

式中 $\bar{q}_D$——定压条件下无因次产量拉普拉斯解;

$\bar{\psi}_{wD}$——定产条件下无因次拟压力拉普拉斯解。

结合 Stehfest 数值反演及无因次产量定义,可得实空间致密气藏直井产量解。

2 产量拟合图版绘制与模型验证

针对致密气藏直井无因次产量预测模型，结合苏里格气藏某区块地层参数，使用 MATLAB 软件绘制考虑应力敏感性及启动压力梯度的无因次产量预测理论图版（图2、图3、表1、表2）。把该区块两口井产量数据绘制到理论图版中，拟合出关键参数，来修正产量预测模型，并将其带入产量预测模型中计算产量数据，然后将该区块两口气井生产资料分为两段，使用前半段与模型预测产量进行历史拟合，后半段与模型预测结果进行对比分析，以此验证模型的准确性。

苏里格气藏某区块基本储层参数：天然气相对密度为0.5956，地面标准状态下压力为0.101MPa，地面标准状态下温度为273.15K，地层温度为317.15K，地层厚度为22m，原始地层压力为30.05MPa，通用气体常数为0.008314MPa·m³/(kmol·K)，原始地层压力条件下渗透率为0.136mD，井筒半径为0.062m，孔隙度为0.0805。将该区块某气井A与气井B的生产资料绘制到产量预测理论图版中。

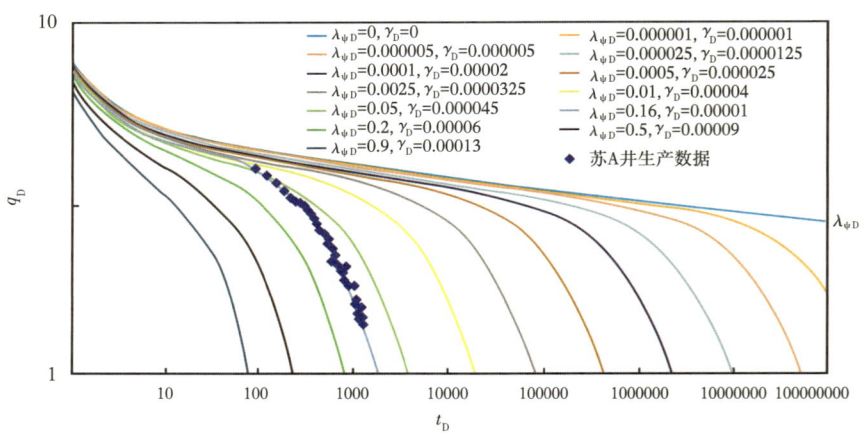

图2　苏A井生产数据与理论图版拟合

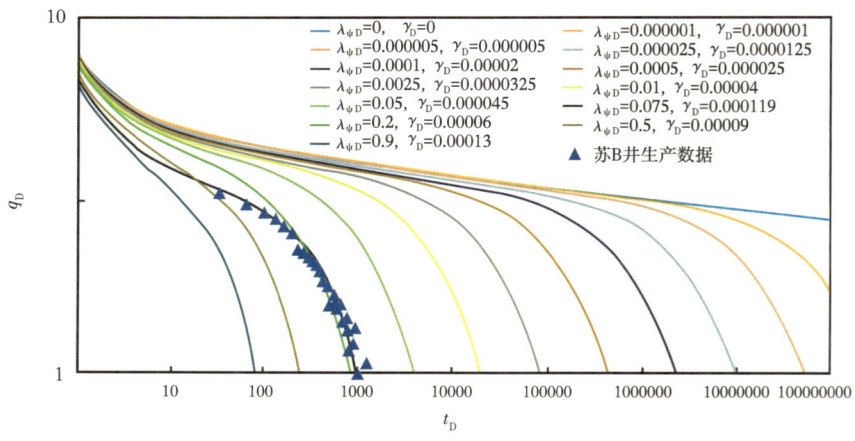

图3　苏B井生产数据与理论图版拟合

表1 苏A井图版拟合结果

无因次拟启动压力梯度 $\lambda_{\psi D}$	无因次渗透率模量 γ_D
0.16	0.000001

表2 苏B井图版拟合结果

无因次拟启动压力梯度 $\lambda_{\psi D}$	无因次渗透率模量 γ_D
0.075	0.000119

通过苏A井、苏B井生产数据与理论图版拟合出拟启动压力梯度与渗透率模量（图2、图3），其结果见表1~表2。将拟合的关键参数带入产量预测模型，可对苏A井、苏B井未来某段时间产量进行预测，预测结果如图4所示，将苏A井、苏B井月平均产量数据分为两段，前半段生产数据用于模型历史拟合，后半段生产数据用于与模型预测结果对比分析，根据对比分析结果可得，苏A井、苏B井产量预测相对误差分别为4.07%和8.19%，由此可知，该模型预测精度较高，应用效果较好。

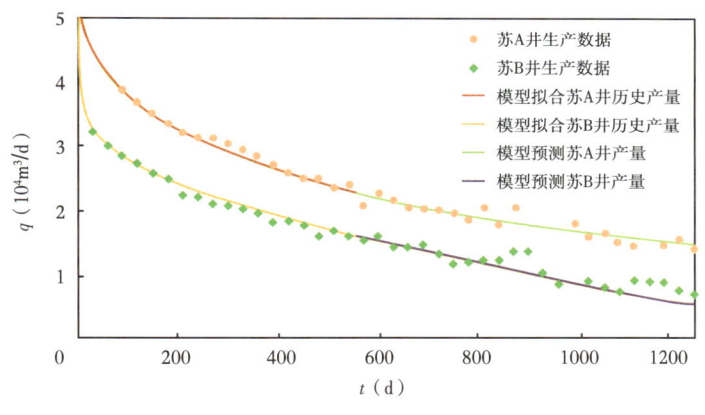

图4 苏A井、苏B井产量历史拟合及其预测曲线

3 敏感性因素分析

3.1 应力敏感性对产量的影响

不考虑拟启动压力梯度，取不同无因次渗透率模量，绘制的无因次产量预测理论图版如图5所示。

由图5可知，渗透率应力敏感效应在前期已经对产量产生较大影响，说明应力敏感效应的存在，在前期使得储层渗透率受到伤害，无因次渗透率模量越大，应力敏感效应越强，储层受到的伤害越大，气体流动越困难，最终导致气井产量下降越快。

图6是图5中不同应力敏感效应下的无因次产量递减到5、4、3所需无因次时间的变化曲线。从图6可以看出，$\gamma_D<0.0001$时，q_D递减到5、4所需的无因次时间明显减少，表明应力敏感效应在前期已经使得产量递减加剧；$\gamma_D>0.0001$时，气藏产量递减极快，由

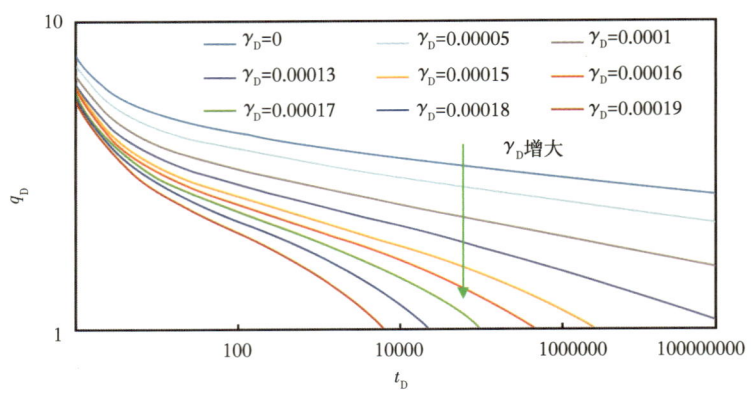

图 5 应力敏感影响下的无因次产量预测理论图版

此可见，当图版拟合出的 $\gamma_D>0.0001$ 时，若不考虑应力敏感性将导致产量预测误差较大。

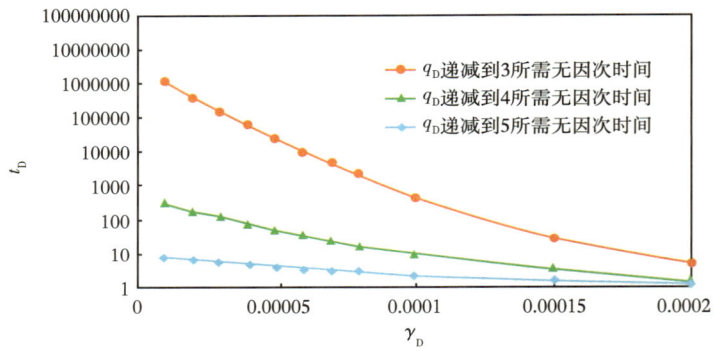

图 6 不同应力敏感效应下无因次产量递减到 5、4、3 所需的无因次时间

3.2 启动压力梯度对产量的影响

不考虑应力敏感性，取不同无因次拟启动压力梯度，绘制的无因次产量预测理论图版如图 7 所示。

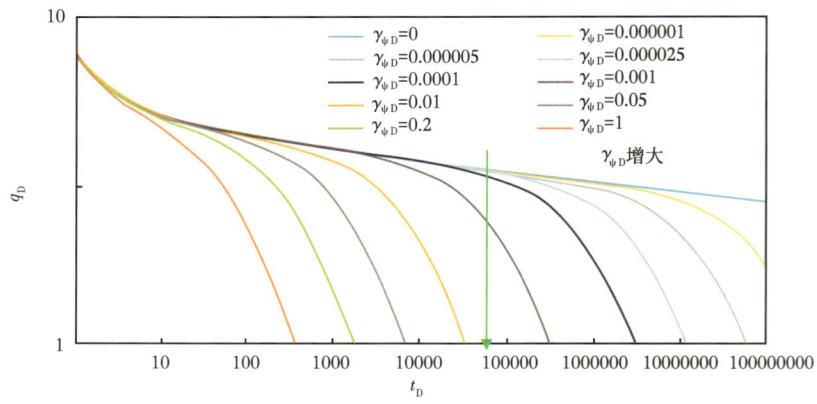

图 7 拟启动压力梯度影响下的无因次产量预测理论图版

由图7可知，拟启动压力梯度对产量的影响主要在后期，拟启动压力梯度越大，气藏生命周期越短，后期递减幅度越大，其存在使得致密气藏物性更差，相同压差下气体突破启动压力梯度流动更加困难。

图8是图7图版中不同拟启动压力梯度下的无因次产量递减到5、4、3所需无因次时间的变化曲线。从图8可以看出，q_D 递减到5及 $\lambda_{\psi D}<0.001$ 时 q_D 递减到4所需的无因次时间几乎不受拟启动压力梯度的影响；q_D 递减到3及 $\lambda_{\psi D}>0.001$ 时 q_D 递减到4所需的无因次时间急剧减小。这表明开发初期，拟启动压力梯度对气藏产量递减几乎没有影响，开采进行到后期，特别是在 $\lambda_{\psi D}>0.001$ 时，气藏产量递减将急剧增加。由此可见，当通过图版拟合出的 $\lambda_{\psi D}>0.001$ 时，若不考虑启动压力将导致产量预测误差较大。

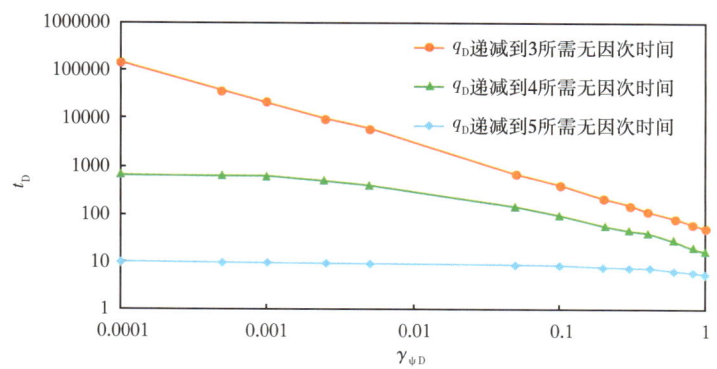

图8 不同拟启动压力梯度下无因次产量递减到5、4、3所需的无因次时间

3.3 双因素共同作用对产量的影响

取不同无因次拟启动压力梯度、无因次渗透率模量，绘制的无因次产量预测理论图版如图9所示。由图9对比图5、图7可知拟启动压力梯度与渗透率应力敏感效应对产量的影响会产生叠加，使得产量递减曲线下掉幅度比两种因素单独作用时更大。

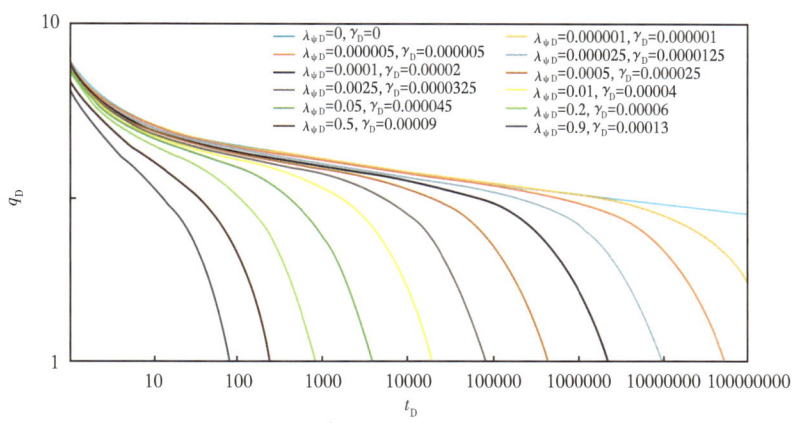

图9 拟启动压力梯度及应力敏感共同影响下的无因次产量预测理论图版

4 结论

（1）本文建立了考虑启动压力梯度和应力敏感性的致密气藏直井产量预测模型，绘制了产量预测理论图版，提出了基于产量历史数据获取模型关键参数来修正产量预测模型、提高产量预测精度的图版拟合方法，并使用现场数据对比分析，其相对误差小，产量预测精度较高。

（2）前期气井产量主要受应力敏感影响，应力敏感性越强，则产量递减越快；当图版拟合出的无因次渗透率模量大于 0.0001 时，气井产量快速递减，若不考虑应力敏感性效应将导致产量预测误差较大。

（3）后期气井产量主要受启动压力梯度影响，启动压力梯度越大，则气井生命周期越短；当图版拟合出的无因次拟启动压力梯度大于 0.001 时，气井产量快速递减，若不考虑启动压力，将导致产量预测误差较大。

参 考 文 献

[1] 李建忠，郭彬程，郑民，等．中国致密砂岩气主要类型、地质特征与资源潜力 [J]．天然气地球科学，2012，23（4）：607-615．

[2] 王希耘，董秀成，皮光林，等．我国非常规油气资源开发政策研究 [J]．时代经贸，2013（2）：68-69．

[3] Arps J J. Analysis of decline curves [C] // Petroleum Transactions. 1945：228-247．

[4] Fetkovich M J. Decline Curve Analysis Using Type Curves [J]. Journal of Petroleum Technology, 1980, 32 (6)：1065-1077．

[5] Blasingame T A, Johnston J L, Lee W J. Type-Curve Analysis Using the Pressure Integral Method [J]. 1989．

[6] Wu D, Ju B, Brantson E T. Investigation of productivity decline in tight gas wells due to formation damage and Non-Darcy effect：Laboratory, mathematical modeling and application [J]. Journal of Natural Gas Science & Engineering, 2016, 34：779-791．

[7] 窦宏恩，张虎俊，姚尚林，等．致密储集层岩石应力敏感性测试与评价方法 [J]．石油勘探与开发，2016，43（6）：1022-1028．

[8] 刘志远，杨正明，刘学伟，等．低渗透油藏非线性渗流实验研究 [J]．科技导报，2009，27（17）：57-60．

[9] 谷建伟，于秀玲，马宁，等．考虑应力敏感的致密气藏水平井产能计算方法 [J]．大庆石油地质与开发，2016，35（6）：57-62．

[10] 黄亮，石军太，杨柳，等．低渗气藏启动压力梯度实验研究及分析 [J]．断块油气田，2016，23（5）：610-614．

[11] 樊怀才，李晓平，窦天财，等．应力敏感效应的气井流量动态特征研究 [J]．岩性油气藏，2010，22（4）：130-134．

[12] 孙贺东，欧阳伟平，张冕，等．考虑裂缝变导流能力的致密气井现代产量递减分析 [J]．石油勘探与开发，2018，45（3）：455-463．

[13] 陈民锋，王兆琪，孙贺东，等．考虑应力敏感影响的改进 Blasingame 产量递减分析方法 [J]．石油科学通报，2017，2（1）：53-63．

[14] 熊佩．低渗油藏现代试井解释与应用 [D]．成都：成都理工大学，2011．

[15] 严予晗．低渗透气藏水平井及压裂水平井不稳定渗流理论及试井研究 [D]．成都：西南石油大学，2014．

[16] 张强,章双龙,杨玲智.应力敏感煤层气藏水平井压力动态分析[J].特种油气藏,2012,19(6):108-111.
[17] 伊向艺,张志,李成勇,等.应力敏感气藏水平井试井解释方法[J].科学技术与工程,2013,13(7):1941-1945.
[18] 方思冬,程林松,李彩云,等.应力敏感油藏多角度裂缝压裂水平井产量模型[J].东北石油大学学报,2015,39(1):87-94.
[19] 曹丽娜.致密气藏不稳定渗流理论及产量递减动态研究[D].成都:西南石油大学,2017.
[20] 王新海,张冬丽,席长丰.变形介质地层低渗非达西渗流的油藏数值模拟[J].江汉石油学院学报,2004(3):13-15.
[21] Van-Everdingen A F, Hurst W. The application of the Laplace transformation to flow problem in reservoirs[J]. Journal of Petroleum Technology, 1949, 1(12): 305-324.

考虑微观渗流机理的致密气藏水平井产量预测方法

宵 波[1]　向祖平[2]　刘先山[2]　李志军[2]　陈中华[2]　姜柏材[2]　赵 昕[1]

(1. 中国石油集团科学技术研究院；2. 重庆科技学院石油与天然气工程学院)

摘要：现有的双重介质水平井产量预测模型未综合考虑应力敏感效应、启动压力梯度对产量的影响，导致其应用于致密气藏水平井产量预测效果较差。本文基于双重介质致密气藏水平井渗流理论，以圆形封闭地层为研究对象，建立了同时考虑应力敏感效应和启动压力梯度的致密气藏水平井渗流数学模型，并结合摄动理论、Sturm-Liouville 特征值理论、正交变换及点源函数等数学物理方法求解得到产量预测模型，应用苏里格气田的实际生产数据校验表明模型预测产量精度较高。参数敏感性分析表明，水平井产量减小幅度与启动压力梯度和应力敏感效应两者的综合影响表现为抛物线型加大；当分别考虑启动压力梯度或应力敏感效应时，将导致产量分别减小 16.67%、15.0%；同时考虑应力敏感效应和启动压力梯度时，将导致产量减小 30.83%。因此，致密气藏如果不考虑启动压力梯度或应力敏感效应，将会对水平井的初期配产量带来较大偏差，极大影响开发决策。

关键词：双重介质致密气藏；水平井；产量预测；启动压力梯度；应力敏感效应

致密气藏储量大，分布广，开发前景好，但由于储层低孔、低渗的特征，采用直井井型，致密气藏将不能实现经济高效的开发，而水平钻井与体积压裂工艺结合，使其实现商业性开发[1]。但体积压裂后储层结构十分复杂，作为双重介质渗流通道的裂缝系统中的气体更早产出，然后作为储集空间的基质系统中的气体由于各种渗流机理开始长期生产，这将导致致密气在开发前期产量快速递减，在后期进行缓慢的瞬变流动[2]。因此，在双重介质致密气藏中精确地进行产量预测是巨大的挑战。而在开发过程中，产量预测是认识致密气藏开发规律、制订气藏开发规划决策十分重要且常用的方法之一。现有的 Arps[3]、Fetkovich[4]、Blasingame[5]、NPI[5] 等经典产量预测方法由于未考虑应力敏感效应、启动压力梯度等渗流机理而不能精确地进行致密气藏产量预测及分析。

目前已有国内外学者针对此进行了大量研究。一方面，1940 年库萨柯夫发现流体在已形成水化膜的储层中流动必须要克服束缚层施加的阻力才能流动[7]；Alvaro Prada[8] 用启动压力梯度修正了达西定律；Wei X[9]、郭红玉[10]、Jing Lu[11]、Dou HongEn[12] 通过理论研究结合恒速压汞、核磁共振等实验从不同角度证实了致密储层由于喉道非常微细以及存在固液作用形成的边界层，导致致密储层流体流动需要克服启动压力梯度。另一方面，Raghavan R[13] 提出储层渗透率是压力的函数，随着岩石有效应力增加，裂缝趋于闭合而逐渐降低，O. A. Pedrosa[14] 基于此建立了考虑应力敏感效应的径向流动方程，并求解出定产条件下的压力瞬时响应。

在启动压力梯度、应力敏感效应等微观渗流机理都有了一定研究基础后，李晓平

基金项目：国家科技重大专项（2016ZX05047-004）。

等[14]借助 Van Everdingen[15]研究的定产压力与定压产量之间的关系，建立了可基于生产数据反演地层参数的考虑启动压力梯度的致密气藏水平井瞬时产量递减分析模型；Weibing Tian[17]等建立了考虑启动压力梯度的产能模型，并结合实验证实了启动压力梯度造成的产量损失程度随着井底压力的减小而减小；J. Z. Wang 等[18]建立了对压力敏感双孔隙度储层的井试解释数学模型；Dan Wu 等[19-20]基于地层伤害实验建立了考虑应力敏感效应的非达西新模型，并通过敏感性分析发现应力敏感效应是早期产量快速下降的主要原因。

以往工程师们没有意识到启动压力梯度、应力敏感效应的存在或因其数据难以获得，加之同时考虑启动压力梯度、应力敏感效应、水平井这一特殊井型的双重介质致密气藏产量预测模型难以求解而忽视其对生产的影响。因此，本文基于不稳定渗流理论建立了可以用生产数据拟合地层参数的综合考虑启动压力梯度和应力敏感效应的双重介质致密气藏水平井产量预测模型。

1 模型建立

1.1 物理模型与假设条件

模型研究的是体积压裂后致密气藏水平井的产量预测，双重介质物理结构基于 Warren-Root 模型，其物理模型如图 1 所示，假设条件如下：

（1）储层水平方向为圆形封闭边界，垂直方向为顶底为封闭边界，其厚度为 h，原始地层压力为 p_i，原始地层压力下裂缝系统水平方向和垂直方向的渗透率分别为 K_{fhi} 和 K_{fvi}；

（2）裂缝渗透率远大于基质渗透率，裂缝作为气体渗流通道，基质作为供给源，基质系统向裂缝系统为拟稳态窜流；

（3）水平井平行于上下边界，处在距离下边界 z_w 处的任一位置，长度为 $2L$，采用定产生产方式生产；

（4）气水两相中，水以束缚水状态存在，气相独立流动，其相互作用以气相相对渗透率 K_{rg} 形式表现；

（5）裂缝渗透率受到储层应力敏感效应的影响，裂缝 r 方向与 z 方向渗透率模量相同，基质考虑启动压力梯度，忽略基质应力敏感效应、重力和毛细管力的作用。

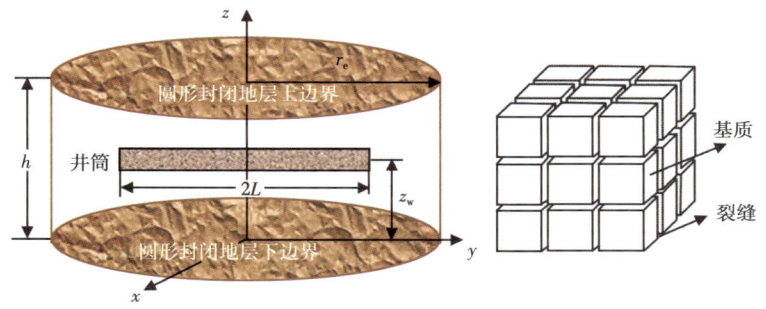

图 1 双重介质致密气藏水平井渗流物理模型

1.2 基本变量定义

使用 Pedrosa 定义的渗透率模量 $\alpha^{[14]}$ 来表征渗透率随着致密气藏开采时孔隙压力下降、储层受到的有效应力增加、储层岩石被压实而急剧下降的特性：

$$\begin{cases} \alpha = \dfrac{1}{K}\dfrac{\partial K}{\partial p} \\ K = K_i \mathrm{e}^{-\alpha(p_i - p)} \end{cases} \tag{1}$$

处理气体在双重介质中的渗流需引入拟压力函数：

$$\begin{cases} \psi = \displaystyle\int_{p_0}^{p_i} \dfrac{2p}{\mu Z}\mathrm{d}p \\ \dfrac{\partial \psi}{\partial r} = \dfrac{2p}{\mu z}\dfrac{\partial p}{\partial r} \\ \dfrac{\partial \psi}{\partial r} = \dfrac{2p}{\mu z}\dfrac{\partial p}{\partial t} \end{cases} \tag{2}$$

式中 ψ——任意压力 p 的拟压力函数值，$MPa^2/(mPa \cdot s)$；

p_0——参考压力，为了方便运算可取为 0 或一个大气压，MPa；

μ——气体的黏度，$mPa \cdot s$；

Z——气体的偏差系数。

因此，在气藏中需引入基于拟压力定义的表观渗透率模量：

$$\begin{cases} \gamma = \dfrac{1}{K}\dfrac{\partial K}{\partial \psi} \\ K = K_i \mathrm{e}^{-\gamma(\psi_i - \psi)} \end{cases} \tag{3}$$

无因次径向距离：

$$r_D = \dfrac{r}{L} \tag{4}$$

式中 r_D——无因次半径；

L——水平井半长，m。

无因次渗透率模量：

$$\gamma_{iD} = \dfrac{Tq_g}{0.009114 K_{fhi} h}\gamma_i \tag{5}$$

式中 下标 i——裂缝系统、基质系统；

γ_{iD}——无因次裂缝、基质渗透率模量；

γ_i——裂缝、基质渗透率模量；

T——气藏地层温度，K；

q_g——产量，$10^4 m^3/d$；

K_{fhi}——水平方向裂缝原始渗透率，mD；

h——储层厚度，m。

无因次井筒半径：

$$r_{wD} = \frac{r_w}{L} \quad (6)$$

式中 r_{wD}——无因次井筒半径；
r_w——井筒半径，m。
无因次裂缝拟压力：

$$\psi_{fD} = \frac{78.489 K_{fhi} h}{T q_{sc}} (\psi_i - \psi_f) \quad (7)$$

式中 ψ_{fD}——无因次裂缝拟压力；
ψ_i——原始地层压力对应的拟压力，MPa²/mPa·s；
ψ_f——地层裂缝压力对应的拟压力，MPa²/mPa·s。
无因次垂向距离：

$$z_D = \frac{z}{h} \quad (8)$$

式中 z——距离储层下边界的垂向位移，m；
z_D——无因次垂向距离。
无因次基质拟压力：

$$\psi_{mD} = \frac{78.489 K_{fhi} h}{T q_{sc}} (\psi_i - \psi_m) \quad (9)$$

式中 ψ_{mD}——无因次基质拟压力；
ψ_m——地层基质压力对应的拟压力，MPa²/mPa·s。
无因次井筒半径：

$$z_{wD} = \frac{z_w}{h} \quad (10)$$

式中 z_{wD}——无因次水平井垂向距离；
z_w——水平井垂向距离，m。
无因次时间：

$$t_D = \frac{K_{fhi} t}{(\phi_f C_{ft} + \phi_m C_{mt}) \mu L^2} \quad (11)$$

式中 t——生产时间，h；
ϕ_f——裂缝孔隙度；
ϕ_m——基质孔隙度；
C_{ft}——裂缝系统综合压缩系数，1/Pa；
C_{mt}——基质系统综合压缩系数，1/Pa。
无因次水平井段长度：

$$L_D = \frac{L}{h} \sqrt{\frac{K_{fvi}}{K_{fhi}}} \quad (12)$$

式中 L_D——无因次水平井段长度;

K_{fvi}——垂直方向裂缝渗透率,mD。

无因次气层厚度:

$$h_D = \frac{h}{L}\sqrt{\frac{K_{fhi}}{K_{fvi}}} \tag{13}$$

式中 h_D——无因次储层厚度。

无因次启动拟压力:

$$\psi_{gD} = \frac{78.489 K_{fhi} h}{T q_{sc}}\psi_g \tag{14}$$

式中 ψ_{gD}——无因次拟启动压力;

ψ_g——拟启动压力,MPa²/(mPa·s)。

窜流系数:

$$\lambda = \alpha \frac{K_m}{K_{fhi}} L^2 \tag{15}$$

式中 λ——窜流系数;

α——形状因子;

K_m——基质渗透率,mD。

弹性储容比:

$$\omega = \frac{\phi_f C_{ft}}{\phi_f C_{ft} + \phi_m C_{mt}} \tag{16}$$

式中 ω——弹性储容比。

无因次井筒储集系数:

$$C_D = \frac{0.159 C}{(\phi_f C_{ft} + \phi_m C_{mt}) h L^2} \tag{17}$$

式中 C_D——无因次井筒储集系数;

C——井筒储集系数,m³/MPa。

无因次产量:

$$q_D = \frac{T q_g}{78.489 K h (\psi_i - \psi_{wf})} \tag{18}$$

式中 q_D——无因次产量;

ψ_{wf}——井底流压对应的拟压力,MPa²/(mPa·s)。

Pedrosa 代换式子:

$$\psi_{fD}(r_D, z_D, t_D) = -\frac{1}{\gamma_{fD}}\ln[1 - \gamma_{fD}\xi_D(r_D, z_D, t_D)] \tag{19}$$

式中 $\xi_D(r_d, z_D, t_D)$——中间变量,也称为摄动变形函数。

1.3 数学模型的构建

(1) 质量守恒方程。

①裂缝系统：

$$\frac{\partial(p_f\phi_f)}{\partial t} + \nabla(p_f v_f) - q_{ex} = 0 \tag{20}$$

②基质系统：

$$\frac{\partial(p_m\phi_m)}{\partial t} + q_{ex} = 0 \tag{21}$$

当考虑基质启动压力时，基质与裂缝间的压差由 p_m-p_f 修正为 $p_m-p_f-G_{mg}l$，则窜流量表达式为

$$q_{ex} = \frac{3.6\alpha K_m \rho_o}{\mu}(p_m - p_f - G_{mg}l) \tag{22}$$

其中，启动压力梯度表达式为

$$G_{mg} = 10^{-11} e^{24.2 S_w} \left[K_{mi} e^{-\gamma(\psi_i-\psi)} \right]^{(3.5 S_w - 3)} \tag{23}$$

（2）流动方程。

①径向流动方程：

$$v_{fr} = \frac{K_{fhi}K_{rg}}{\mu} e^{-\gamma_f(\psi_i-\psi_f)} \frac{\partial(p_f)}{\partial r} \tag{24}$$

②垂向流动方程：

$$v_{fz} = -\frac{K_{fhi}K_{rg}}{\mu} e^{-\gamma_f(\psi_i-\psi_f)} \frac{\partial(p_f)}{\partial z} \tag{25}$$

（3）状态方程：

$$\rho = \frac{Mp}{RTZ} \tag{26}$$

（4）初始条件。

在气田生产中，一般开采初期采用定产量生产。当井底流压下降到某一规定值（p_c）时，改变生产制度，采用定井底流压生产。而根据 Van Everdingen 和 Hurst[16] 的研究可知，定压生产阶段的产量是根据定产生产阶段的压力进行求解，见式（27），因此将生产分为定产生产第一阶段与定产生产第二阶段，第一阶段用于求取定产生产阶段的压力，第二阶段用于求取定压生产阶段的产量，第二阶段初始条件即为第一阶段结束时的地层状态（图2）。

$$\bar{q}_D(s) = \frac{1}{s^2 \bar{\psi}_{fD}(s)} \tag{27}$$

①定产生产第一阶段初始条件：

$$p_{f_1}\big|_{t_1=0} = p_{m_1}\big|_{t_1=0} = p_i \tag{28}$$

式中 p_{f_1}——定产生产第一阶段地层裂缝压力；

p_{m_1}——定产生产第一阶段地层基质压力；

p_i——原始地层压力；

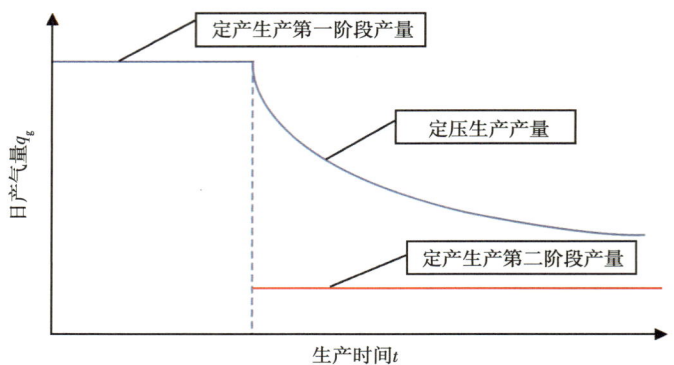

图 2 定产、定压阶段产量示意图

t_1——定产生产第一阶段时间。

②定产生产第二阶段初始条件：

$$\begin{cases} p_{f_2}\big|_{t_2=0} = p_{f_1\text{-end}} \\ p_{m_2}\big|_{t_2=0} = p_i \end{cases} \tag{29}$$

式中 p_{f_2}——定产生产第二阶段地层裂缝压力；

p_{m_2}——定产生产第二阶段地层基质压力；

t_2——定产生产第二阶段时间；

$p_{f_1\text{-end}}$——定产生产第一阶段结束时刻地层裂缝压力。

（5）边界条件。

水平方向外边界条件：

$$\frac{\partial p_f}{\partial r_e}\bigg|_{r=r_e} = \frac{\partial p_m}{\partial r_e}\bigg|_{r=r_e} = 0 \tag{30}$$

垂直方向顶底封闭外边界条件：

$$\frac{\partial p_f}{\partial z}\bigg|_{z=0} = \frac{\partial p_m}{\partial z}\bigg|_{z=0} = 0 \tag{31}$$

$$\frac{\partial p_f}{\partial z}\bigg|_{z=h} = \frac{\partial p_m}{\partial z}\bigg|_{z=h} = 0 \tag{32}$$

定产生产第一阶段内边界条件：

$$q_{sc}(t_1)\big|_{r=r_w} = q_{sc1} \tag{33}$$

定产生产第二阶段内边界条件：

$$q_{sc}(t_2)\big|_{r=r_w} = q_{sc2} \tag{34}$$

定产生产第二阶段对应的定压生产阶段内边界条件：

$$p_{f_2}\big|_{r=r_w} = p_c \quad p_{m_2}\big|_{r=r_w} = p_i \tag{35}$$

1.4 产量预测模型推导

将状态方程、运动方程带入连续性方程，结合气体拟压力进行无因次化，引入 Pedrosa 代换式子，取零阶摄动，并将 t_D 进行拉普拉斯变换于 s，结合 Sturm-Liouville 特征值理论、正交变换以及点源函数等数学物理方法（数学模型求解见附录 A），可得拉普拉斯空间下同时考虑裂缝应力敏感性和基质内启动压力对窜流量影响的水平井拟压力表达式：

$$\bar{\xi}_{wDN} = \int_{-1}^{1} \frac{\frac{1}{2s}K_1\left(\frac{r_e}{L}\sqrt{u_0}\right) + \Theta_n K_1\left(\frac{r_e}{L}\sqrt{u_0}\right)\int_0^{\frac{r_e}{L}} I_0(\tau\sqrt{u_0})\mathrm{d}\tau - \Theta_n I_1\left(\frac{r_e}{L}\sqrt{u_0}\right)\int_{\frac{r_e}{L}}^{+\infty} K_0(\tau\sqrt{u_0})\mathrm{d}\tau}{I_1\left(\frac{r_e}{L}\sqrt{u_0}\right)}$$

$$I_0(|x_D - \alpha|\sqrt{u_0})\mathrm{d}\alpha + \frac{1}{2s}\int_{-1}^{1} K_0(|x_D - \alpha|\sqrt{u_0})\mathrm{d}\alpha + \frac{1}{s}\sum_{n=1}^{\infty}\int_{-1}^{1} \frac{K_1\left(\frac{r_e}{L}\sqrt{u_n}\right)}{I_1\left(\frac{r_e}{L}\sqrt{u_n}\right)}$$

$$I_0(|x_D - \alpha|\sqrt{u_n})\cos n\pi z_{wD}\cos n\pi z_D\mathrm{d}\alpha + \frac{1}{s}\sum_{n=1}^{\infty}\int_{-1}^{1} K_0(|x_D - \alpha|\sqrt{u_n})\cos n\pi z_{wD}\cos n\pi z_D\mathrm{d}\alpha$$

$$+ \int_0^{+\infty}\int_{-1}^{1} G(|x_D - \alpha|, \tau)\mathrm{d}\alpha\mathrm{d}\tau \tag{36}$$

定产生产第一阶段与定产生产第二阶段井底压力响应的形式皆为式（64），但是其中参数代表的意义不同：

（1）第一阶段 Θ_n、与 u_n 分别为

$$\Theta_n = \frac{(1-\omega)s\lambda\bar{\psi}_{gD}}{K_{rg}[(1-\omega)s+\lambda]} = \frac{(1-\omega)\lambda\psi_{gD}}{K_{rg}[(1-\omega)s+\lambda]} \tag{37}$$

$$u_n = s(h_D L_D)^2\left(\frac{\lambda+(1-\omega)s\omega}{K_{rg}[(1-\omega)s+\lambda]}\right) + n^2\pi^2 L_D^2 \tag{38}$$

（2）第二阶段 Θ_n、与 u_n 分别为

$$\Theta_n = \frac{\left[(1-\omega)s\lambda\frac{\psi_{gD}}{s} - \omega c[(1-\omega)s+\lambda]\right]}{K_{rg}[(1-\omega)s+\lambda]} \tag{39}$$

$$u_n = s(h_D L_D)^2\left(\frac{\lambda+(1-\omega)s\omega}{K_{rg}[(1-\omega)s+\lambda]}\right) + n^2\pi^2 L_D^2 \tag{40}$$

根据 Duhamel 原理，考虑井筒储集系数和表皮效应影响的水平井拟压力摄动解的表达式如下：

$$\bar{\xi}_{wD} = \frac{s\bar{\xi}_{wDN} + S}{s + C_D s^2(s\bar{\xi}_{wDN} + S)} \tag{41}$$

通过 Stehfest 数值反演，可得到同时考虑裂缝应力敏感效应和基质内启动压力对窜流

量的影响的双重介质致密气藏水平井无因次拟压力解为

$$\psi_{fD} = -\frac{1}{\gamma_{fD}}\ln(1-\gamma_{fD}\xi_{wD}) \tag{42}$$

根据 Van Everdingen 和 Hurst（1949）的研究，拉普拉斯空间下定压产量解与定产压力解的关系如下：

$$\bar{q}_D(s) = \frac{1}{s^2\bar{\psi}_{fD}(s)} \tag{43}$$

根据无因次裂缝拟压力定义式可知，当 $r_D=0$（即 $r=r_w$）时，$r=r_w$，q_{sc} 为井筒产量，即地面产量，此时裂缝压力等于井底流压，其数学表达式为 $\psi_f=\psi_{wf}$。

（1）气井定产第一阶段生产时，$\psi_{1f}=\psi_{1wf}>\psi_c$（规定的最小井底拟压力），此时定产生产第一阶段产量 q_{sc1} 为定值，井底拟压力表达式为

$$\psi_{wf} = \psi_{1f} = \psi_i - \frac{\psi_{fD}Tq_{sc1}}{0.009114K_{fhi}h} \tag{44}$$

（2）而随着生产进行，进入到定产第二阶段生产，即当 $\psi_{2f}=\psi_{2wf}=\psi_c$（规定的最小井底拟压力）时，通过拉普拉斯空间下定废弃产量 q_{sc2} 下的拟生产压力 ψ_{fD} 与定拟井底流压 ψ_c 下的产量解 q_D 的关系，则此时气井定产生产第二阶段的定压生产产量如下：

$$\bar{q}_D(s) = \frac{1}{s^2\bar{\psi}_{f2D}(s)}; \quad q_g = \frac{0.009114q_DKh(\psi_i-\psi_{2wf})}{T} \tag{45}$$

综上所述，整个生产制度下的产量曲线由定产生产第一阶段的产量及定压生产阶段的产量组合而成，井底流压曲线由定产生产第一阶段的压力及定压生产阶段的压力组合而成：

$$\text{定产生产时：} \begin{cases} q_g = q_{sc} \\ \psi_{wf} = \psi_i - \dfrac{\psi_{fD}Tq_{sc}}{0.009114K_{fhi}h} \end{cases} \tag{46}$$

$$\text{定压生产时：} \begin{cases} q_g = \dfrac{0.009114q_DKh(\psi_i-\psi_{wf})}{T} \\ \psi_{wf} = \psi_c \end{cases} \tag{47}$$

式中　q_{sc}——定产生产第一阶段产量；
　　　ψ_c——定压生产阶段拟压力。

2　模型校验与应用

根据双重介质致密气藏水平井产量预测模型，研制相对应的计算程序，结合苏里格气藏某区块地层参数及一口压裂水平井 7H1 井的相关参数（表1），采用产量拟合方法，即将气井生产动态资料划分为两段，通过模型所计算的产量与前半段拟合，解释关键地层参数（表2），用该参数修正产量预测模型，将预测结果与后半段生产资料进行对比分析，

通过计算可得该水平井产量预测相对误差为5.18%，由此可知产量预测模型拟合效果较好（图3），预测产量的精度较高。

表1 物性参数

物性参数	参数值	物性参数	参数值
天然气相对密度	0.5956	井筒半径（m）	0.062
地面标准压力（MPa）	0.101	单井控制半径（m）	200
地面标准温度（K）	273.15	水平井长度（m）	350
地层温度（K）	377.95	水平井中心位置（m）	11
储层厚度（m）	22	孔隙压缩系数（1/MPa）	1.82×10^{-3}
原始地层压力（MPa）	30.54	地层水压缩系数（1/MPa）	1×10^{-4}
通用气体常数[MPa·m³/(kmol·K)]	0.008314	气体黏度（mPa·s）	2.2245×10^{-2}
基质渗透率（mD）	0.5	气体偏差因子	0.9996
束缚水饱和度 s_w	0.43	孔隙度（%）	6.8
定产阶段产量（10^4m³/d）	7.3	定压生产阶段井底流压（MPa）	4

表2 7H1井数据拟合解释结果

水平裂缝渗透率 K_h（mD）	992
垂直裂缝渗透率 K_v（mD）	553
启动压力梯度 G_{mg}（MPa/m）	0.0523
渗透率模量 γ（1/MPa）	0.0418
表皮系数 S	1.45
井筒储集系数 C（m³/MPa）	2.2
弹性储容比 ω	0.03
窜流系数 λ	1.2×10^{-7}

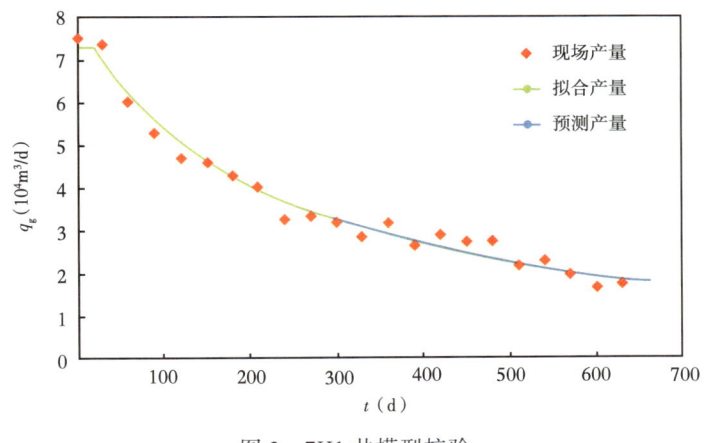

图3 7H1井模型校验

3 参数敏感性分析

3.1 启动压力梯度对生产的影响

通过模拟一口水平井在致密气藏中生产来分析启动压力梯度对生产的影响，储层流体等详细参数见表3。

表3 基本参数

物性参数	参数值	物性参数	参数值
天然气相对密度	0.5956	水平井中心垂向位置（m）	11
地面标准压力（MPa）	0.101	孔隙压缩系数（1/MPa）	1.82×10^{-3}
地面标准温度（K）	273.15	地层水压缩系数（1/MPa）	1×10^{-4}
地层温度（K）	377.95	气体黏度（mPa·s）	2.2245×10^{-2}
储层厚度（m）	22	气体偏差因子	0.9996
原始地层压力（MPa）	30.54	稳产期（a）	8
通用气体常数[MPa·m³/（kmol·K）]	0.008314	孔隙度（%）	6.8
基质渗透率（mD）	0.136	束缚水饱和度	0.43
废弃产量（10^4m³/d）	0.4	水平井控制半径（m）	700
水平井长度（m）	1000	定压阶段井底流压（MPa）	6
渗透率模量（MPa^{-1}）	0	启动压力梯度（MPa/m）	待定
井筒半径（m）	0.062		

图4是不同启动压力梯度下水平井日产气量随时间的变化曲线，由图4可得气井产量减小幅度随启动压力梯度的变化曲线，从图5可知，气井产量减小幅度与启动压力梯度表现为抛物线线型加大，当分别考虑启动压力梯度为0.02MPa/m、0.04MPa/m时，将导致气井产量分别减小16.67%、29.17%。

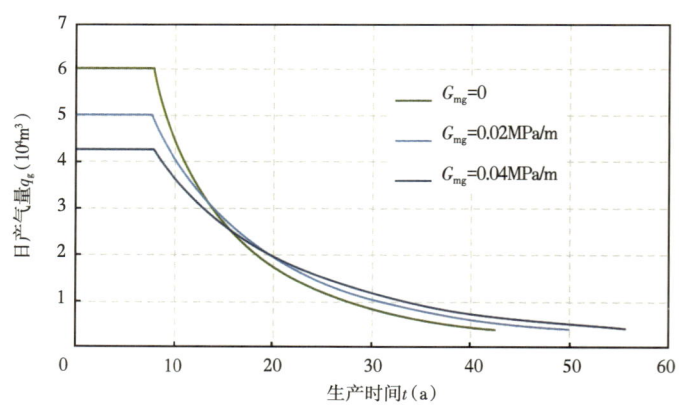

图4 启动压力梯度对日产气量的影响

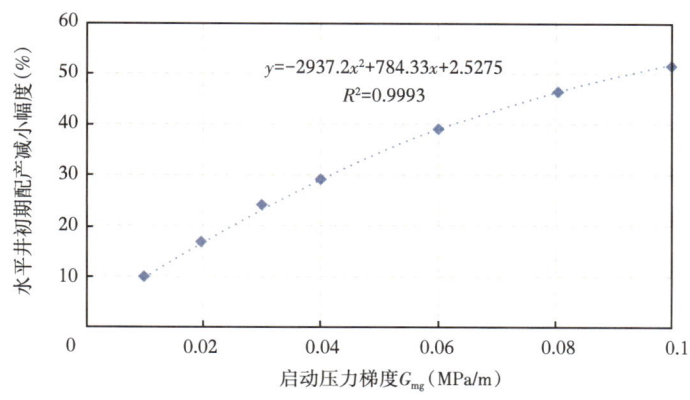

图 5 气井产量随启动压力梯度变化的减小幅度

3.2 应力敏感对生产的影响

通过模拟一口水平井在致密气藏中生产来分析应力敏感效应对生产的影响,储层流体等详细参数见表4。

表 4 基本参数

物性参数	参数值	物性参数	参数值
天然气相对密度	0.5956	水平井中心垂向位置(m)	11
地面标准压力(MPa)	0.101	孔隙压缩系数(1/MPa)	$1.82×10^{-3}$
地面标准温度(K)	273.15	地层水压缩系数(1/MPa)	$1×10^{-4}$
地层温度(K)	377.95	气体黏度(mPa·s)	$2.2245×10^{-2}$
储层厚度(m)	22	气体偏差因子	0.9996
原始地层压力(MPa)	30.54	稳产期(a)	8
通用气体常数[MPa·m³/(kmol·K)]	0.008314	孔隙度(%)	6.8
基质渗透率(mD)	0.136	束缚水饱和度	0.43
废弃产量(10^4m³/d)	0.4	水平井控制半径(m)	700
水平井长度(m)	1000	定压阶段井底流压(MPa)	6
渗透率模量(MPa^{-1})	待定	启动压力梯度(MPa/m)	0
井筒半径(m)	0.062		

图6是不同应力敏感效应下水平井日产气量随时间的变化曲线,由图6可得气井产量减小幅度随应力敏感效应的变化曲线。从图7可知,气井产量减小幅度与渗透率模量表现为抛物线线型加大,当分别考虑渗透率模量为 0.02MPa^{-1}、0.04MPa^{-1} 时,将导致气井产量分别减小 15.0%、27.5%。

3.3 启动压力梯度和应力敏感共同作用对生产的影响

通过模拟一口水平井在致密气藏中生产来分析启动压力梯度和应力敏感效应共同作用对生产的影响,储层流体等详细参数见表5。

71

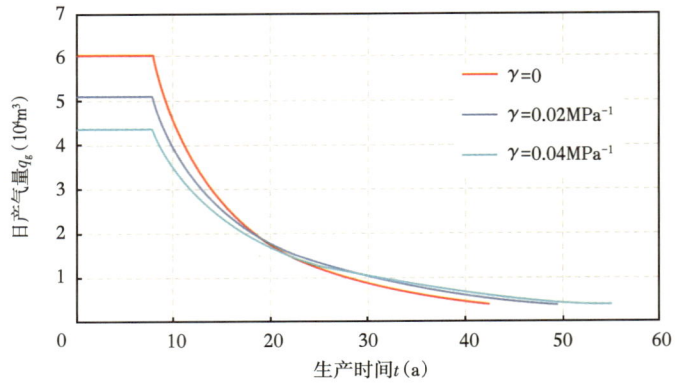

图 6 应力敏感效应对日产气量的影响

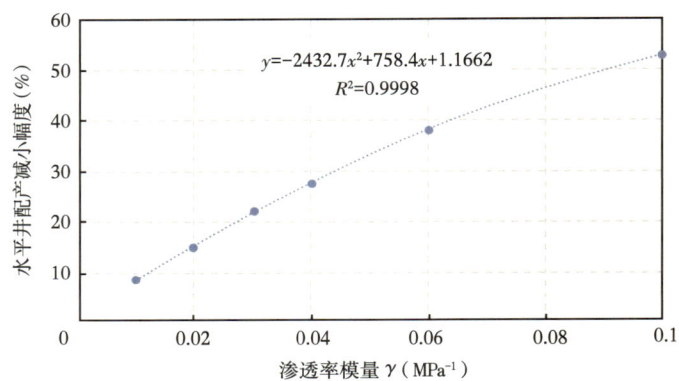

图 7 气井产量随渗透率模量变化的减小幅度

表 5 致密气藏物性参数

物性参数	参数值	物性参数	参数值
天然气相对密度	0.5956	水平井中心垂向位置（m）	11
地面标准压力（MPa）	0.101	孔隙压缩系数（1/MPa）	1.82×10^{-3}
地面标准温度（K）	273.15	地层水压缩系数（1/MPa）	1×10^{-4}
地层温度（K）	377.95	气体黏度（mPa·s）	2.2245×10^{-2}
储层厚度（m）	22	气体偏差因子	0.9996
原始地层压力（MPa）	30.54	稳产期（a）	8
通用气体常数［MPa·m³/（kmol·K）］	0.008314	孔隙度（%）	6.8
基质渗透率（mD）	0.136	束缚水饱和度	0.43
废弃产量（10^4m³/d）	0.4	水平井控制半径（m）	700
水平井长度（m）	1000	定压阶段井底流压（MPa）	6
渗透率模量（MPa^{-1}）	待定	启动压力梯度（MPa/m）	待定
井筒半径（m）	0.062		

由启动压力梯度与应力敏感效应共同作用对日产气量的影响图（图8）可得气井产量减小幅度随两者的变化曲线，从图9可知，气井产量减小幅度与两者的综合影响表现为抛物线线型加大。分别考虑渗透率模量、启动压力梯度为0.02MPa⁻¹、0.02MPa/m时，将导致气井产量分别减小15.0%、16.67%；同时考虑渗透率模量启动压力梯度为0.02MPa⁻¹、0.02MPa/m时，将导致气井产量减小30.83%。因此，致密气藏如果不考虑启动压力梯度或应力敏感效应，将会对水平井的初期配产量带来较大偏差，极大地影响开发决策。

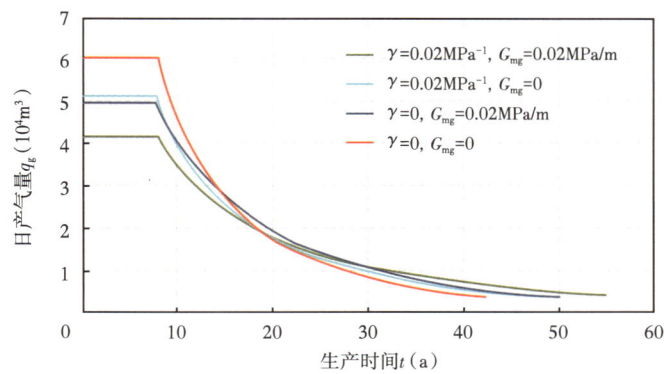

图8　启动压力梯度与应力敏感效应共同作用对日产气量的影响

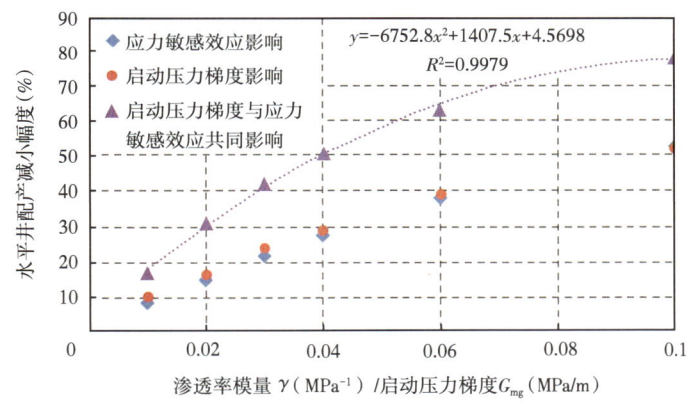

图9　气井产量随启动压力梯度、渗透率模量变化的减小幅度

4　结论

（1）本文基于圆形封闭边界的双重介质致密气藏渗流模型，建立了考虑启动压力梯度和应力敏感效应的致密气藏水平井产量预测模型，对苏里格气田某区块压裂水平井7H1井的产量预测数据和产量历史数据拟合效果好，预测精度较高。

（2）参数敏感性分析表明气井产量减小幅度与启动压力梯度、应力敏感效应两者的综合影响表现为抛物线型加大，两者单独作用对配产量的影响效果相当。分别考虑渗透率模量、启动压力梯度为0.02MPa⁻¹、0.02MPa/m时，将导致气井产量分别减小15.0%、16.67%；同时考虑两者时，将导致气井产量减小30.83%。

（3）启动压力梯度及应力敏感效应对生产的影响不容忽视，如果不考虑启动压力梯度或应力敏感效应，将对水平井的初期配产量带来较大偏差，会导致规定时间内不能完成预计产气量目标，极大地影响开发决策。

参 考 文 献

[1] Wang W, Yu W, Hu X, et al. A semianalytical model for simulating real gas transport in nanopores and complex fractures of shale gas reservoirs [J]. AIChE Journal, 2017.

[2] Wang H Y. What Factors Control Shale-Gas Production and Production-Decline Trend in Fractured Systems: A Comprehensive Analysis and Investigation [J]. Spe Journal, 2017, 22 (2): 562-581.

[3] Arps J J. Analysis of decline curves [C]. Petroleum Transactions. 1945: 228-247.

[4] Fetkovich M J. Decline Curve Analysis Using Type Curves [J]. Journal of Petroleum Technology, 1980, 32 (6): 1065-1077.

[5] 孙贺东, 朱忠谦, 施英, 等. 现代产量递减分析 Blasingame 图版制作之纠错 [J]. 天然气工业, 2015, 35 (10).

[6] 刘晓华, 邹春梅, 姜艳东, 等. 现代产量递减分析基本原理与应用 [J]. 天然气工业, 2010, 30 (5).

[7] 王恩志, 韩小妹, 黄远智. 低渗岩石非线性渗流机理讨论 [J]. 岩土力学, 2003 (S2): 120-124+132.

[8] Prada A, Civan F. Modification of Darcy's law for the threshold pressure gradient [J]. Journal of Petroleum Science & Engineering, 1999, 22 (4): 237-240.

[9] Wei X, Qun L, Shusheng G, et al. Pseudo threshold pressure gradient to flow for low permeability reservoirs [J]. Petroleum Exploration and Development, 2009, 36 (2): 232-236.

[10] 郭红玉, 苏现波. 煤储层启动压力梯度的实验测定及意义 [J]. 天然气工业, 2010, 30 (06): 52-54+127.

[11] Lu, J. Pressure Behavior of a Hydraulic Fractured Well in Tight Gas Formation with Threshold Pressure Gradient [J]. Society of Petroleum Engineers, 2012 (1).

[12] Dou H E, Ma S Y, Zou C Y, et al. Threshold pressure gradient of fluid flow through multi-porous media in low and extra-low permeability reservoirs [J]. Science China Earth Sciences, 2014, 57 (11): 2808-2818.

[13] Raghavan R, Scorer J D T, Miller F G. An Investigation by Numerical Methods of the Effect of Pressure-Dependent Rock and Fluid Properties on Well Flow Tests [J]. Society of Petroleum Engineers, 1972 (1).

[14] Pedrosa O A. Pressure Transient Response in Stress-Sensitive Formations [J]. Society of Petroleum Engineers, 1986 (1).

[15] Li Xiao-Ping, Cao Li-Na, Luo Cheng, et al. Characteristics of transient production rate performance of horizontal well in fractured tight gas reservoirs with stress-sensitivity effect [J]. Journal of Petroleum Science & Engineering, Accepted.

[16] Van-Everdingen A F, Hurst W. The application of the Laplace transformation to flow problem in reservoirs [J]. Journal of Petroleum Technology, 1949, 1 (12): 305-324.

[17] Tian W, Li A, Ren X, et al. The threshold pressure gradient effect in the tight sandstone gas reservoirs with high water saturation [J]. Fuel, 2018, 226: 221-229.

[18] Jian-Zhong W, Jun Y, Kai Z, et al. Variable permeability modulus and pressure sensitivity of dual-porosity medium [J]. Journal of China University of Petroleum, 2010, 34 (3): 80-84.

[19] Wu D, Ju B, Brantson E T. Investigation of productivity decline in tight gas wells due to formation damage and Non-Darcy effect: Laboratory, mathematical modeling and application [J]. Journal of Natural Gas Science & Engineering, 2016, 34: 779-791.

[20] 窦宏恩, 张虎俊, 姚尚林, 等. 致密储集层岩石应力敏感性测试与评价方法 [J]. 石油勘探与开发, 2016, 43 (06): 1022-1028.

裂缝应力敏感性对异常高压低渗透气藏气井产能影响研究

向祖平[1] 陈中华[2] 邱蜀峰[3]

(1. 中石化西南油气分公司博士后科研工作站；2. 中石油西南油气田分公司勘探开发研究院开发室；3. 中石油西南油气田分公司川东北气矿勘探开发科)

摘要：异常高压、低渗透—致密气藏由于其自身的地质特征，几乎都要进行压裂投产，而在衰竭式开发过程中裂缝表现出很强的应力敏感性，会明显影响气藏的开发效果，因此，研究该类气藏开发过程中裂缝应力敏感性的影响具有十分重要的意义，而目前许多类似的气藏开发中都没有考虑应力敏感性的影响。本文在渗流力学基础上建立了考虑应力敏感性的三维气水两相流双重介质数值模型，并编写了相应的双重介质数值模拟软件。在此基础上进行的模拟计算表明，裂缝应力敏感性对气井产能具有一定影响，并导致气井所需生产压差明显增大，但对气井的稳产能力影响较小。而异常高压气藏由于原始地层压力高、有效应力变化范围大且有效应力变化的下限低，其导致储层岩石具有更强的应力敏感性，因此，在进行异常高压、低渗透气藏压裂气井的生产动态预测时应充分考虑应力敏感性的影响，以使编制的开发方案能更加准确地指导该类气藏的开发。

关键词：裂缝应力敏感性；低渗透气藏；气井产能；单井模拟

目前，在我国西部发现了大量的异常高压、低渗透气藏，如四川的磨溪气田嘉二气藏、马井气田蓬莱镇气藏等，这属一类特殊的气藏，由于自身储层物性差，气井都必须进行压裂后再投产，因此，其渗流特征不同于一般的常规气藏。异常高压气藏由于地压系数高、原始地层压力高，在衰竭式开采过程中，随着气藏的压力下降，气藏的岩石骨架承受的有效应力会大幅增加，结果会使岩石发生显著的弹塑性形变，岩石渗透率、孔隙度和岩石压缩系数等物性参数减小，这种性质叫作储层的应力敏感性，而实验数据表明，压裂裂缝在开采过程中具有更强的应力敏感性，且会明显影响气藏的最终开发效果。因此，研究该类气藏开发过程中裂缝应力敏感性的影响是非常重要的课题。

1 异常高压低渗气藏储层应力敏感性

位于异常高压带的储层流体压力高，使得导致压裂裂缝闭合的应力减小，裂缝能更有效地导流，但气藏衰竭式开发中，由于地层压力下降导致有效应力增加，从而也使得岩石的相关物性特征发生变化，即岩石变形，压裂裂缝也会因此产生极强的应力敏感性。由有效应力、上覆压力和地层流体压力的关系［式(1)］可知，异常高压使得储层岩石的原始

基金项目：中国石油天然气集团公司中国青年创新基金项目（编号：07E1016）和中国石化西南油气分公司博士后科研项目（编号：GJ-87-0720）联合资助。

有效应力降低,且增大了气藏开发过程中有效应力的变化范围,特别是使得有效应力变化的下限值降低,这将使得储层岩石变形更加敏感。

由实际实验数据(图1)可知,裂缝渗透率随有效应力变化的幅度非常大,其应力敏感性非常强,裂缝主要是导流通道而非储集空间,因此应力敏感性研究中重点研究渗透率应力敏感性的影响。

$$\sigma_e = \sigma_t - p \tag{1}$$

式中 σ_e——岩石基质的垂直有效应力,MPa;

σ_t——上覆净岩压力,MPa;

p——地层流体静压,MPa。

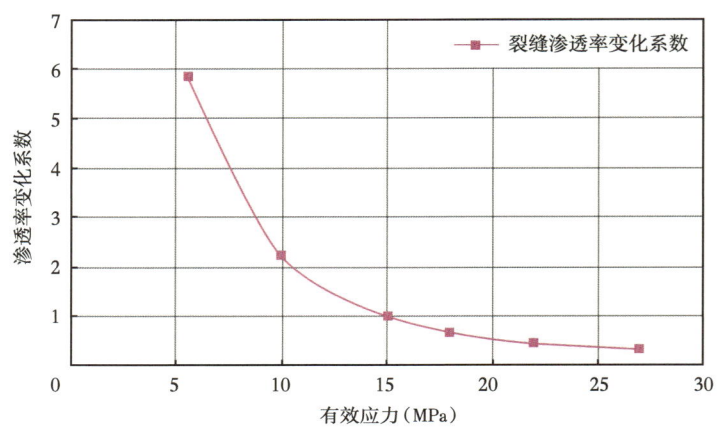

图 1 马井 JP_2 气藏裂缝应力敏感曲线

2 考虑应力敏感性的双重介质数值模型

在渗流力学基础上,从推广的达西定律和黑油模型出发建立了三维气水两相流考虑应力敏感性的双重介质非线性渗流数学模型[2-6],即

$$\begin{cases} 裂缝 & \nabla \cdot \left[\dfrac{K(p_g)K_{rl}}{B_l\mu_l}\nabla \Phi_l\right]_f - q_l + \tau_{l,mf} = \dfrac{\partial}{\partial t}\left(\dfrac{\phi S_l}{B_l}\right)_f \quad (l = g, w) \\ 基岩 & \nabla \cdot \left[\dfrac{K(p_g)K_{rl}}{B_l\mu_l}\nabla \Phi_l\right]_m - \tau_{l,mf} = \dfrac{\partial}{\partial t}\left(\dfrac{\phi S_l}{B_l}\right)_m \quad (l = g, w) \end{cases} \tag{2}$$

令 $K(p_g) = K_{MULT}(p_g)K_i$ 代入方程(2)中得

$$\begin{cases} 裂缝 & \nabla \cdot \left[\dfrac{K_{MULT}(p_g)K_iK_{rl}}{B_l\mu_l}\nabla \Phi_l\right]_f - q_l + \tau_{mf,l} = \dfrac{\partial}{\partial t}\left(\dfrac{\phi S_l}{B_l}\right)_f \quad (l = g, w) \\ 基岩 & \nabla \cdot \left[\dfrac{K_{MULT}(p_g)K_iK_{rl}}{B_l\mu_l}\nabla \Phi_l\right]_m - \tau_{mf,l} = \dfrac{\partial}{\partial t}\left(\dfrac{\phi S_l}{B_l}\right)_m \quad (l = g, w) \end{cases} \tag{3}$$

方程(2)中包含了8个基本变量 p_{gf}、p_{wf}、S_{gf}、S_{wf}、p_{gm}、p_{wm}、S_{gm}、S_{wm} 为了完整地描述方程,还需六个附加的辅助关系式:

$$S_{wf} + S_{gf} = 1 \tag{4}$$

$$S_{wm} + S_{gm} = 1 \tag{5}$$

$$p_{cgw,f} = p_{gf} - p_{wf} = f(S_{wf}) \tag{6}$$

$$p_{cgw,m} = p_{gm} - p_{wm} = f(S_{wm}) \tag{7}$$

$$K_{MULT}(p_g)|_f = \frac{K(p_g)}{K_i}\bigg|_f = f(p_{gf}) \tag{8}$$

$$K_{MULT}(p_g)|_m = \frac{K(p_g)}{K_i}\bigg|_m = f(p_{gm}) \tag{9}$$

本文采用有限差分方法[7-11]离散方程（3）（空间采用中心差分，时间采用向前差分）并整理得到相应的数值方程：

$$\begin{cases} 裂缝 \quad \Delta T_{lf}^{n+1} \Delta \Phi_{lf}^{n+1} - q_{lf}^{n+1} + \tau_{1,mf}^{n+1} = \frac{V_b}{\Delta t}\left[\left(\frac{\phi S_{gl}}{B_l}\right)^{n+1} - \left(\frac{\phi S_{gl}}{B_l}\right)^n\right]_f \\ 基岩 \quad \Delta T_{lm}^{n+1} \Delta \Phi_{lm}^{n+1} - \tau_{1,mf}^{n+1} = \frac{V_b}{\Delta t}\left[\left(\frac{\phi S_{gl}}{B_l}\right)^{n+1} - \left(\frac{\phi S_{gl}}{B_l}\right)^n\right]_m \end{cases} \tag{10}$$

式中 $T_l = \frac{K_{MULT} K_i K_{rl}}{B_l \mu_l}$；

f_G——网格间的传导率；

K_{MULT}——随地层压力变化的渗透率乘子；

K_i——原始地层压力下的渗透率；

$f_G = A/L$——几何因子，A、L分别为网格间流动的截面积和距离；

$V_b = \Delta x \Delta y \Delta z$——网格块体积；

Δx，Δy，Δz——网格步长；

τ_{mf}——基岩与裂缝间的窜流量；

下标 m——基岩；

下标 f——裂缝。

3 应力敏感性对气井产能影响分析及实例计算

在前面建立的数学模型基础上，编制了考虑应力敏感的双重介质单井数值模拟软件。用本软件模拟计算了马井JP气藏气井在应力敏感性情况下的生产动态并研究分析裂缝应力敏感性对气井产能的影响。基本输入参数见表1。

表1 模型基本参数表

网格（个）	100×100×1	ϕ（%）	8
深度（m）	1500	K（mD）	0.25
D_X（m）	10	S_g（%）	53
D_Y（m）	10	p（MPa）	19.5
D_Z（m）	60	井底压力（MPa）	2.0
有效厚度（m）	20	极限产量（$10^4 m^3/d$）	0.2
裂缝半长（m）	50	PVT数据	参考JP$_2$气藏
裂缝渗透率（mD）	25（综合等效）	相渗曲线	参考JP$_2$气藏

统计 JP_2 气藏的裂缝导流能力介于 27~650mD·m 之间,平均取值 250mD·m;裂缝半长介于 29~196m 之间,平均取值 50m;根据网格步长折算理论模型的裂缝等效渗透率 25mD(表2)。

表2 JP_2 气藏压裂裂缝试井解释参数表

井号	层位	K(mD)	f_c(mD·m)	x_f(m)
马蓬52D	JP_2	1.44	27.3	196
马蓬50d	JP_2	0.0472	32	47.03
马蓬48	JP_2	0.0431	183	57.15
马蓬12	JP_2	0.13	204	109
马蓬41-1	JP_2	0.0524	293	36.1
马蓬32	JP_2	0.0658	648	29

为了便于应用应力敏感性实验数据,下面将渗透率随有效应力的变化曲线转换为随地层压力的变化曲线,并用原始地层压力下的渗透率 K_i 来进行无因次化(图2)。

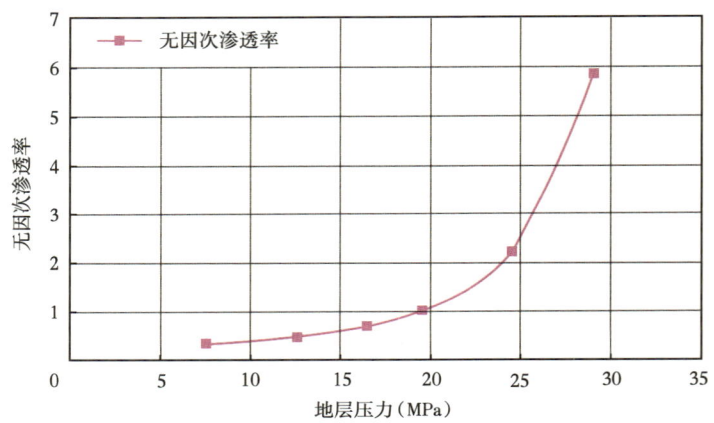

图2 JP_2 气藏裂缝渗透率随地层压力曲线

将以上数据输入气藏数值模拟模型进行计算,预测期10年(图3、表3)。

对比预测期采气曲线(图3)和各项生产指标(表2)可知:

(1)考虑裂缝应力敏感性比不考虑应力敏感性时的生产状况差。

无论是等产量预测还是等稳产期预测,考虑裂缝应力敏感性时的产量、压力等各项生产指标均明显变差。

(2)裂缝应力敏感性对气井产能具有一定影响。

在等产量预测的情况下,不考虑应力敏感性时,气井能稳产70个月,稳产期末采出程度37.599%;而当考虑裂缝应力敏感性时,气井稳产期为62个月,稳产期缩短了11.43%,稳产期末采出程度33.244%,与前者相比降低了11.58%。

在等稳产期预测的情况下,考虑裂缝应力敏感时则气井产量要降低5.67%才能保持与不考虑应力敏感时有相等的稳产期,气井的稳产期产量降低较小,稳产期末采出程度和单位压降采气量等指标也只有小幅变化。

由此可见,裂缝渗透率应力敏感性对气井稳产能力的影响较小。这主要由于气井压裂后裂缝渗透率比地层渗透率高得多,虽然由裂缝应力敏感性实验数据表明,裂缝渗透率的应力敏感程度为"强"范畴,但是裂缝随压力下降后,仍能保持高于地层渗透数倍以上,因此,裂缝渗透率的下降不会对气井产能的有较大影响,影响气井产能的主要因素还是远井地层向井筒供气的能力。

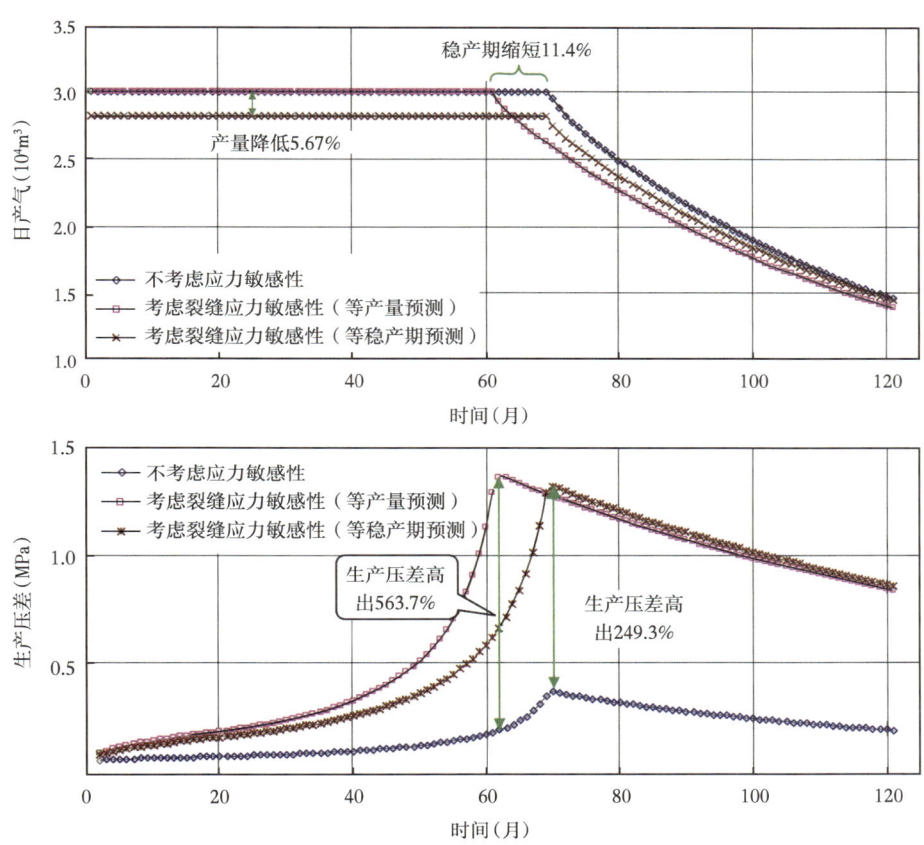

图3 不同应力敏感性下的采气曲线

表3 不同应力敏感性下的生产指标预测表

生产指标	不考虑应力敏感性	考虑基块应力敏感性(等产量)	考虑基块应力敏感性(等稳产期)
配产产量($10^4 m^3/d$)	3.000	3.000	2.830
稳产期(月)	70	62	70
稳产期末采出程度(%)	37.599	33.244	35.462
稳产期末地层压力(MPa)	2.375	3.354	3.310
稳产期末井底流压(MPa)	2.000	2.000	2.000
稳产期末生产压差(MPa)	0.375	1.354	1.310
稳产期末单位压降采气量($10^4 m^3/MPa$)	367.802	344.918	366.933

(3)裂缝应力敏感的影响主要表现为气井所需生产压差明显增大。

裂缝应力敏感性导致气井生产压差的增加幅度非常大，等产量预测时稳产期末所需生产压差比不考虑应力敏感性时高出261.1%；而等稳产期预测时稳产期末生产压差也要高出249.3%。由此看见，裂缝应力敏感性导致气井所需生产压差大幅增加，这主要是因为裂缝是沟通地层与井筒的通道，裂缝渗透率下降导致气体流向井筒的阻力大幅增加，若要保持一定的稳产量，则需降低井底流压，放大生产压差。

由此可见，裂缝渗透率应力敏感性对低渗透气藏气井的生产动态具有独自的影响特征，在实际的低渗透气藏开发方案制订中必须充分考虑裂缝应力敏感性的影响特点来制订开发政策。

4 结论

（1）建立了考虑应力敏感性的异常高压、低渗透气藏的双重介质单井数值计算模型，并编制了考虑应力敏感性的双重介质单井数值模拟软件。

（2）模拟计算表明，裂缝应力敏感性对气井产能具有一定影响，并导致气井所需生产压差明显增大，但对气井的稳产能力影响较小。

（3）异常高压气藏由于原始地层压力高，有效应力变化范围大，且有效应力变化的下限值低，其导致储层岩石具有更强的应力敏感性，因此，在进行异常高压、低渗透、特低渗透气藏压裂气井的生产动态预测时应充分考虑应力敏感性的影响，以使编制的开发方案能更加准确地指导该类气藏的开发。

参 考 文 献

[1] 史蒂文 W. 波士顿，罗伯特 R. 伯格，等. 异常高压气藏 [M]. 北京：石油工业出版社，2003.

[2] 张居增. 气藏非线性渗流数值模拟技术研究 [D]. 成都：西南石油大学硕士，2004.4.

[3] 张烈辉，向祖平，冯国庆. 低渗透气藏考虑启动压力梯度的单井数值模拟 [J]. 天然气工业，2008，28（1）：108-109.

[4] 同登科，陈钦雷，等. 非线性渗流力学 [M]. 北京：石油工业出版社，2003.

[5] 孔祥言. 高等渗流力学 [M]. 北京：中国科学技术大学出版社，1999.

[6] 施英，李勇，姚军. 天然裂缝性油藏双孔双渗数学模型的求解与应用 [J]. 内蒙古石油化工，2008，（2）：69-72.

[7] 李允. 油藏模拟 [M]. 山东：石油大学出版社，1999.

[8] 张烈辉. 实用油藏模拟技术 [M]. 北京：石油工业出版社，2004.

[9] 廖新维，沈平平. 现代试井分析 [M]. 北京：石油工业出版社，2002.

[10] R. R. Jackson, R. Banerjee. Advances in Multilayer Reservoir Testing and Analysis using Numerical Well Testing and Reservoir Simulation [J]. SPE62917.

[11] Kikani J, Pedrosa Jr. Perturbation Analysis of Stress-sensitive Reservoirs [J]. SPE Form. Eval, 1991, 6（3）：379-386.

受相分离影响的低渗透有水气藏试井解释方法

李成勇[1,2]　伊向艺[2]　邓元洲[3]　龚　伟[4]　张锦良[5]

(1. 成都理工大学"地质资源与地质工程"博士后工作站；2. 成都理工大学能源学院；
3. 川庆钻探工程公司钻采工程技术研究院；4. 西南油气田公司重庆气矿；
5. 川庆钻探工程公司地质勘探开发研究院)

摘要： 部分低渗透气藏在关井过程中产生凝析水，由于气体上升、液体下沉，导致压力恢复曲线异常；受启动压力梯度影响，低渗透气藏不易出现径向流动段，导致低渗透有水气藏试井资料的解释较困难。为此，从渗流基本理论出发，采用拉普拉斯变换等数学手段建立低渗透有水气藏渗流数学模型，获得其在拉普拉斯空间中的无因次压力响应。通过计算得到了无因次压力和压力导数双对数理论图版，分析了低渗透有水气藏渗流特征及其影响因素。此研究成果对低渗透有水气藏试井资料的正确解释有一定的指导作用。

关键词： 相分离；低渗透；试井解释；有水气藏

对于低渗透凝析气井、产水气井、油气两相流井等，当关井测试压力恢复时，由于气体上升、液体下沉，在井底往往存在积液，从而导致压力恢复曲线出现异常[1-2]。对于这种井筒存在积液井进行压力恢复试井测试资料分析时，可用相重新分布模型解释。目前相分离模型的研究热点主要集中在中—高渗透油气藏[3]，而对应低—特低渗透有水气藏的研究较少，本文的研究对低渗透有水气藏的开发具有一定的指导作用。

1　井筒相分离数学模型

Fair 等研究井筒相分离问题时认为井筒相分离问题就是变井筒储集效应[4]，可以通过相分离函数来修正井底压力，并提出了一个描述压力不稳定试井过程时，井筒中相分离所产生附加压力的关系式（指数函数形式）：

$$\psi_{\phi D} = C_{\phi D}(1 - e^{-t_D/\alpha_D}) \tag{1}$$

其中：

$$\psi_{\phi D} = \frac{Khp_\phi}{1.466 \times 10^{-2} q_{sc} T} \tag{2}$$

$$C_{\phi D} = \frac{KhC_\phi}{1.466 \times 10^{-2} q_{sc} T} \tag{3}$$

$$t_D = \frac{3.6Kt}{\phi \mu C_t r_w^2} \tag{4}$$

$$\alpha_D = \frac{3.6K\alpha}{\phi \mu C_t r_w^2} \tag{5}$$

Hegemen 等修正了指数式模型,认为采用误差函数描述较为适合[5],即

$$\psi_{\phi D} = C_{\phi D} \text{erf}(t_D \alpha_D) \quad (6)$$

式中 erf(x)——误差函数。

在目前的研究理论中,Fair 提出的指数函数关系式和 Hegeman 提出的误差函数关系式在实验室研究资料和现场实测资料比较吻合,采用 Fair 提出的指数函数关系式和 Hegeman 提出的误差函数关系式较为常见[6]。

2 考虑井筒相分离影响的低渗透有水气藏渗流数学模型建立及求解

当气体渗流存在启动压力梯度影响时,由质量守恒定律、状态方程、运动方程等可推导出考虑相分离影响的低渗透均质气藏不稳定试井解释模型:

$$\begin{cases} \dfrac{\partial \psi_D^2}{\partial r_D^2} + \dfrac{1}{r_D}\dfrac{\partial \psi_D}{\partial r_D} + \dfrac{1}{r_D}\lambda_{\psi BD} = \dfrac{\partial \psi_D}{\partial t_D} \\ \psi_D(r_D, t_D = 0) = 0 \\ C_D\left(\dfrac{d\psi_{WD}}{dt_D} - \dfrac{d\psi_{\phi D}}{dt_D}\right) - \left.\dfrac{\partial \psi_D}{\partial r_D}\right|_{r_D=1} = 1 + \lambda_{\psi BD} \\ \psi_{WD} = \left.\left(\psi_D - S\dfrac{\partial \psi_D}{\partial r_D}\right)\right|_{r_D=1} \\ \left.\dfrac{\partial \psi_D}{\partial r_D}\right|_{r_D = r_{De}} = 0 \\ \psi_{\phi D} = C_{\phi D}(1 - e^{-t_D/\alpha_D}) \quad \text{Fair 模型} \\ \psi_{\phi D} = C_{\phi D}\text{erf}(t_D/\alpha_D) \quad \text{Hegeman 模型} \end{cases} \quad (7)$$

式中 ψ_D、ψ_{WD}——无因次拟压力、井底无因次拟压力,$\psi_D = \dfrac{Kh}{0.01273Tq_g}\Delta\psi$;

$\psi(p)$——拟压力,MPa^2/mPa·s,$\psi(p) = \int_{p_0}^{p}\dfrac{2p}{\mu_g Z_g}dp$;

t_D——无因次时间,$t_D = \dfrac{3.6Kt}{\phi\mu C_t r_w^2}$;

r_D——无因次距离,$r_D = \dfrac{r}{r_w}$;

r_{De}——无因次流动边界距离,$r_{De} = \dfrac{r_e}{r_w}$;

R_D——无因次外边界距离,$R_D = \dfrac{R}{r_w}$;

C_D——无因次井筒储存常数,$C_D = \dfrac{0.159C}{\phi h C_t r_w^2}$;

λ_{BD}——无因次启动拟压力梯度,$\lambda_{BD} = \dfrac{Khr_w}{0.01273Tq_g}\lambda_B$。

井筒中存在相分离的低渗透气藏试井解释模型在拉普拉斯空间的解析解为

$$\bar{\psi}_{wD} = nK_0(\sqrt{s}) + \frac{\pi}{2}\frac{\lambda_{\psi BD}}{s\sqrt{s}}I_0(\sqrt{s}) \quad (8)$$

其中：
$$n = \frac{1 + \lambda_{\psi BD} + C_D s^2 \bar{\psi}_{\phi D} - \frac{\pi}{2}\lambda_{\psi BD}\left[C_D\sqrt{s}I_0(\sqrt{s}) + (SC_D s + 1)I_1(\sqrt{s})\right]}{s\left[C_D sK_0(\sqrt{s}) + SC_D s\sqrt{s}K_1(\sqrt{s}) + \sqrt{s}K_1(\sqrt{s})\right]} \quad (9)$$

$$\bar{\psi}_{\phi D} = \frac{C_{\phi D}}{s} - \frac{C_{\phi D}}{s + 1/\alpha_D} \quad (10)$$

3 井底压力动态响应影响因素分析

通过Stephes数值反演方法可以将拉普拉斯空间解转化为实空间的数值解。取$C_D e^{2S}$、$C_{\phi D}$、α_D为曲线参数，以ψ_{wD}及其导数ψ'_{wD}的对数为纵坐标、t_D/C_D的对数为横坐标作井筒存在积液的试井解释模型的特征曲线（图1）。

从图1可看出，该试井模型的无因次压力及其导数的特征曲线由两部分构成：

（1）在第Ⅰ段，无因次压力及其导数开始时重合为一条直线段，其斜率为1.0，然后无因次压力曲线出现一驼峰，而无因次压力导数曲线出现负值，表现出变井筒存储效应作用的效果，这种驼峰现象会随着$C_{\phi D}$和α_D的减小而逐渐消失；

（2）在第Ⅱ段，压力及导数曲线均向上翘，曲线的表现特征类似于达西线性渗流情形下的断层边界的反映或地层物性变差的情形。

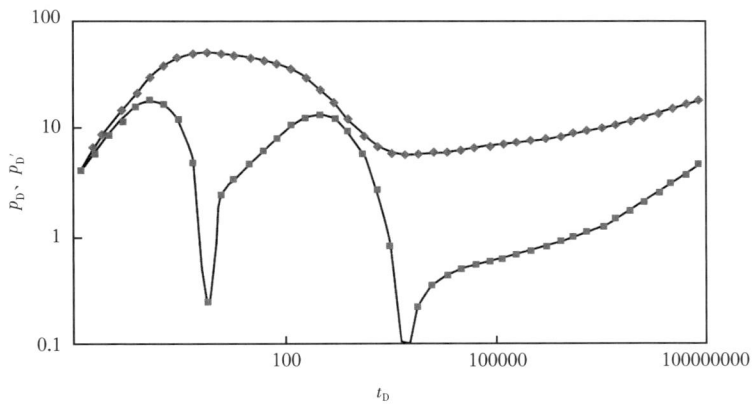

图1 受井筒流体相分离影响的试井分析典型曲线

图2描述是$C_{\phi D}$对试井解释无因次压力及无因次压力导数特征曲线的影响。从图2可以看出，随着$C_{\phi D}$的增大无因次压力曲线出现驼峰现象越严重且驼峰越高；而无因次压力导数出现负值的时间越长，反映地层径向流动的时间越晚。

图3是不同α_D下试井解释无因次压力及无因次压力导数特征曲线。从图3可以看出，随着α_D的增大，无因次压力导数曲线的"凹子"深度和宽度就越小，"凹子"出现的时间就越晚，驼峰现象越不明显。

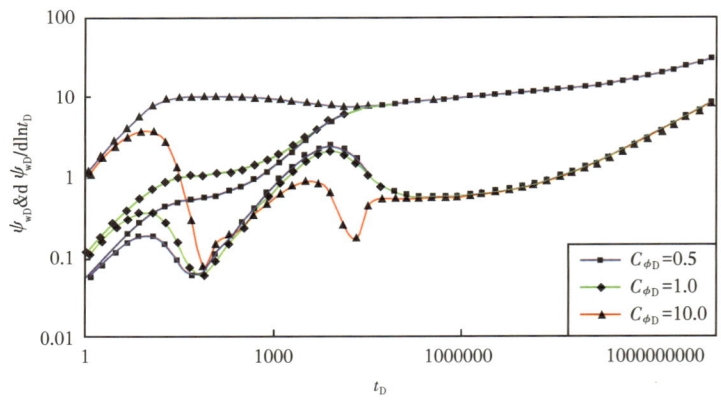

图 2 不同 $C_{\phi D}$ 下试井分析特征曲线

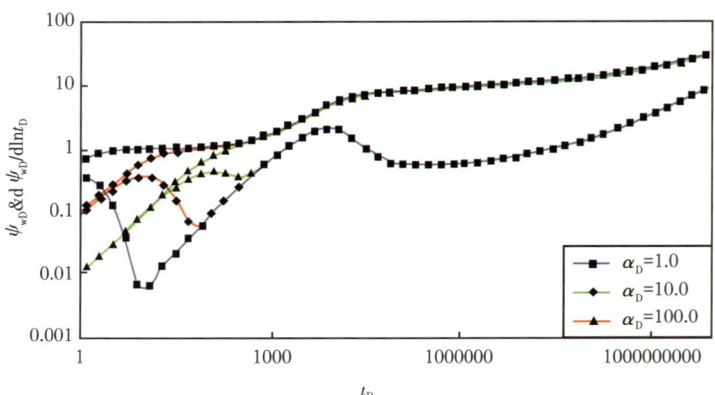

图 3 不同 α_D 下试井分析特征曲线

4 应用实例

D6 井于 2007 年 6 月 3 日开钻，同年 6 月 22 日完钻，完钻井深为 2894.0m，完钻层位为石炭系太原组。于 2007 年 8 月 1 日进行 D6 井太 2 气层射孔—测试联作施工，放喷求产测得日产气 855m³，起管柱回收水 2.109m³，扣除液垫 0.92m³，地层出水 1.189m³，分析用基本数据见表 1。

表 1 D6 井 DST 测试资料解释基本数据

参 数	数 值	参 数	数 值
井筒半径（m）	0.108	气体黏度（mPa·s）	0.019
产层厚度（m）	6	气的体积系数	0.002
有效厚度（m）	6	气体压缩系数（MPa⁻¹）	3.13×10⁻²
孔隙度（%）	7	水的黏度（mPa·s）	0.2966
含气饱和度（%）	70	水的体积系数	1.03
平均气产量（m³/d）	53865	水的压缩系数（MPa⁻¹）	4.33×10⁻⁴
地层温度（℃）	86.55	岩石压缩系数（MPa⁻¹）	6.7787×10⁻⁴
地层压力（MPa）	25.0	综合压缩系数（MPa⁻¹）	4.0×10⁻²
偏差系数	0.917	气体相对密度	0.59

从图 4 双对数检验图可看出，早期压力和压力导数曲线分离，未成斜率为 1 的直线段，满足相分离的特点；后期压力导数曲线后期上翘，结合该井岩心驱替试验结果，采用相分离+启动压力梯度气藏模型进行分析（表 2、图 4、图 5）。

表 2 D6 井 DST 测试资料解释结果表

参数	解释结果	单位
井筒储存系数 C_s	0.004	m^3/MPa
表皮系数	35	
启动压力梯度	$2×10^{-5}$	MPa/m
气有效渗透率 K_g	0.018	mD
外推地层压力 p_i	25.5	MPa/2600m

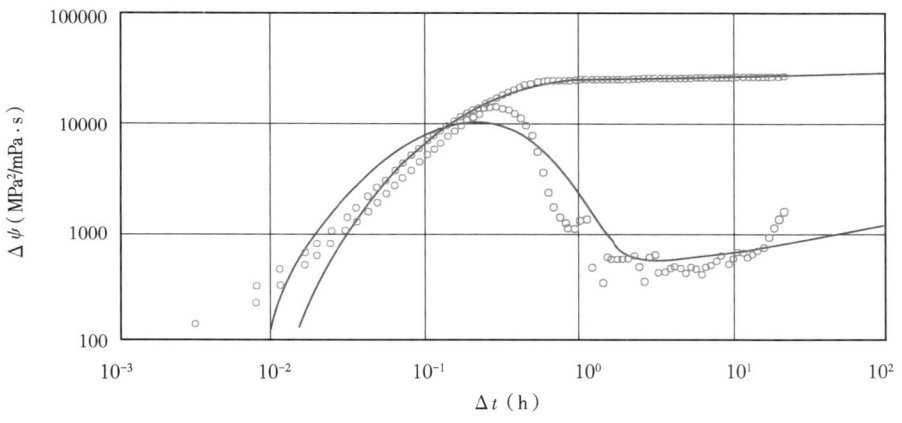

图 4 D6 井 DST 测试压力和压力导数双对数检验图

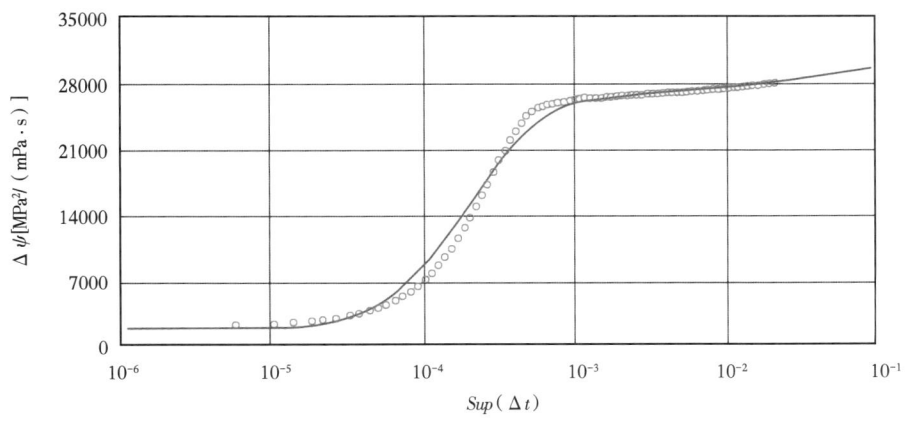

图 5 D6 井 DST 测试半对数检验图

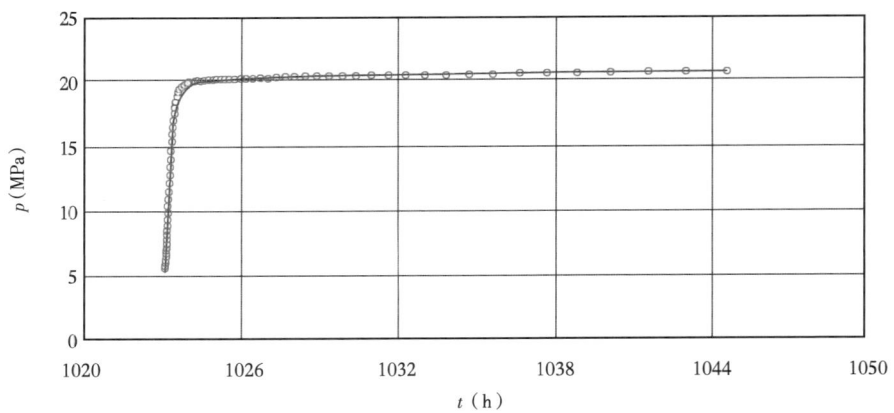

图 6 D6 井 DST 测试压力历史检验图

5 结论及建议

（1）建立并求解了考虑相分离效应和启动压力梯度影响的低渗透气藏不稳定试井解释数学模型，通过分井底压力动态相应的影响因素分析认为：在边界反映之前，压力导数曲线上翘是启动压力梯度影响井底压力动态的主要反映。

（2）研究了受井筒流体相分离影响的试井资料解释模型，试井资料早期阶段的压力驼峰和负压力导数是相分离现象的诊断标志。

参 考 文 献

[1] 胡勇，钟兵，杨雅和，等．气水井试井分析新方法［J］．天然气勘探与开发，2000（3）：3-8．
[2] 杨勤涛，成绥民，成珍，等．气水两相流试井解释理论模型与图版研究［J］．油气井测试，2007（3）：9-11+15+79．
[3] 戴强，段永刚，陈伟，等．低渗透气藏渗流研究现状［J］．特种油气藏，2007，14（1）：11-14．
[4] 依呷，唐海，吕栋梁．低渗气藏启动压力梯度研究与分析［J］．海洋石油，2006（3）：53-56．
[5] 崔迪生，徐建平，赵平起，等．拉普拉斯变换与试井分析［M］．北京：石油工业出版社，2002．
[6] 郭永存，卢德唐，曾清红，等．有启动压力梯度渗流的数学模型［J］．中国科学技术大学学报，2005（4）：56-62．

水平井技术在松辽盆地深层致密气中的应用

宵 波[1]　何东博[1]　郭建林[1]　魏铁军[1]　李忠诚[2]

（1. 中国石油勘探开发研究院；2. 吉林油田勘探开发研究院）

摘要：致密气是主要的非常规天然气之一，是目前开发规模最大的非常规气。松辽盆地长岭气田登娄库组气藏作为深层致密气的典型代表，其有效开发能够极大地带动整个深层致密气的勘探开发进程。该气藏为三角洲平原沉积，以长石岩屑砂岩为主；储集空间主要为粒间溶孔。登娄库组从上到下细分为 D_1—D_8 共 8 个砂层组，其中 D_3、D_4 砂层组为主力层位。该区有效储层砂体厚度较大，但储量分布较集中，主力层相对明显，横向分布稳定。岩心分析孔隙度平均值为 5.2%、渗透率平均值为 0.17mD。本文从地质特征入手，阐述了开发中面临的单井低产、动态控制储量低的难题，分析其产生的原因，通过压裂后直井、未压裂水平井与多段压裂水平井的对比研究，确定了水平井多段压裂的主体开发思路，在生产应用中采纳此思路，取得了很好的应用效果。

关键词：致密气；分层压裂；阻流带；水平井；多段压裂

松辽盆地深层碎屑岩天然气具有分布面积广、储层厚度较大等优势，开发前景好。长岭气田登娄库组气藏是松辽盆地深层碎屑岩天然气的典型代表，经过几年来的开发试验与开发技术研究，对气藏的地质特征、产能特征、气田整体开发规模，以及小井眼、简化地面工艺等降低开发成本的技术方面都有了比较深入的认识。但在气田开发过程中，由于致密气藏低孔、低渗和非均质性强等地质特点，导致单井井口产量和储量动用程度低，成为阻碍气田经济有效开发的瓶颈。针对这些开发难题，在该区积极开展了直井分层压裂与水平井多段压裂等开发试验，同时，结合地质特征、运用气藏工程和数值模拟等手段对水平井进行了优化，现场实验取得了较大的突破，为气藏有效开发提供了技术手段。

1 气藏基本地质特征

1.1 构造及断层特征

气藏主体构造为一个断鼻构造，顶部宽缓，西翼较陡，呈近南北向展布。气藏顶、底构造特征继承性较强，主体构造长轴方向为近南北走向。登娄库组底面构造图与顶面构造图极具相似性，可以看出长岭断陷长期继承性发育且受控陷同生断层控制，后期构造运动对断陷破坏作用不强，断陷保存较好。

西南部和北部为两个构造低部位，呈近南北向展布，在构造低部位发育少量小断层，以北北西向和近南北向的正断层为主；东部被南北向的正断层分隔，南部被近东西向断距较大的正断层切割。从气田现有资料来看，气田范围内断层对构造主体气藏含气特征控制

基金项目：国家重大专项"天然气开发关键技术"（2011ZX05015-001）部分研究成果。

作用不明显。

1.2 地层特征

登娄库组为一套河流三角洲相砂泥互层沉积,埋藏深度3400~3900m。受沉积演化控制,对应于3套砂泥组合,垂向上砂地比呈旋回特征(图1)。根据隔(夹)层和沉积旋回特征划分为8个砂层组。受古地貌控制,D_1—D_4地层分布较为稳定,构造高部位缺失D_5以下地层,D_6—D_8由构造翼部向上超覆沉积。各砂层组砂地比平均值为46%,D_3、D_4砂层组砂地比较高,为50%左右,反映砂体具有一定连片分布的特征,为气藏开发主力砂层组;D_5砂层组砂地比最低,为31%[1,2]。

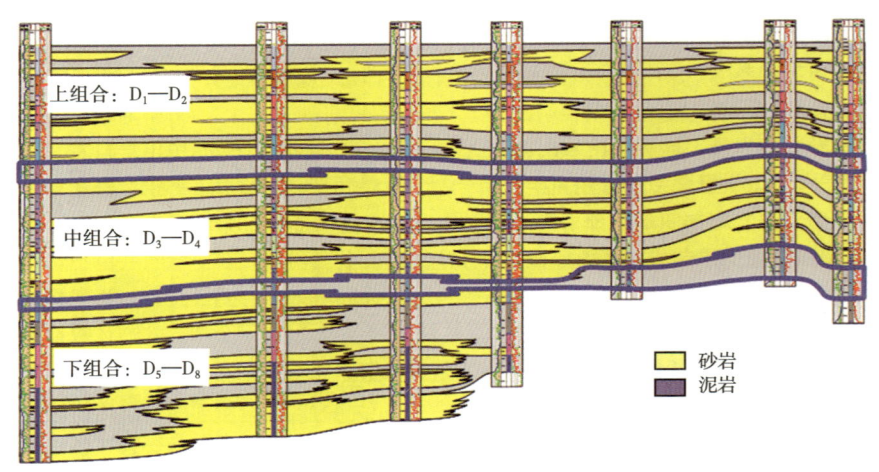

图1 长岭气田登娄库组结构图

1.3 沉积相特征

登娄库组沉积时期为盆地的断坳转换期,盆地水体变浅,大部分地区由深湖相、半深湖相演化为滨浅湖相,广泛发育浅水湖泊背景下的三角洲砂体,以粉细砂岩为主,形成满盆砂沉积格局。

地层厚度160~500m。长岭气田登娄库组为三角洲平原沉积,以广泛发育的分支河道为主,多期河道叠置形成大面积连片分布的砂岩沉积[3,4]。D_3、D_4砂层组为登娄库组沉积时期分支河道最为发育的时期,河道改道横向叠置后可形成大面积连片发育的复合河道带,形成较为连续的砂体沉积。复合河道带由多个小河道叠置组成,单个河道规模较小,宽度约几百米。

1.4 储层与流体特征

长岭气田登娄库组岩石类型主要为中细粒长石岩屑砂岩。石英为单晶石英,燧石含量较少,石英颗粒表面干净、明亮,石英次生加大较为普遍。长石主要为斜长石和钾长石,以斜长石为主。区内岩屑含量较高,组分主要是火成岩岩屑和变质岩岩屑。薄片分析表明,储集空间以次生孔隙为主,裂缝不发育,属于孔隙型储层。其中,孔隙类型主要为残余粒间孔、粒间溶孔、粒内溶孔和胶结物溶孔等。统计表明,登娄库组储层以粒间溶孔为主,其次为粒内溶孔和残余粒间孔[3-5]。岩心分析孔隙度一般为2.0%~7.0%,平均值为

5.2%；岩心分析渗透率在 0.01~0.3mD，平均值为 0.17mD，整体上属于典型的致密砂岩储层[5-8]。

根据天然气样品分析化验结果可见，气田大多数井天然气甲烷含量高，甲烷含量 90%以上，微含氮气和 CO_2，C_4 以上含量小于 1%，天然气相对密度 0.6，属典型的干气气藏[9]。

1.5 气藏特征

气藏类型对开发方式和井网井型的选择起着重要作用。根据该区深层区域勘探成果，登娄库组天然气藏受中部凸起带岩性和构造双重控制，气藏类型致密砂岩弹性气驱构造—岩性复合圈闭干气气藏。研究区内所有井均见到较好的气测显示，各产气层均有水产出，但无纯水层。从单井试气结果与物性和构造部位对应关系看，气井产能受储层物性好坏和构造部位的双重影响，综合地质录井、测井解释成果及试气试采成果，认为该区登娄库组天然气分布受岩性和构造双重控制，气藏类型为构造控制下的岩性气藏，边底水不发育。经压力系统分析认为，该区不同层段同属一个压力系统。

2 开发中面临的难题

与我国目前已开发的致密气藏相比，该区块储量丰度较高，主体区平均在 $4×10^8 m^3/km^2$ 以上。储层纵向厚度大，60%储量集中分布在 D_3、D_4 砂层组。但在开采初期，井口产量低，单井控制动态储量相对较小，稳产能力差等，制约了开发步伐，实现经济有效规模开发还需进一步探索开发途径和技术。

2.1 单井井口产量低

目前所有直井生产动态均表现出开井初期产量较高、压力递减快的特征，井口压力在几个月甚至几周时间就从 20MPa 以上降低到 10MPa 以下，当配产降到 $3×10^4 m^3/d$ 以下时压力降低速度减缓。运用无阻流量法、生产数据折算法和采气指示曲线法等多种方法进行合理配产，结果表明，该区块经过多层压裂后的直井合理配产仅在 $2×10^4 m^3/d$ 左右，稳产时间短，生产不到一年就进入间歇开井阶段。

2.2 单井控制动态储量低

根据气田资料情况及气田特点，分别运用压降法、不稳定产量法、数值模拟方法和产量递减法等方法对气井单井控制动态储量进行了计算。计算结果表明大部分直井单井控制动态储量在（2000~4000）$×10^4 m^3$ 之间，按该区块平均 $4×10^8 m^3/km^2$ 左右的储量丰度，直井单井控制面积平均在 0.1 km^2 以内，一定程度上反映了开发时对储量的动用程度不够高。如果采用直井开发，要完全动用储量，需要大量的小井距直井来开发，开发成本极高。

2.3 原因分析

通过试井分析求取地层参数，并了解了压裂改造效果和边界情况，认识到了造成该区直井产能低、单井动态储量低的原因。

该区块的压裂改造起到了一定效果，不通过压裂的直井根本达不到工业气流，近似于干井。试井分析表明，多数井压后均呈现出有限导流垂直裂缝的渗流特征（图 2）；但解释的有效裂缝半长仅为几十米，改造区域非常有限。解释渗透率大多在 0.03~0.05mD，实测压力恢复程度低（图3），反映出储层物性极差、非均质性强的特点。大部分井周围存在边界反应（图2），甚至存在矩形边界，造成单井控制的有效供气范围小、单井动态储量小、供气不足，导致气井稳产能力差，为典型的致密气藏[10-13]。

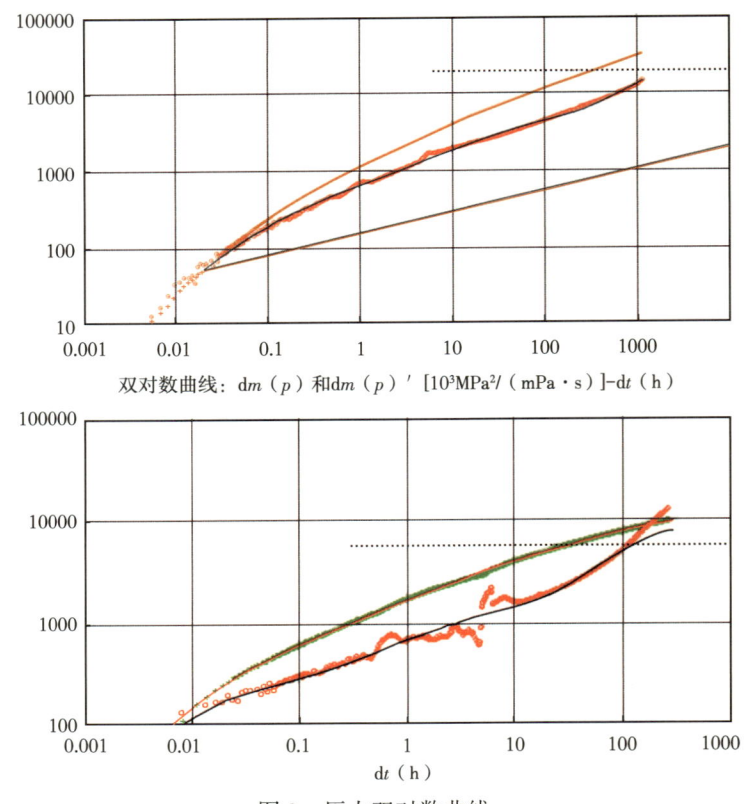

图 2　压力双对数曲线

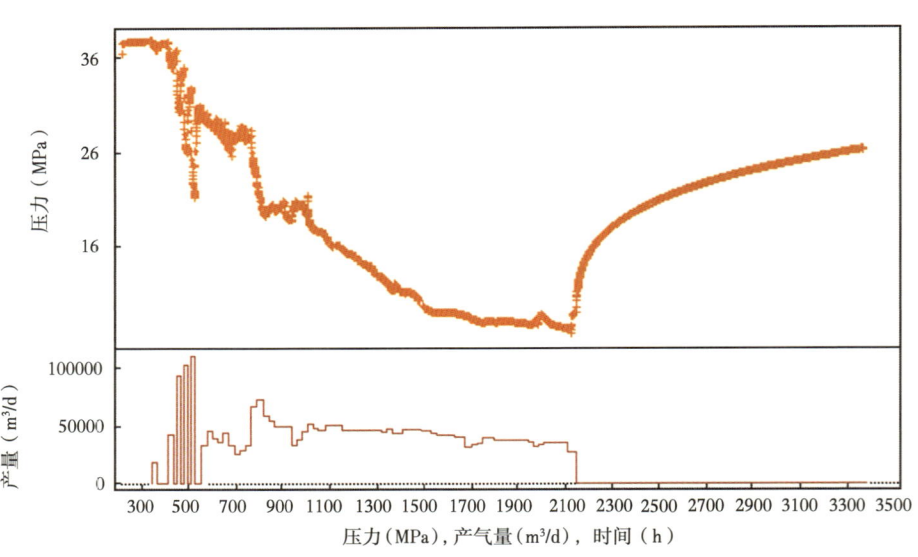

图 3　压力历史曲线

3 主体开发技术优选

气藏开发经历了一个探索过程,从直井开发到水平井开发,直井从单层压裂到多层压裂,水平井从不压裂到体积压裂,随着地质认识的深入和工艺技术的进步,最终确定了主体开发技术。

3.1 直井合层压裂和分层压裂开发效果对比

在开发初期,运用直井大规模合层压裂,希望通过大型压裂能够同时动用纵向上多层。从多口井的生产情况来看,井口产量均不理想。于是,选取井实施了两层分压,将 D_3、D_4 砂层组分开压裂。下面就合层压裂和分层压裂效果进行对比。

选取均处于构造高部位、井口距离不到 600m 的两口直井进行对比。登娄库组 A、B 两口井解释的 I+II 类气层厚度均在 40m 左右,储层厚度相近,具有相似的地质条件。A 井射孔厚度共计 9.2m,合层压裂。B 井射孔厚度共计 12m,分两层压裂。

根据试采生产数据,求得 A、B 两井无阻流量和单井控制动态储量(图 4 和图 5),并将结果成图进行对比[14-16]。从结果来看,分层压裂对井口产量和单井控制动态储量有一定程度的提高,但提高幅度较小,实现经济高效开发仍有难度,还需探寻更有效的开发途径。

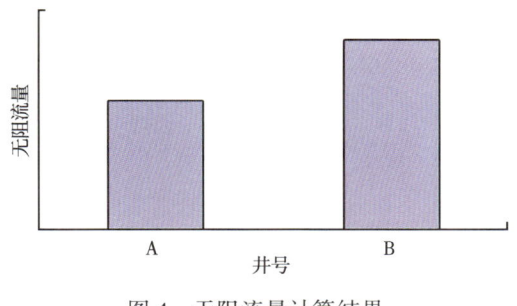
图 4 无阻流量计算结果

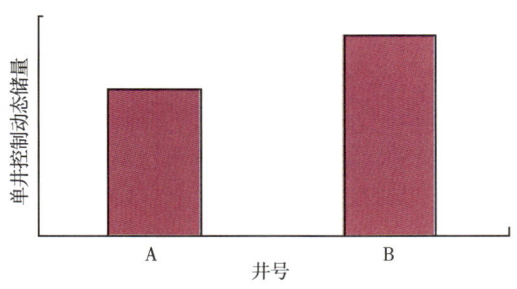
图 5 单井控制动态储量计算结果

3.2 水平井开发效果评价

3.2.1 水平井开发的适应条件

水平井可以较大地提高单井泄气面积,从而提高井口产量和储量动用程度,广泛应用于致密气藏的开发。长岭登娄库组气藏运用水平井开发具备以下适应条件[17-20]:

(1)有效砂体纵向和平面分布连续稳定。

纵向上,分流河道带形成的复合砂体分布稳定,呈砂泥岩互层结构,D_3、D_4 砂体连通性好,向上至 D_1 砂层组连通性变差。平面上,砂岩呈大面积连片分布,横向厚度分布较为稳定,整体呈南西—北东向展布。稳定的砂体分布,可以使水平井具有较高的储层钻遇率。

(2)主力层相对集中。

储层横向分布层位稳定,集中分布在 D_3—D_4 砂层组,I 类、II 类储层厚 10~25m,主力层段特征明显。D_1—D_2 砂层组仅有少量气层,以干层和差气层为主(图 6)。

(3)水平井可以钻穿阻流带,沟通多个有效砂体。

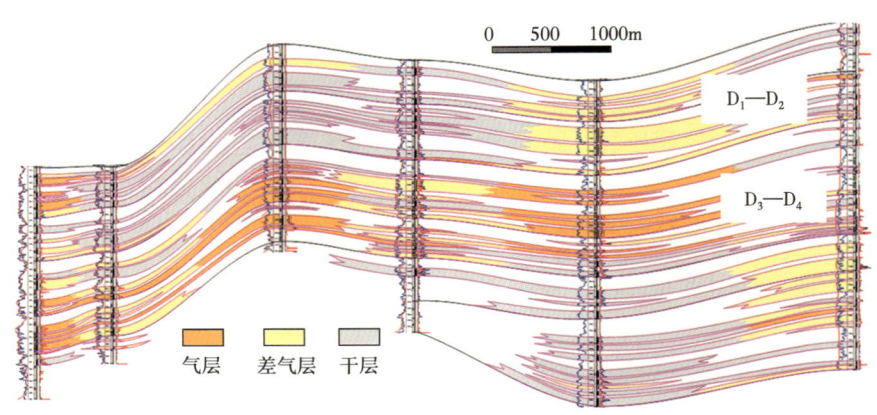

图 6　X 气田登娄库组气藏连井剖面图

复合砂体具有较好的分布稳定性，但内部多期河道的切割叠置导致一定的层内非均质性。砂体切割叠置可形成较大连通体，但砂体间不同的切割方式影响连通性，造成阻流带的存在，这在前面的试井曲线中也得到了映证。而水平井较长的水平段，能很好地沟通具有阻流带的不同连通模式的砂体。

3.2.2　未压裂水平井和多段压裂水平井开发效果对比

在直井效果普遍不好的情形下，开展了水平井开发试验。试验井 C 井和 D 井均为水平井，C 井为双分支水平井，水平段长度分别为 600m 和 300m，裸眼完井，未进行压裂改造，直接生产。试验井 D 井水平段 837m，采用 10 段加砂压裂，开井生产时间 400 余天，累计产气量已达到 $4500 \times 10^4 m^3$ 以上，平均产量在 $(8 \sim 10) \times 10^4 m^3/d$（图 7），表现出了一定的稳产能力，单井产量为直井的 5 倍以上。

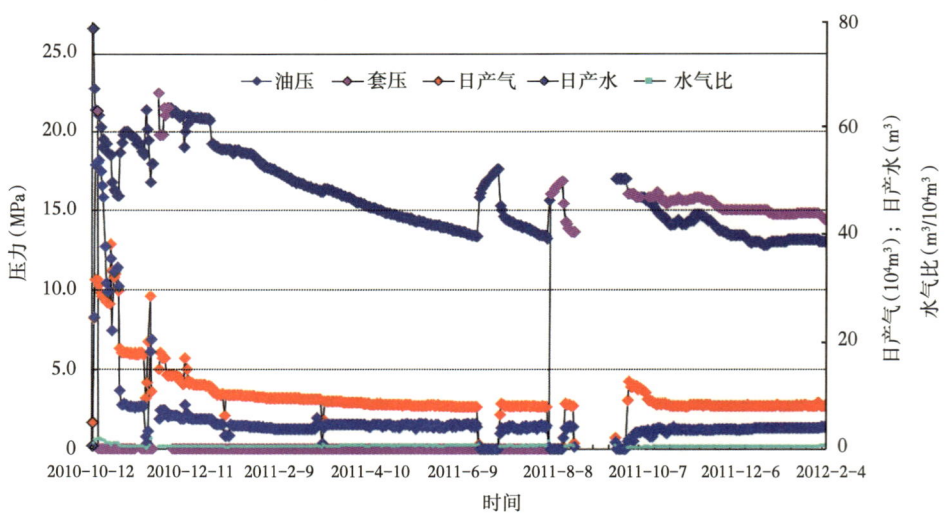

图 7　C 井采气曲线

根据试采生产数据，求得 C 井和 D 井的单井控制动态储量和无阻流量，并成图进行对比（图 8、图 9）。

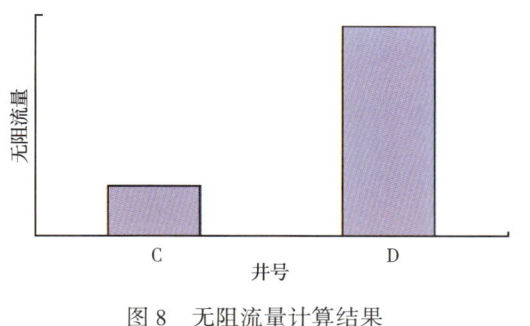
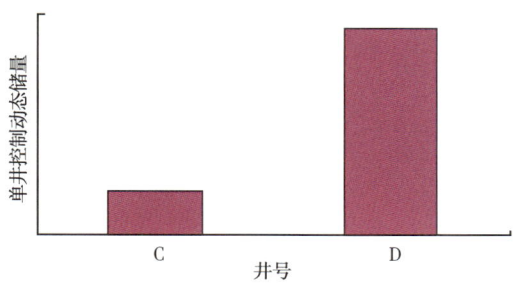

图8 无阻流量计算结果　　　　　　　图9 单井控制动态储量计算结果

从结果来看，未压裂的水平井的生产情况比经过压裂改造的直井差，致密气藏必须通过压裂改造才能达到理想的产能。通过10段压裂的D井井口产量和单井控制储量大幅提高，达到了较理想的效果。

4 结论

对于储层厚度较大的气藏，为了充分动用每一小层，在开发时很容易认为直井井型优于水平井，对于储层物性较好的气藏这一想法是可行的。但是对于致密气藏，由于直井的泄流半径非常有限，即使采取了分层改造等增产措施，依然很难达到理想的井口产量，要想实现经济有效开发，仍需探索提高井口产量和单井控制储量的有效途径。

针对X气田登娄库组气藏储层自身地质特点，开展了直井压裂、水平井不压裂与水平井多段压裂的对比研究。研究结果表明，充分利用水平井井型的自身优势，设计适宜长度的水平井段可以有效沟通多个砂体，通过大规模多级压裂，在水平井周围进行整体改造，能够极大地增加气井的泄气面积，充分动用致密储层，从而大幅提高单井井口产量和控制储量，为X气田的规模经济开发提供了有效途径，也对具有和登娄库组气藏具有相似地质条件的其他致密气藏的开发提供了宝贵经验。

参 考 文 献

[1] 单衍胜，张金川，康保平，等．长岭1号气田登娄库组储层特征与分类评价［J］．大庆石油地质与开发，2012，31（2）：26-31．

[2] 王荣华，黄福堂，姜洪启．松辽盆地陆相砂岩储集层特征［J］．大庆石油地质与开发，1998，17（5）：8-12．

[3] 陈亚琳，张春生，陈孟哲，等．长岭气田登娄库组沉积微相研究［J］．重庆科技学院学报（自然科学版），2008，10（6）：4-13．

[4] 魏铁军，阮宝涛，郭建林，等．长岭气田登娄库组沉积相研究［J］．特种油气藏，2009，16（2）：21-22．

[5] 李海华，张彦霞，王保华，等．长岭断陷层碎屑岩成岩作用与次生孔隙［J］．大庆石油地质与开发，2010，29（5）：29-34．

[6] 艾宁，张春生，唐勇，等．长岭1号气田登娄库组储层成岩作用及储集空间类型［J］．新疆石油天然气，2008，4（2）：34-42．

[7] 魏铁军，郭建林，闫海军，等．长岭气田登娄库组成岩作用特征及次生孔隙发育研究［J］．内蒙古石油化工，2008，21：127-130．

[8] 陆振林，王果寿，王筠，等．松南地区登娄库组砂岩成岩作用与孔隙演化［J］．江汉石油学院学报，

1996, 18 (1): 14-18.
[9] 侯启军, 邵明礼, 李晶秋, 等. 松辽盆地南部深层天然气分布规律 [J]. 大庆石油地质与开发, 2009, 28 (3): 1-5.
[10] 李彦尊, 程时清, 袁玉金, 等. 考虑气体滑脱效应的低渗透气藏试井典型曲线 [J]. 大庆石油地质与开发, 2010, 29 (5): 29-34.
[11] 程时清, 徐论勋. 低速非达西渗流试井典型曲线拟合法 [J]. 石油勘探与开发, 1996, 23 (4): 50-53.
[12] Wan J, Aziz K. Semi-Analytical Well Model of Horizontal Wells with Multiple Hydraulic Fractures [J]. SPE 81190, 2002.
[13] Giger F M, Horwell. Low permeability reservoirs development using horizontal wells [J]. SPE 16406, 1987.
[14] 洪舒娜, 王勤, 李闽, 等. 确定低渗致密气藏气井无阻流量的方法 [J]. 大庆石油地质与开发, 2010, 29 (2): 79-81.
[15] 汪永利. 气井压裂后稳态产能的计算 [J]. 石油学报, 2003, 24 (4): 65-68.
[16] 陈元千. 确定气井绝对无阻流量的简单方法 [J]. 天然气工业, 1987, 7 (1): 59-63.
[17] 杨洪志, 陈友莲, 徐伟, 等. 气藏水平井开发适应条件探讨 [J]. 天然气工业, 2005, 25 (增刊1): 95-99.
[18] Ouyang L B. General well-bore flow mode for horizontal Vertical and slanted well completions [J]. SPE 36608, 1996.
[19] Wan J. Well Models of Hydraulically Fractured Horizontal wells [D]. Stanford University, 1996.
[20] 安永生, 柳文莉, 等. 分支水平井与压裂水平井参数优化对比研究 [J]. 大庆石油地质与开发, 2011, 30 (5): 92-95.

苏里格气田差异化井网加密设计方法
——以苏×井区为例

赵 昕 郭 智 甯 波 付宁海

（中国石油勘探开发研究院）

摘要：苏里格气田是中国致密砂岩气的典型代表，储层低渗致密，具有强非均质性，区块间差异显著，采用主体开发井网较难实现区块储量的整体有效动用，由于采收率低，故针对不同分类储量区分别进行加密调整。该研究优选田中部苏×区块为研究区，通过分析该区块砂体分布特征等因素分析，以储量分类指数为主要依据，将研究区储量分为5类，在同时考虑技术条件和经济条件的前提下，对该区块进行井网加密设计。

关键词：致密砂岩气；苏里格气田；有效砂体分布特征；储量分类评价；井网加密设计

低孔隙度、低渗透率、低丰度[1]，储层连续性及连通性差[2]，非均质性强，为苏里格气田的主要特征。经过十几年的科研及生产攻关，苏里格气田从储量及产量规模上，已成为中国最大的气田[3,4]。目前条件下，苏里格气田的储量动用程度很低，采收率仅为32%左右，迫切需要进行现场高效开发试验。

井网加密是致密气田高效开发的重要手段之一，加密区域部署及加密方式选择是井网加密需要解决的两个主要问题[5,6]。苏里格气田储层致密，非均质性较强，各区块之间甚至同一区块内部储层特征差异明显，因此加密区域部署的前提是对储量进行分类及筛选。由于不同类型储量构成、分布及动用程度不同，井网的加密密度不能一概而论[7]。提高加密井数能够增加累计采出程度，但逐渐增强的井间干扰会对累计采出程度产生较大的影响，因此加密方式选择的关键是针对不同的储量类型进行合理的井网密度设计。

苏×区块是苏里格中区的主力区块之一，已建成$18×10^8 m^3/a$的产能规模。2006—2009年分别在苏×井附近和三维勘探区进行变井距加密实验，加密区共59口直井，实验井井距在300～600m、排距在400～800m之间变化，成为井网加密重要的试验区。同时，苏×区块是中区产能和面积最大的区块，储层条件相对好，井数多，开发时间长，动态资料、静态资料相对完备。

1 有效砂体分布特征

1.1 有效砂体单元规模

根据地质统计结果，苏×区块有效单砂体厚度主要分布在1～5m之间，平均值为3.2m。研究区有80%的有效单砂体厚度小于4m，90%的有效单砂体厚度小于5m。根据野外露头观测、沉积物理模拟，鄂尔多斯盆地二叠系盒8段、山1段心滩、河道充填宽厚比为50～120，长宽比为1.5～4。按有效单砂体厚度1～5m计算，得有效砂体宽度100～

600m、长度300~900m。同时，苏里格气田在苏×三维勘探区、苏×加密区等区块共进行了42个井组的干扰试验，其中排距方向21组，井距方向21组，共16组见干扰（图1）。根据统计，干扰试验井距在300~800m之间，排距在500~900m之间，随着井排距增加，干扰概率逐渐降低。井距方向大于600m，试验了3组，未见干扰；排距方向大于800m，试验了5组，干扰1组，可以判断苏里格中区有效砂体主体规模小于600m×800m。

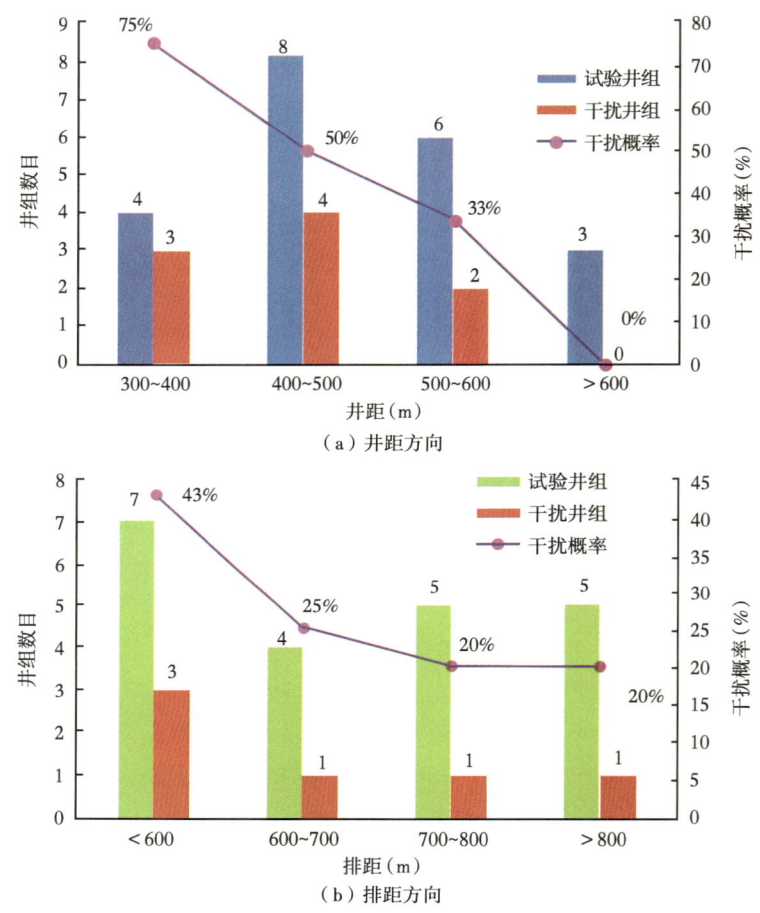

图1 苏里格气田井距方向和排距方向干扰试验统计直方图

以野外露头观测、沉积物理模拟获得的长宽比、宽厚比为依据，结合干扰试井分析，在密井网区进行精细地质解剖，明确了有效砂体的规模、叠置样式及分布频率。宽度大于400m的有效砂体仅占20%~25%，长度大于600m的仅占5%。有效单砂体宽度为200~500m，平均380m，长度为300~700m，平均560m，平均分布面积0.21km^2。发育有效砂体密度为20~30个/km^2。

1.2 有效砂体组合模式

结合地质条件和开发效果，认为区块发育5种有效砂体组合模式（图2）。一类有效砂体呈块状厚层型、多期叠置型，厚度大，连续性强，有效砂体中气层比例大于70%，物性好，含气饱和度高，是研究区开发最有利的一种有效砂体组合模式；二类有效砂体呈多期叠置，厚度较大，连续性较强，与一类有效砂体相比含气层比例有所增加，占30%~50%；三类有效砂体较分散，厚度薄，含气层比例为50%~60%；四类有效砂体更分散，含气层比例高，为60%~70%；五类有效砂体分布零星，基本不发育，有效单砂体厚度小于3m，在现有的经济技术条件下，开发潜力差。

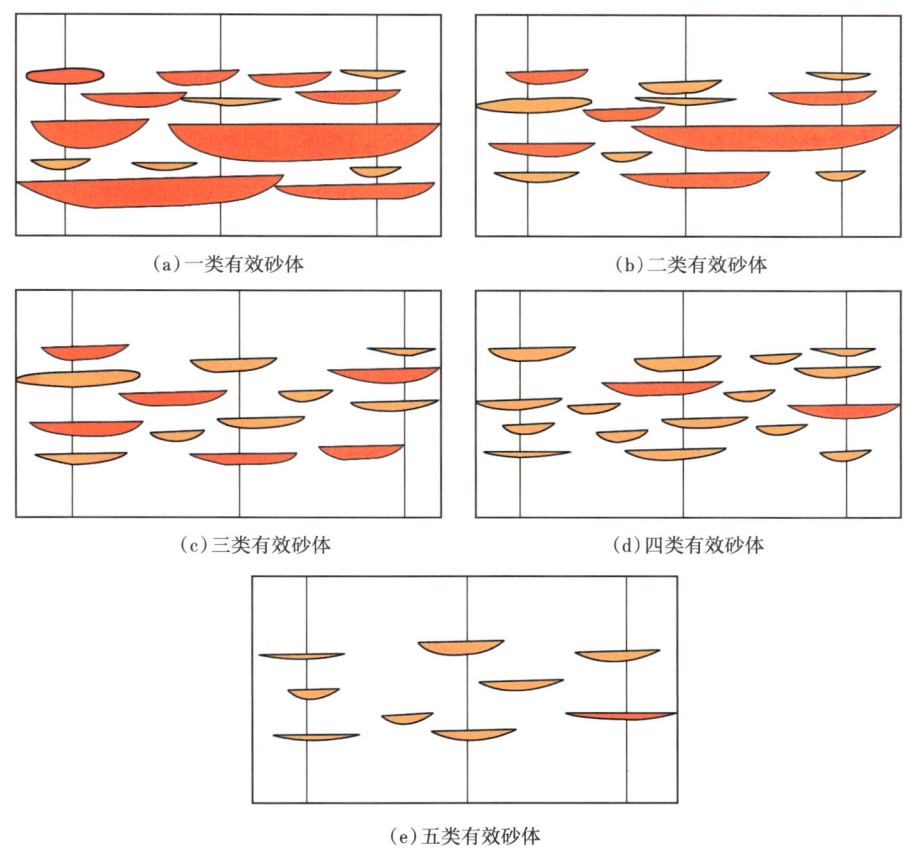

图2 有效砂体组合模式

2 储量综合分类评价

2.1 影响生产动态的地质因素

由于苏里格气田地质条件复杂、储层非均质性强，储量丰度虽然是决定气井产量的重要因素，但较高的储量丰度仍然对应一定比例的低产井，可见储量丰度绝不是唯一因素。

2.1.1 厚层发育程度

当有效厚度、储量丰度接近时，储层叠置样式不同，各井累计产气量差异较大。以苏x-12-41井和苏x-17-40井为例，苏x-12-41井储量丰度$1.61×10^8m^3/km^2$，单井累计有效厚度16.4m，发育有效单砂体4个，有效单砂体平均厚度4.1m，有效储层分布模式以块状厚层型为主，预测最终累计产量$4952×10^4m^3$。苏x-17-40井储量丰度$1.64×10^8m^3/km^2$，单井累计有效厚度16.8m，发育有效单砂体6个，有效单砂体平均厚度2.8m，有效储层分布模式以孤立薄层型为主，预测最终累计产量 $3007×10^4m^3$。两井有效厚度、储量丰度相差无几，而最终累计产量有较大差距。

有效储层为地下三维地质体，具有一定长宽比和宽厚比[8]，假设砂体为椭圆柱体，若厚砂体厚度为薄砂体的2倍，可达到薄砂体体积的8倍。同时，厚砂体井所控制的储层延伸面积为薄砂体井的4倍。

苏×区块约80%的有效单砂体厚度小于4m，因此将厚度大于4m的单砂体定为厚砂体。厚度大于4m有效单砂体（厚砂体）平均厚度5.58m，厚度小于4m有效单砂体（薄砂体）平均2.46m。厚砂体平均厚度为薄砂体的2.27倍，在同样累计厚度下，延伸面积为薄砂体的5.2倍。

2.1.2 差气层比例

差气层与气层相比，孔隙度、渗透率低，含气饱和度小，气体流动性差。区块仅发育气层井15口，平均储量丰度 $0.856×10^8m^3/km^2$，仅发育差气层井62口，从中挑选了23口井，平均储量丰度 $0.862×10^8m^3/km^2$。对比这两组井预测累计产量的差异发现，仅发育差气层井的井均预测累计产量为 $1873×10^4m^3$，而仅发育气层井的井均预测累计产量为 $2492×10^4m^3$，认识到在储量丰度及有效厚度接近时，差气层仅为气层产能的75%。

2.2 储量分类标准及评价

通过储量丰度、厚层发育程度、差气层比例等因素分析，建立了储量分类指数：

$$I = \left[a × \frac{(h_h + h_b/5.2)}{h_s} + b × \frac{(h_q + h_{hq} × 0.75)}{h_s} \right] × A_s \tag{1}$$

式中　I——储量分类指数；
　　　h_h——厚层累计厚度；
　　　h_b——薄层累计厚度；
　　　h_q——气层累计厚度；
　　　h_{hq}——含气层累计厚度；
　　　A_s——储量丰度；
　　　a、b——相关系数，通过试算得出，其和为1。

　　　$a×\frac{(h_h+h_b/5.2)}{h_s}$——厚层系数，反映了储层的叠置程度及平面的连通性；

　　　$b×\frac{(h_q+h_{hq}×0.75)}{h_s}$——气层系数与物性及气相的流动性密切相关。

通过储量分类指数修正了储量丰度，与生产动态相关性显著提升。经过试算当 $a=0.8$、$b=0.2$ 时，单井累计产量与分类指数相关性最高，累计产量与储量丰度的相关性由0.5提升至0.8。（图3）。得到累计产量与修正指数的关系式为

$$G_p = 1215.4 × I + 1135.3 \tag{2}$$

式中　G_p——累计产量；
　　　I——修正指数。

以储量分类指数为主要依据，综合考虑储层规模、储层叠置样式、含气层影响、开发动态特征，将研究区储量分为5类，对应上文图3中的5种有效砂体组合模式。从一类储

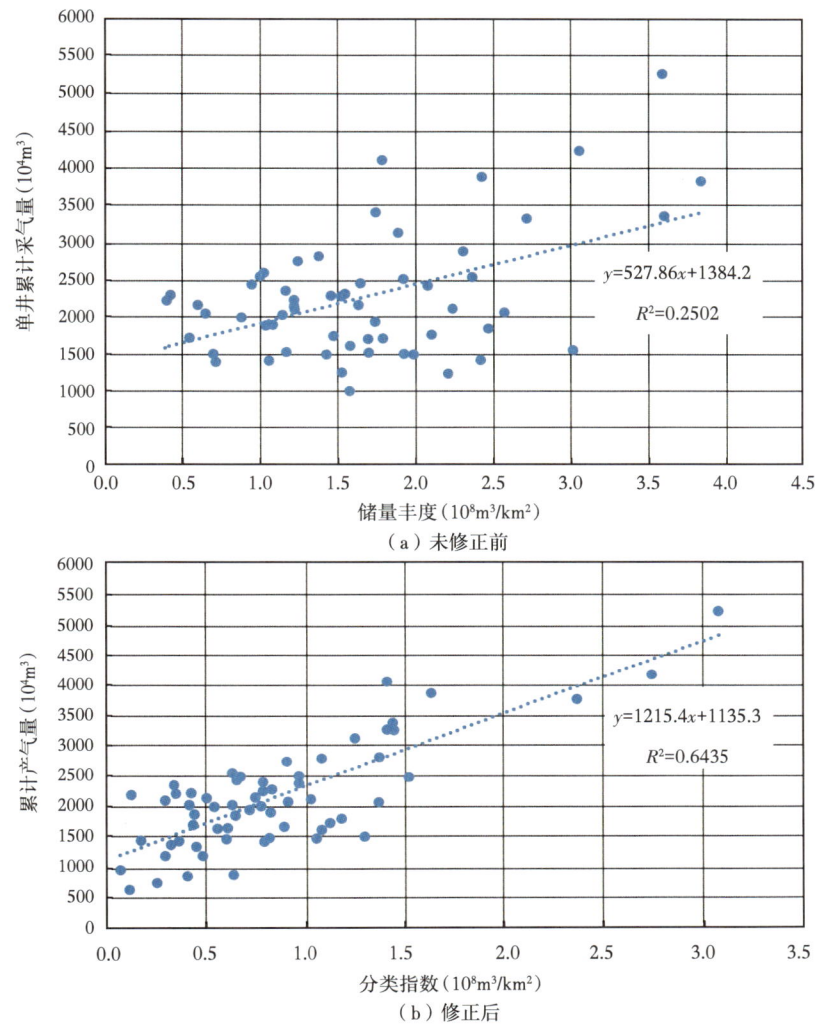

图 3 累计产量与储量丰度和分类指数关系

量到五类储量,储量逐渐分散,有效厚度逐渐变薄,气层比例逐渐减小,储层品质逐渐变差,单井累计产量逐渐变低(表 1)。

表 1 储量综合分类标准

储层类型	分类指数	有效厚度 (m)	储量丰度 ($10^8 m^3/km^2$)	单井预测累计产量 ($10^4 m^3$)
一类	>1.6	>18	>2.0	>3500
二类	1.1~1.6	14~18	1.5~2.0	2500~3500
三类	0.6~1.1	10~14	1.1~1.5	1900~2500
四类	0.2~0.6	6~12	1.1~1.4	1350~1900
五类	<0.2	<6	<1.1	<1350

一类储量区位于高能主砂带主体，砂地比高，储层连续性强，有效砂体规模大，块状厚层型、多层叠置型比例高，有效砂体分布较集中，气层比例较高，大于70%，是研究区开发潜力最好的一类储层，分布面积143km²，储量328.9×10⁸m³。区内储层平均有效厚度大于18m，储量丰度大于$2.0×10^8m^3/km^2$，储量分类指数一般大于1.6，单井最终累计产量在$3500×10^4m^3$以上。

二类储量区位于高能主砂带翼部及次高能主砂带主体，砂地比较高，储层连续性较强，有效砂体规模较大，分布面积206km²，储量362.6×10⁸m³。区内平均有效厚度分布在14~18m之间，储量丰度分布在（1.5~2.0）×10⁸m³/km²之间，储量分类指数在1.1~1.6之间，预测累计产量在（2500~3500）×10⁴m³之间。与一类储量相比，块状厚层比例低，多期叠置比例高，气层少，含气层比例在30%~50%。

三类储量区主要分布在低能砂带，是研究区分布最广泛的一类储层，分布面积254km²，储量363.2×10⁸m³。有效砂体较为孤立，局部为多层叠置型，有效厚度在10~14m之间，储量丰度在（1.1~1.5）×10⁸m³/km²之间，储量分类指数在0.6~1.1之间，井均预测累计产量在（1900~2500）×10⁴m³之间。与一类、二类储量区相比，储层连续性差，气层比例减小。

四类储量区主要分布在砂带边部，砂地比低，有效砂体基本为孤立型，厚度薄，储层物性差，净毛比低，含气层比例进一步提高，达到60%~70%。四类储量区分布面积126km²，储量170.1×10⁸m³，区内有效厚度6~12m，储量丰度（1.1~1.4）×10⁸m³/km²，储量分类指数在0.2~0.6之间，井均预测累计产量在（1300~1900）×10⁴m³之间，仅有边界效益。

五类储量区主要分布在区块的边部及砂带间，分布面积121km²，储量63.8×10⁸m³，有效砂体厚度薄，规模小，在空间零星分布。区内有效厚度一般小于6m，储量丰度小于$1.1×10^8m^3/km^2$，井均发育有效砂体1~2层，储量分类指数小于0.2，井均预测累计产量小于$1300×10^4m^3$。在现有的经济及技术条件下，区内井达不到经济下限标准。

对各类储量区的开发潜力进行了评价。从一类储量区到五类储量区，随着储层品质的降低，区内井的动储量、单井累计产量、泄气面积依次减小（表2）。根据五类储量在平面的分布情况，一类、二类、三类储量占研究区面积的71%，占总储量的82%，是区块开发及加密调整的重点对象。

表2 各类储量综合评价统计表

储量类型	区块评价					单井评价				
	分布面积（km²）	有效厚度（m）	储量丰度（10⁸m³/km²）	储量（10⁸m³）	分布相带	井数（口）	井数占比（%）	动储量（10⁴m³）	单井累计产量（10⁴m³）	泄气面积（km²）
一类	143	19.7	2.3	328.9	高能砂带	68	13	6020	5117	0.29
二类	206	17.1	1.76	362.6	次高能砂带	156	29	3582	3045	0.23
三类	254	13.8	1.43	363.2	低能砂带	142	27	2620	2228	0.21
四类	126	13.1	1.35	170.1	砂带边部	112	21	1856	1578	0.16
五类	121	11	1.01	63.8	砂带间	57	11	1129	880	0.12
总计	850	15.1	1.52	1288.6		535	100	3007	2554	0.21

3 井网加密调整政策

3.1 井网加密原则

加密要同时考虑技术条件和经济条件，应遵循以下原则：
（1）达到相对较高的产量规模和一定的采收率；
（2）所有井整体达到12%内部收益率（>1785×10^{4}m^3）
（3）每口加密井能够达到经济效益，可自保（>1277×10^{4}m^3）

以加密井网解剖、有效砂体规律研究，储量分级分区评价为依据，选取一类至四类储量区最具代表性的区块建立地质模型。在分别建立各类储量区地质模型的基础上，利用数值模拟方法模拟井网密度为1~8口/km^{2}的生产过程，预测气井开发指标和生产期末最终采收率。

3.2 井网密度和指标预测

井网密度低，对储量控制不足；井网密度高，井间产生干扰，影响开发效益。一类储量区储层质量相对好，从区块整体效益来看，井网密度达到8口/km^{2}时，区块仍具经济效益，井均最终累计产量为1923×10^{4}m^3/km^2。但从新井自保的角度，井网密度为3口/km^{2}时，新井最终累计产量为2936×10^{4}m^3/km^2，而井网密度为4口/km^{2}时，新井最终累计产量为1132×10^{4}m^3/km^2。综合考虑避免严重井间干扰、所有井整体有效以及新井自保，推荐一类储量区井网密度为3口/km^2。

二类至四类储量区模拟结果显示，井间严重干扰时的井网密度分别为5口/km^2、6口/km^2、7口/km^2。再次根据上述原则，研究了二类至四类储量区的合理井网密度。总体推荐的合理井网密度以及预测的指标为：一类储量和三类储量的合理井网密度为3口/km^2；二类储量的合理井网密度为4口/km^2；四类储量的合理井网密度为1口/km^2；五类储量在现有经济技术条件下不适合开发。建议从一类至四类储量逐次开发。研究区还可打1716口加密井，区块最终累计产量为626.2×10^{8}m^3，采收率为48.6%。

4 结论

（1）以动态参数、静态参数为基础，采用分类指数分类法，将研究区储层分为5类。从一类储层到五类储层，储层品质逐渐变差，单井累计产量逐渐变低，生产动态特征差异明显，每类储层内的单井对储量的控制程度不同，应该有相适应的开发对策。五类储层中，一类、二类、三类储层占研究区面积的71%，占总储量的82%，是区块开发及加密调整的重点对象。

（2）一类储层和三类储层的合理井网密度为3口/km^2；二类储量的合理井网密度为4口/km^2；四类储量的合理井网密度为1口/km^2；五类储量在现有经济技术条件下不适合开发；建议开发动用顺序从一类储层至四类储层逐次开发。

（3）在气田其他区块应用本储量分类及井网加密设计方法时，储量分类标准不变，五类储量区的具体比例与本研究区块有所不同，相应的加密指标亦会有所差异。

参 考 文 献

[1] 李建忠,郑民,陈晓明,等.非常规油气内涵辨析、源—储组合类型及中国非常规油气发展潜力[J].石油学报,2015,36(5):521-532.

[2] 赵靖舟,曹青,白玉彬,等.油气藏形成与分布:从连续到不连续——兼论油气藏概念及分类[J].石油学报,2016,37(2):145-159.

[3] 卢涛,刘艳侠,武力超,等.鄂尔多斯盆地苏里格气田致密砂岩气藏稳产难点与对策[J].天然气工业,2015,35(6):43-52.

[4] 马新华,贾爱林,谭健,等.中国致密砂岩气开发工程技术与实践[J].石油勘探与开发,2012,39(5):572-579.

[5] 李建奇,杨志伦,陈启文,等.苏里格气田水平井开发技术[J].天然气工业,2011,31(8):60-64.

[6] 何东博,贾爱林,冀光,等.苏里格大型致密砂岩气田开发井型井网技术[J].石油勘探与开发,2013,40(1):79-89.

[7] 杨华,付金华,刘新社,等.鄂尔多斯盆地上古生界致密气成藏条件与勘探开发[J].石油勘探与开发,2012,39(3):295-303.

[8] 赵文智,汪泽成,朱怡翔,等.鄂尔多斯盆地苏里格气田低效气藏的形成机理[J].石油学报,2005,26(5):5-9.

苏里格气田强非均质性致密气藏水平井产能评价

李 波 贾爱林 何东博 吕志凯 窦 波 冀 光

（中国石油勘探开发研究院）

摘要：水平井开发在苏里格气田取得了良好应用效果，但存在产能评价困难与产能影响因素不明确的实际问题。本文在分析已有资料基础上，建立了水平井"一点法"无阻流量计算公式与单井控制储量快速评价图版，评价了气田早期投产水平井产能，并通过定义单条裂缝产能参数和单位气层厚度产能参数分析了水平井产能主要影响因素。结果表明，苏里格气田储层物性差、非均质性强，水平井需要 100~600 天才能进入边界控制流动阶段；水平井产能总体较高，但差异较大，无阻流量集中分布在 $(10~50) \times 10^4 m^3/d$ 之间，平均值为 $25.7 \times 10^4 m^3/d$，单井控制储量主要分布在 $(4000~8000) \times 10^4 m^3$ 之间，平均值为 $7784 \times 10^4 m^3$。水平井产能同时受地质和工程因素影响，地质因素中气层厚度对产能影响最明显，含气饱和度次之，孔隙度影响不明显，渗透率影响程度难以确定；工程因素中水平井有效长度、压裂段数、压裂规模对产能影响明显，压裂液返排率影响不明显。

关键词：水平井；苏里格气田；非均质性；产能；生产动态；影响因素

致密砂岩气是储集在低—特低渗透致密砂岩储层（覆压基质渗透率小于 0.1mD）中的非常规天然气资源，单井一般无自然产能，或产量低于工业气流下限，必须通过大规模压裂或特殊采气工艺技术才能经济开采的天然气资源[1-5]。中国致密砂岩气资源丰富，累计探明地质储量已超过 $5.0 \times 10^{12} m^3$，约占天然气总探明储量的 39%，主要分布在鄂尔多斯、四川、塔里木、松辽、吐哈等沉积盆地。位于鄂尔多斯盆地北部的苏里格气田为典型多层叠置致密砂岩气，是中国储量和产量规模最大的天然气田，探明与基本探明储量合计达 $3.87 \times 10^{12} m^3$，2013 年产气量为 $220 \times 10^8 m^3$，具有 $300 \times 10^8 m^3/a$ 的开发潜力[5-7]。

苏里格气田主要采用直井分层压裂和水平井多段压裂进行开发[5]，气田目前共有直井 6399 口，平均单井产量 $1.07 \times 10^4 m^3/d$；水平井 617 口，平均单井产量 $5.1 \times 10^4 m^3/d$，水平井年总产气量约占气田年产量的 30%，占产能建设比例的 50% 以上。苏里格水平井开发总体效果较好，但是随着气田开发的不断深入，水平井开发井数越来越多，水平井生产初期产能难以准确评价致使配产不合理的问题越来越明显，气田有近 1/5 的水平井存在配产不合理问题；此外，气田继续深入开发面临着储量品质越来越差的客观事实，自 2011 年以来新投产水平井平均无阻流量和初期产量逐年下降，低产、低效、产水井数增多，水平井部署风险越来越大。因此，总结苏里格气田基本地质特征，分析水平井生产动态特征，系统评价水平井产能，分析水平井产能主要影响因素，对苏里格气田气井生产管理、水平井部署和气田进一步开发具有重要指导意义。

基金项目：国家科技重大专项"大型油气田及煤层气开发"《天然气开发关键技术研究》（2011ZX05015）资助。

1 苏里格气田地质特征

苏里格气田作为"连续型"致密砂岩气的典型代表[8]，具有"低渗透、低压力、低丰度、薄储集层、强非均质性"的特征[1]。

苏里格气田主力气层为上古生界二叠系盒8段和山1段，为宽缓型辫状河三角洲沉积，砂体大面积分布，储量规模大，但储量丰度相对较低，局部发育"甜点"（图1）。盒

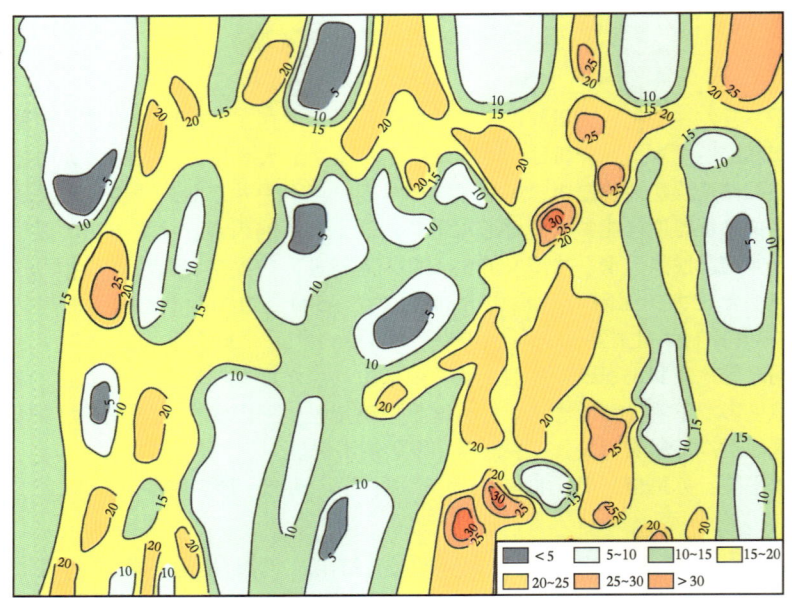

（a）盒8段砂体厚度图

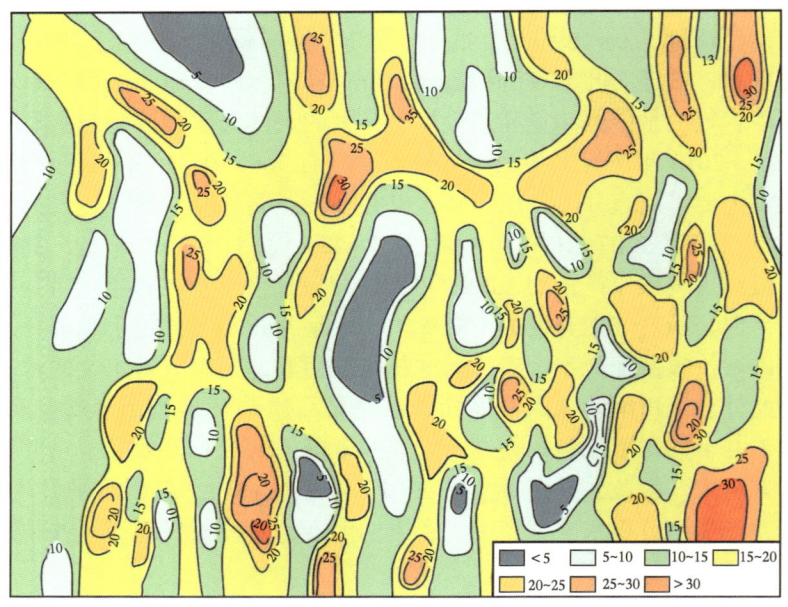

（b）山1段砂体厚度图

图1 苏里格气田主力气层砂体厚度图（单位：m）

8段属于缓坡型辫状河三角洲沉积,单期河道0.2~1.0km,河道经过横向反复迁移、纵向多期叠置,形成延伸范围达数百千米的大面积连片分布砂岩储集体,是水平井开发的主要目标层系。山1段为低弯度曲流河三角洲沉积,河道与间湾沼泽相间分布,河道砂体延伸范围达数百千米,单期河道宽度0.1~1.0km,平面上叠合连片展布。

有效砂体规模小,连通性差,非均质性强。苏里格气田有效储层主要为粗岩相砂体,一般沉积在心滩和河道充填微相的下部,砂体叠置类型有孤立型、切割叠置型、堆积叠置型和横向局部连通型4种,其中孤立型有效砂体占主导地位,其次为堆积叠置型有效砂体,再次为切割叠置型有效砂体和横向局部连通型有效砂体[1](图2)。厚层块状孤立型有效砂体和具物性夹层的垂向叠置型有效砂体是水平井开发主要地质目标体[4]。苏里格气田井网加密区储层精细研究表明,气田主力含气砂体主要为辫状河心滩微相沉积砂体,单个砂体规模较小,厚度主要为2~5m,宽度主要为200~400m,长度600~800m;同一小层内,心滩钻遇率为10%~40%,心滩砂体占总面积的10%~40%,纵向上呈多层透镜状分散分布的心滩砂体叠置面积占总面积的95%以上,几乎覆盖了整个气藏[9]。

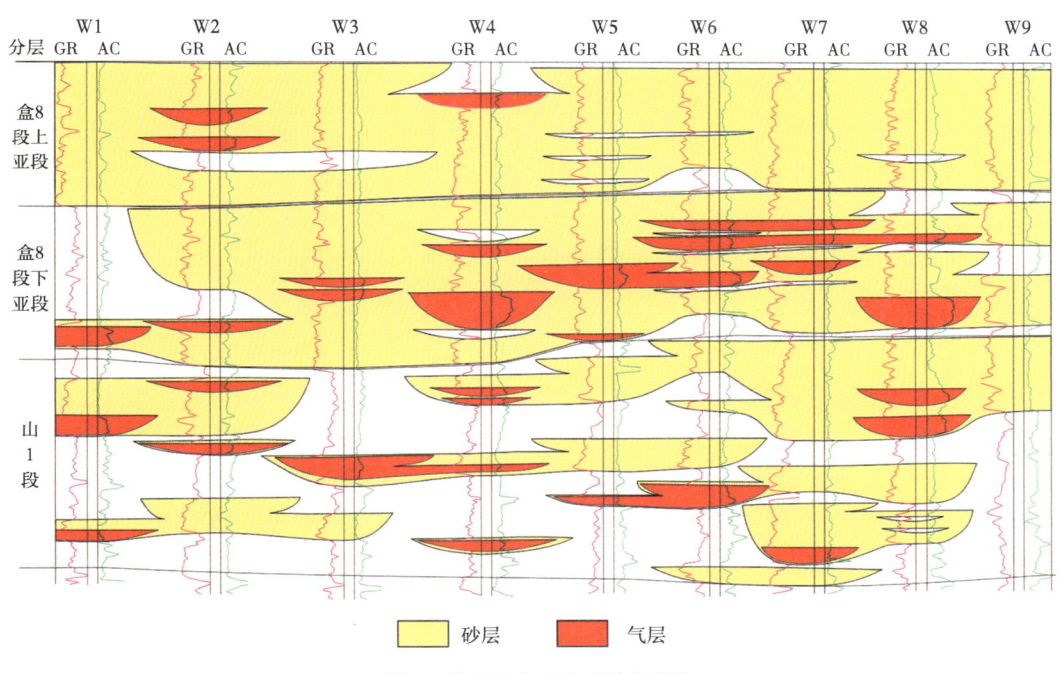

图2 苏里格气田气层剖面图

储层物性差,含气饱和度低。储层岩石以岩屑石英砂岩、石英砂岩为主,部分发育少量岩屑砂岩,岩石成熟度和结构成熟度均较低。岩石胶结类型以孔隙式及加大—孔隙式胶结为主,少量接触—压嵌式胶结。孔隙结构以小孔喉为主,平均中值半径为0.33μm;孔喉分选较差,粗歪度,孔隙喉道分布不均匀,连通性较差。孔隙度主要分布在4%~12%之间,平均7.45%;常压渗透率为0.001~1.0mD,85%以上岩心样品地层覆压渗透率小于0.1mD;气层压力系数0.771~0.914,平均值0.87;含气饱和度55%~65%。因此,苏里格气田储层为低孔隙度、低渗透率、低压力、低含气饱和度致密砂岩储层。

2 水平井产能评价

苏里格气田水平井压裂主要采用不动管柱水力喷砂多段压裂和裸眼封隔器多段压裂两大技术。由于多段压裂形成的人工裂缝大幅增加了井筒与储层的接触面积，以及在裂缝填充支撑剂后形成的流动通道，极大地改善了气体的渗流条件，从而较大幅度地提高了水平井产量和单井控制储量[9-11]，为气田经济高效开发提供了技术支持。苏里格气田储层渗透率低、非均质性强，多段压裂水平井产能影响较多，受可得资料的限制，已有大量水平井均质理想产能预测模型[12-18]和常规产能测试方法难以有效运用，这给水平井生产初期合理产量确定和后期生产管理带来了极大的困难和挑战。此外，对有效砂体规模较小、储量丰度较低的苏里格气田，水平井单井控制储量是水平井长期产能的物质基础，准确评价水平井单井控制储量具有重要意义。就气井控制储量评价理论而言，传统的 Arps 递减法[19]要求气井定井底流压和达到拟稳态流动，这对低渗透、致密气井很难达到条件；物质平衡法和试井分析法要求气井关井测压，测试时间长，成本高，不能普遍应用；产量不稳定分析法（Blasingame、Agarwal 等典型图版拟合法）[20-23]可对不稳定流动阶段和边界控制流动的数据进行分析，并且通过物质平衡时间的定义可以处理变产量、变流压的实际问题，在低渗透、致密气井单井控制储量评价中得到了广泛应用。产量不稳定分析法评价气井单井控制储量要求生产较长时间，最好是到达边界控制流动阶段，否则利用早期生产数据评价得到的单井控制储量较其最终单井控制储量偏小[24-26]，不能准确地反映气井长期产能。因此，根据苏里格气田大量水平井地质、测试和生产动态资料，分析水平井生产动态特征，建立适合苏里格气田水平井产能评价方法，并对其早期投产水平井产能进行系统评价，为水平井生产管理和气田开发提供指导建议。

2.1 水平井生产特征分析

由于苏里格气田储层物性差、非均质性强，水平井多段分级压裂投产后初期产量较高，主要反映近井高渗透裂缝改造带的产气能力，但随后产量和压力均随生产时间的延长而不断降低，一般不存在明显的产量稳产期；水平井生产中后期产量下降变缓，产气能力受储层物性、裂缝改造体积和流动边界等多因素控制，主要受单井控制储量控制（图3）。渗流理论和生产实际表明，致密砂岩气多段压裂水平井开发情况下，地层流体的主要流动通道为人工压裂裂缝，而水平段纯井筒流入部分对水平井整体流动的贡献相对较小，因此

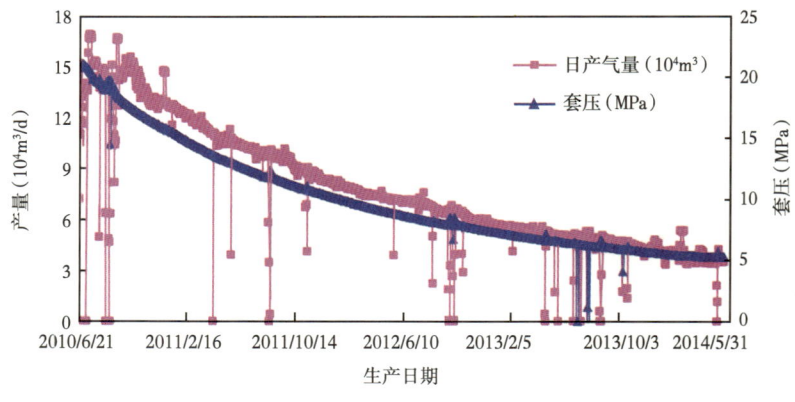

图3 苏里格气田典型水平井采气曲线图

可将多段压裂水平井流动系统近似等效为多口压裂直井流动系统（图4）。

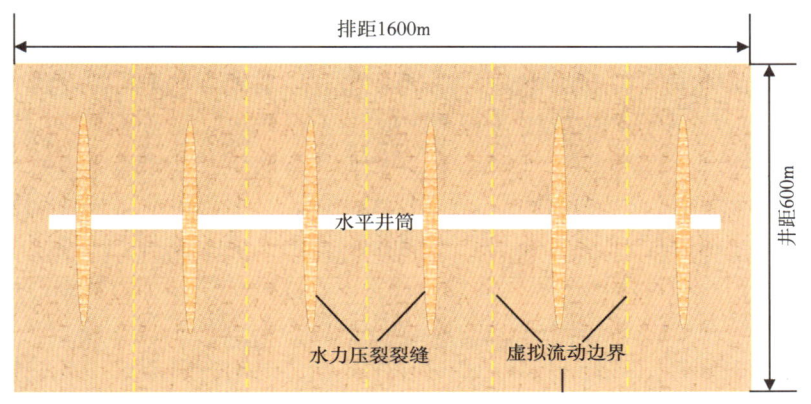

图4　苏里格气田多段压裂水平井示意图

苏里格气田水平井开发采用600m×1600m井网，优化水平段长度1000~1200m[9,27,28]，压裂4~8段，平均压裂6段，裂缝间距140~200m。根据水平井—直井流动等效原理，以及经典渗流理论，在气井流动达到拟稳态流动的初始时刻，气井不稳定流动阶段的压力与拟稳态流动阶段压力相等[29]，即式（1）成立：

$$\lg \frac{4t_D}{\gamma} = \lg \frac{4A}{\gamma C_A r_w^2} + \frac{4\pi t_{DA}}{2.303} \tag{1}$$

式（1）可进一步简化为

$$C_A t_{DA} = \exp(4\pi t_{DA}) \tag{2}$$

其中：$t_{DA} = \dfrac{0.0036Kt}{\phi \mu C_t A} = \dfrac{r_w^2}{A} t_D$。

式中　C_A——形状因子，无因次；

A——裂缝控制面积，m^2；

K——渗透率，mD；

t——生产时间，h；

ϕ——储层孔隙度；

μ——气体黏度，mPa·s；

γ——常数，$\gamma = 1.781$；

r_w——井眼半径，m；

C_t——综合压缩系数，MPa^{-1}。

对苏里格气田储层孔隙度5%~12%、地层渗透率0.03~0.5mD，600m×1600m井网、压裂6段情况下，通过式（2）计算得到水平井需要100~600天才能达到拟稳态流动，对储层物性更差和压裂段数较少的水平井，其流动达到拟稳态所需的时间则更长。此外，苏里格气田160口早期投产水平井生产数据产量不稳定分析结果表明，大部分水平井也需要生产120~600天才能达到边界控制流动（拟稳态）阶段，与采用水平井—直井流动等效原理后试井公式计算结果一致。因此，可以认为苏里格气田水平井压裂投产不稳定流动时间较长，一般需要 100~600 天才能进入边界控制流动阶段。

2.2 水平井无阻流量评价

气井无阻流量确定是气井产能评价的重要内容，一般通过产能试井来完成，具体方法有回压试井法、等时试井法、修正等时试井法和"一点法"试井[30]。对于储层物性差、非均质性强的低渗透—致密气藏，目前广泛采用修正等时试井法进行气井产能测试。尽管修正等时试井法有缩短测试时间和节约测试成本的优点，但仍不能普遍应用于气田所有开发井，而由陈元千教授提出的"一点法"产能试井法较好地解决了这一生产需求。"一点法"产能试井只需原始地层压力及气井生产稳定流动点的产量和压力数据，应用前提要求先根据地区早期气井产能测试结果确定出适合该地区产能方程系数 α 值。"一点法"产能公式实质是二项式产能方程在井底流压为一个大气压力时的变形形式。

气井二项式产能方程为

$$p_R^2 - p_{wf}^2 = Aq_{sc} + Bq_{sc}^2 \tag{3}$$

当井底流压为一个大气压力时，气井产量为无阻流量，二项式产能方程变为

$$p_R^2 - 0.1^2 = Aq_{AOF} + Bq_{AOF}^2 \tag{4}$$

式（3）可变形为"一点法"产能方程形式[28]：

$$q_{AOF} = \frac{2(1-\alpha)q_{sc}}{a\left[\sqrt{1 + 4\left(\frac{1-\alpha}{\alpha^2}\right)\left[1 - \left(\frac{p_{wf}}{p_R}\right)^2\right]} - 1\right]} \tag{5}$$

其中：$\alpha = \dfrac{A}{A+Bq_{AOF}}$。

式中 α——产能方程系数，无因次；

q_{sc}——气井测试产量，$10^4 m^3/d$；

q_{AOF}——气井无阻流量，$10^4 m^3/d$；

p_{wf}——测试井底流压，MPa；

p_R——原始地层压力，MPa；

A、B——二项式产能方程层流和紊流流动部分的系数。

根据苏里格气田 7 口水平井修正等时试井结果（表1），水平井无阻流量（12.28~33.41）$\times 10^4 m^3/d$，平均 $18.59 \times 10^4 m^3/d$；"一点法"产能方程对应 α 值为 0.7368~0.9481，平均值 0.8466。取 $\alpha = 0.8466$ 作为"一点法"产能评价公式的基本参数，则式（5）变为

$$q_{AOF} = \frac{0.3624 q_{sc}}{\sqrt{1 + 0.8561\left[1 - \left(\frac{p_{wf}}{p_R}\right)^2\right]} - 1} \tag{6}$$

利用式（6）（$\alpha = 0.8466$）计算水平井无阻流量，并与修正等时试井无阻流量计算对比，结果表明 7 口井误差均小于 15%，平均误差 8.36%。因此，可以取 $\alpha = 0.8466$ 作为苏里格气田水平井"一点法"产能公式的基本参数。

表 1　苏里格气田 7 口水平井产能试井结果表

井号	二项式产能方程		"一点法"产能方程	无阻流量
	系数 A	系数 B	系数 α	（$10^4 m^3/d$）
H1	14.746	0.124	0.7368	33.41
H2	26.300	0.228	0.8432	22.9
H3	38.708	0.404	0.8508	16.79
H4	45.439	0.1498	0.9481	16.60
H5	42.229	0.608	0.8163	15.63
H6	55.723	0.664	0.8704	12.51
H7	55.398	0.730	0.8607	12.28

根据苏里格气田 160 口早期投产生产动态资料，取其生产稳定点的产量和压力数据，通过式（6）计算水平井无阻流量，统计结果如图 5（a）所示，水平井无阻流量集中分布在 （10~50）×$10^4 m^3$/d 之间，占总井数的 54%，无阻流量大于 50×$10^4 m^3$/d 的井占 17%，平均无阻流量 25.7×$10^4 m^3$/d。

2.3　水平井单井控制储量评价

为了进一步评价苏里格气田强非均质储层条件下水平井的长期产能，本次对 160 口早期投产水平井的单井控制储量、产量递减规律、压降速率、单位压降采气量等重要生产动态参数进行了分析。

单井控制动态储量是气井长期产气能力的物质基础，是生产动态分析的核心内容。本次主要采用压力恢复试井法、物质平衡法及考虑压力和产量变化的生产数据不稳定分析法综合评价苏里格水平井单井控制储量，结果如图 5（b）所示，水平井单井控制储量主要分布在 （4000~8000）×$10^4 m^3$ 之间，平均值 7784×$10^4 m^3$；单井控制储量小于 4000×$10^4 m^3$ 的占总井数的 14.81%，该类井为气田开发低产低效井，开发无经济效益；单井控制储量大于 1×$10^8 m^3$ 的井占总井数的 24.07%，该类井单井控制储量较大、产量高、生产稳定性强，能获得较好的经济开发效益。

苏里格气田水平井产量递减均符合衰竭递减规律，水平井初期递减快，后期递减逐渐变缓，稳产三年初期递减率为 36.3%，平均年递减率为 25.7%。

苏里格气田水平井压降速率和单位压降采气量随时间变化如图 6 所示，水平井压降速率随生产时间的延长先快速下降，而后逐渐变缓；单位压降采气量随生产时间的延长而增大。在水平井生产早期，随着水平井泄流范围的不断扩大，水平井动态控制储量逐渐增大，水平井单位压降采气量增速较快。在水平井生产中后期，水平井泄流界面达到井控流动边界后，水平井单井控制的动态储量趋近于水平井地质控制储量，水平井单位压降采气量增大趋势逐渐变缓。

水平井单井控制储量与不同生产时间下单位压降采气量均存在较好相关性（图 7、表 2），并且两者之间的相关性随着水平井生产时间的延长变得越来越好。根据水平井生产100 天、180 天、360 天和 600 天时的单位压降采气量，利用表 2 中水平井单井控制储量评价关系式评价 6 口水平井单井控制储量，与水平井实际单井控制储量平均相对误差分别为 5.91%、3.6%、2.31% 和 0.56%，预测精度较高，预测误差随着生产时间的延长而减小。

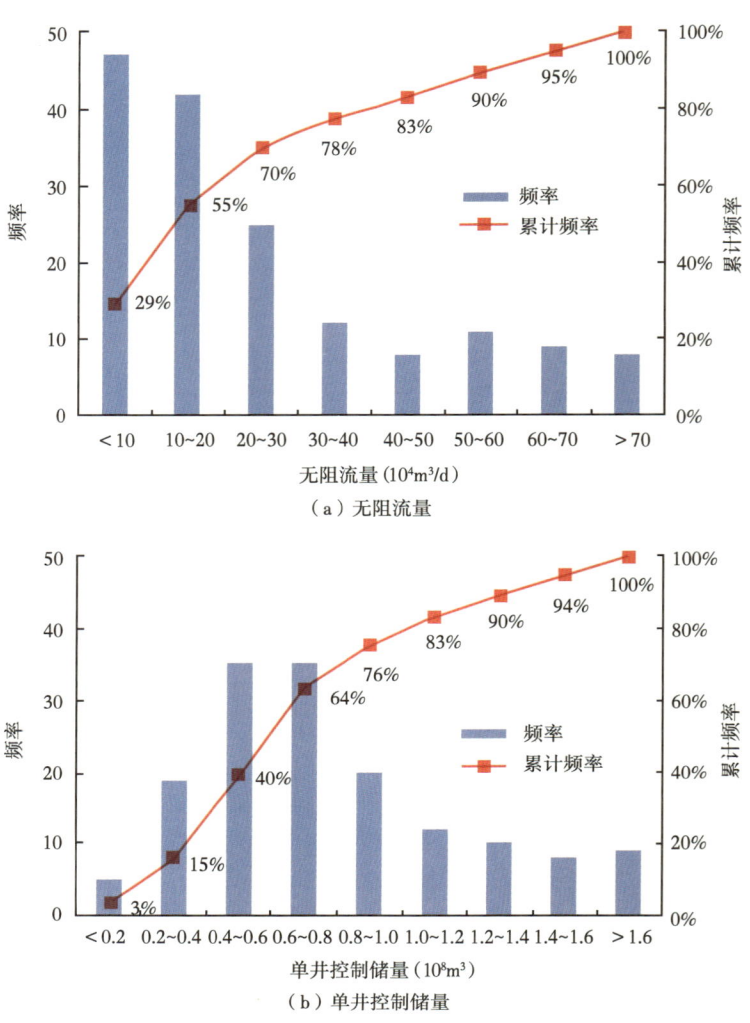

图 5 苏里格气田水平井无阻流量与单井控制储量统计结果图

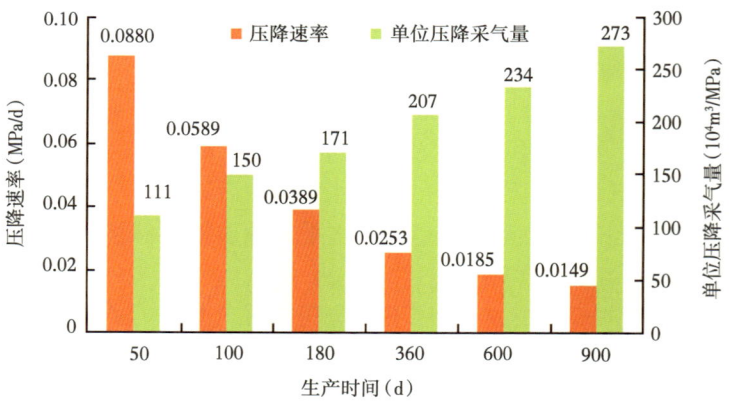

图 6 水平井压降速率与单位压降采气量随生产时间变化图

因此，通过水平井通过单位压降采气量建立的水平井单井控制储量快速评价关系式（图版）可以为苏里格气田水平井单井控制储量快速评价提供了一种简单可靠的方法，特别是对投产时间较短的水平井单井控制储量评价具有重要意义。

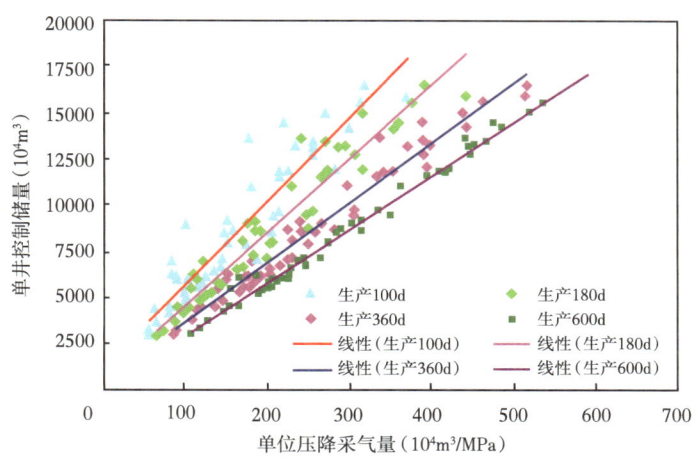

图 7 苏里格气田水平井单井控制储量评价图版

表 2 水平井单井控制储量预测关系式汇总表

生产时间（d）	预测关系式	相关系数
100	$G = 45.52 \cdot G_{ppt} + 1049.70$	0.8548
180	$G = 39.758 \cdot G_{ppt} + 540.36$	0.9229
360	$G = 32.577 \cdot G_{ppt} + 300.08$	0.9668
600	$G = 28.975 \cdot G_{ppt} - 29.323$	0.9874

注：G——水平井单井控制储量，$10^4 m^3$；G_{ppt}——水平井单位压降采气量，$10^4 m^3/MPa$。

3 水平井产能影响因素分析

水平井产能可通过无阻流量和单井控制储量来反映，苏里格气田水平井产能总体较高，但差异较大。由水平井钻井地质设计、钻完井、压裂和生产动态资料可知，造成水平井产能差别较大的因素较多，但由于受可得资料的限制，很难定量分析某一因素对水平井产能的影响程度。为了便于实际分析，本次研究将水平井产能影响因素分为地质和工程两大类：地质因素包括气层的厚度、孔隙度、渗透率和含气饱和度；工程因素包括水平井有效长度、压裂段数、压裂规模（加砂规模）和压裂液返排率等。采用单因素敏感性分析法分析各因素对水平井无阻流量和单井控制储量的影响，然后总结出水平井产能的主要影响因素，为气田进一步开发和水平井部署提供参考意见。

3.1 地质因素

由苏里格气田钻完井资料可知，水平井水平段长度主要为 1000~1200m，压裂裂缝间距 120~200m。由于压裂裂缝为多段压裂水平井主要流动通道，而非射孔井筒流入部分对水平井整体流动的贡献相对较小，因此可以认为压裂裂缝的产气能力是水平井产能的决定性因素。为此，在分析地质因素对水平井产能的影响时，通过定义单条裂缝平均无阻流量（q_{AOF}/N）与单条裂缝控制储量（G/N）参数（注：N 为水平井压裂裂缝条数），以消除工程因素对水平井产能的影响。

由图8与图9可知，单条裂缝产能参数（无阻流量、缝控制储量）与气层厚度成较好相关性，且均随气层厚度的增大而增大，说明气层厚度是水平井产能的主要影响因素之一；单条裂缝产能参数与气层含气饱和度具有一定的相关性，且均随气层含气饱和度的增大而增大，说明气层含气饱和度对水平井产能有影响；渗透率对单裂缝产能参数的影响程度不确定，一方面原因是储层非均质性强，水平井钻遇储层的渗透率变化较大，而分析中用的渗透率为临近直井渗透率的平均值，与水平井真实值可能存在一定的误差，另外就是大规模水力压裂大幅改善了气体流动能力，使得气层原始渗透率（基质渗透率）不再是苏里格气田水平井产能高低的决定性因素；水平井钻遇气层孔隙度主要分布在6%~10%，变化范围较小，对单条裂缝产能参数无明显影响。

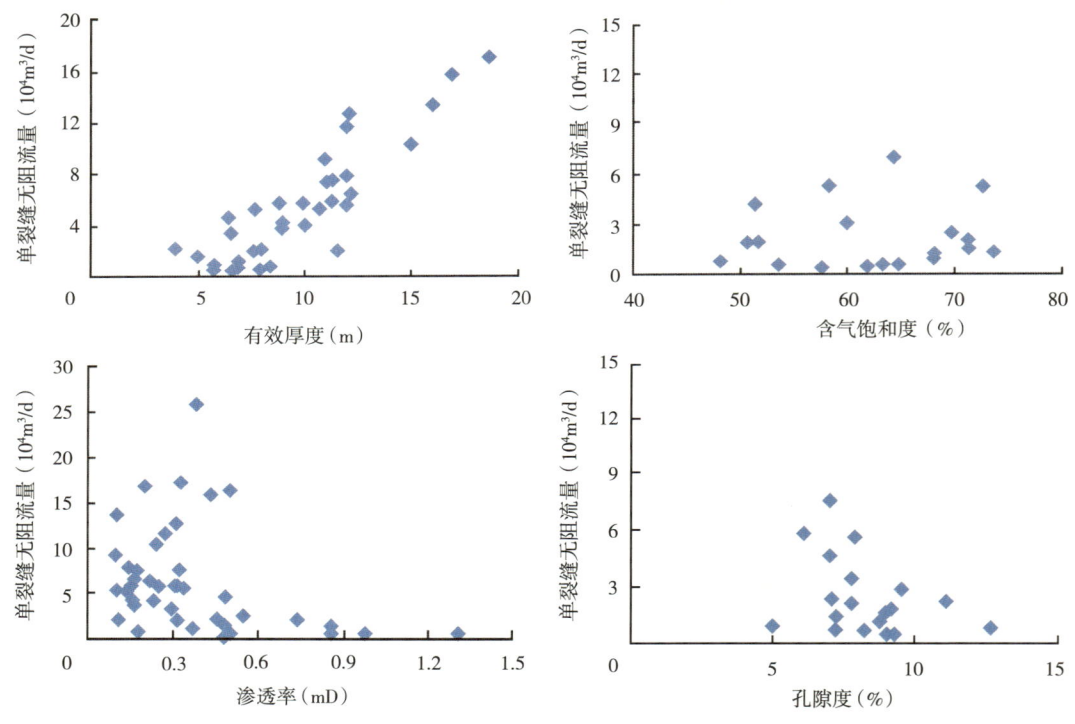

图8 储层物性与水平井单条裂缝无阻流量（q_{AOF}/N）关系图

3.2 工程因素

由水平井产能地质影响因素结果可知，气层厚度对水平井产能影响最明显，含气饱和度次之，孔隙度影响不明显，渗透率的影响程度难以确定。考虑到苏里格气田水平井钻遇气层含气饱和度为48.05%~73.8%，变化范围较小，对水平井影响程度相对有限，因此定义单位地层厚度下水平井产能参数［单井控制储量（G/h）、单位气层厚度无阻流量（q_{AOF}/h）］用于分析水平井有效长度、压裂段数、总加砂量和压裂液返排率等工程因素对

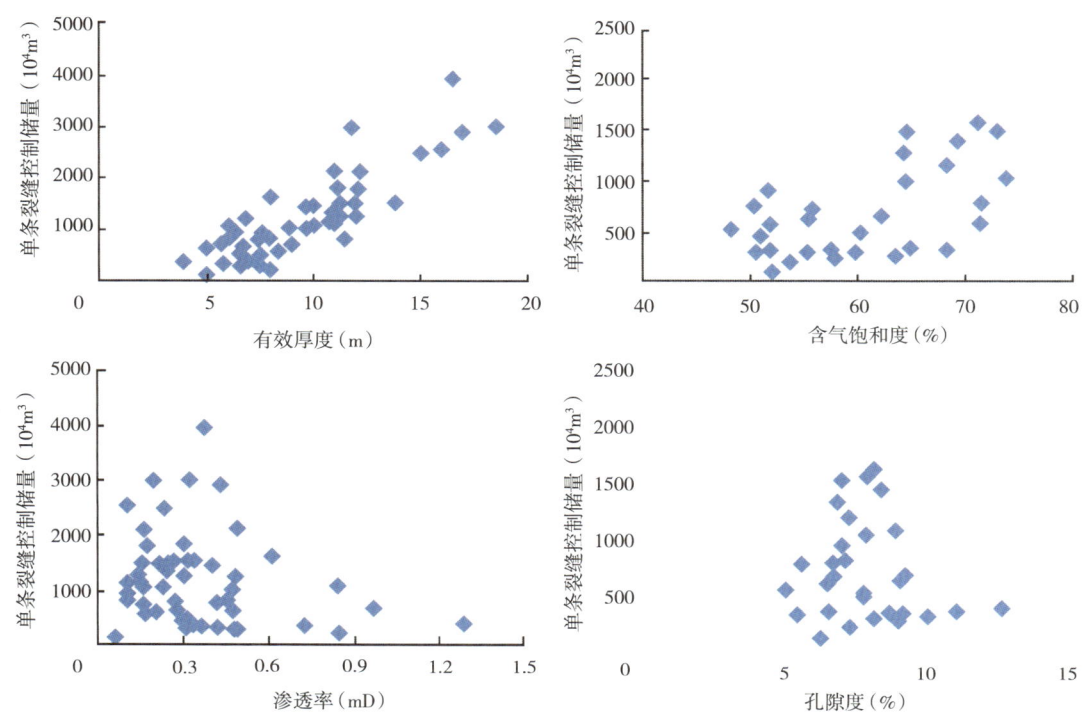

图 9 储层物性与水平井单条裂缝控制储量（G/N）关系图

水平井产能影响（h 为气层厚度，单位为 m）。

由图 10 与图 11 可知，水平井单位气层厚度产能参数（无阻流量和控制储量）与水平井有效长度具有很好的正相关性，且均随着有效长度的增大而增大；苏里格气田水平井一般压裂 4~8 段，水平井单位气层厚度产能参数与水平井压裂段数总体成一定的正相关性，但相关性很差，说明压裂段数对水平井产能有重要影响，但水平井存在最优裂缝段数，因此根据水平井钻遇储层的物性优化压裂参数（间距与段数）具有重要意义；水平井单位气层厚度产能参数与压裂总加砂量（压裂规模）成较好的正相关性，水平井单位气层厚度产能参数随总加砂量的增大而明显增大，因此在经济技术条件允许的前提下，适当加大加砂规模，对提高水平井产能具有重要意义；水平井单位气层厚度产能参数与压裂液返排率无明显相关性，说明压裂液返排率对水平井产能无直接影响。

通过上文研究可知，水平井产能同时受地质和工程因素影响，地质因素中气层厚度对产能影响最明显，含气饱和度次之，孔隙度影响不明显，由于储层的非均质性与人工水力压裂的影响，渗透率的影响程度难以确定；工程因素中水平井有效长度、压裂段数、压裂规模对产能影响明显，压裂液返排率影响不明显。因此，进一步加强致密砂岩气储层预测与精细描述技术，优化水平井部署与完井参数（长度、裂缝条数、间距），适当加大压裂规模，对提高水平井产能具有重要意义。

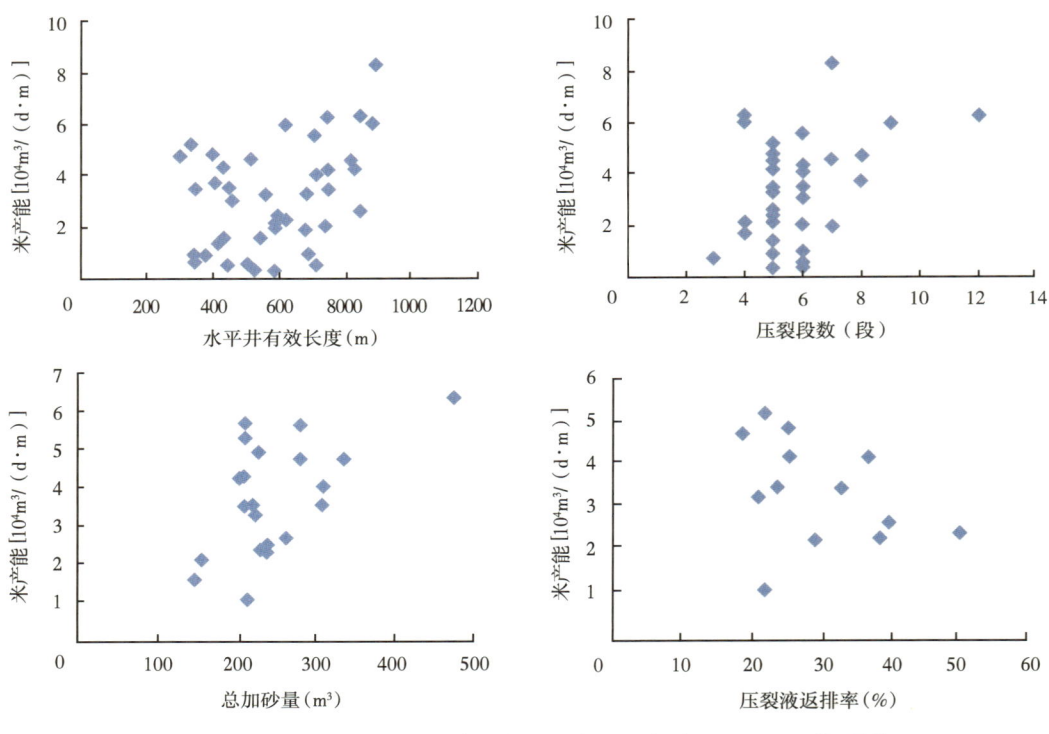

图 10 工程参数与水平井单位气层厚度无阻流量（q_{AOF}/h）关系图

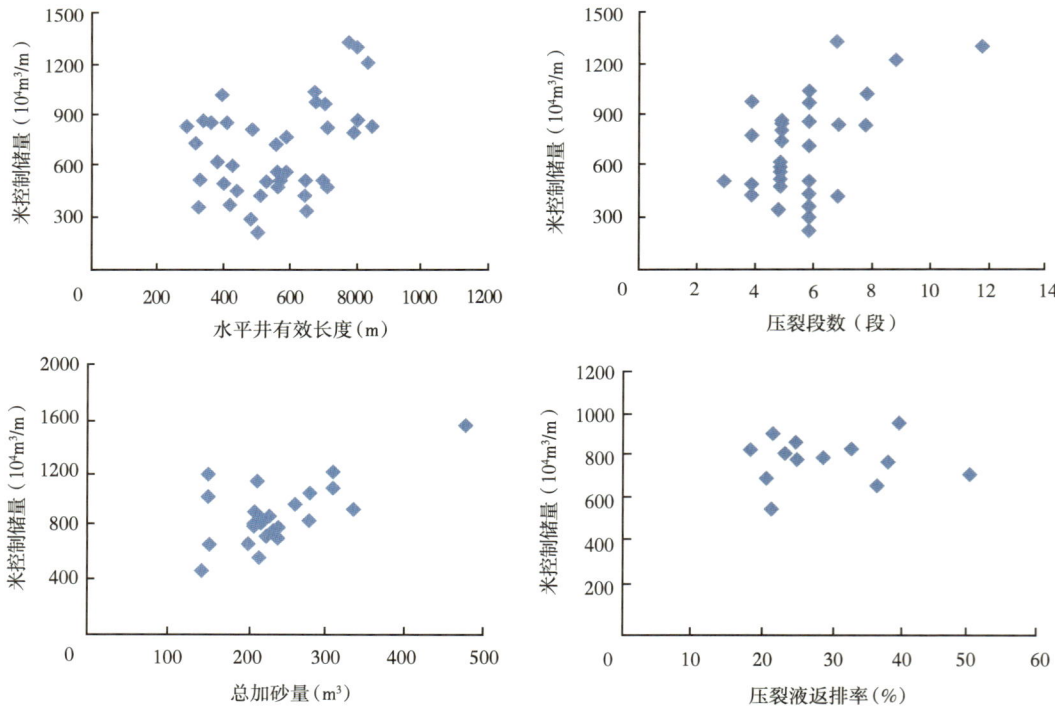

图 11 工程参数与水平井单位气层厚度控制储量（G/h）关系图

4 结论与建议

(1) 苏里格气田储层物性差、非均质性强，水平井不稳定流动时间较长，一般需要 100~600d 才能进入到边界控制流动阶段，常规产能评价方法不适用。采用本文提出的产能评价方法，评价160口早期投产水平井产能结果显示，水平井无阻流量集中分布在 (10~50)×$10^4 m^3$/d 之间，平均值 25.7×$10^4 m^3$/d，单井控制储量主要分布在 (4000~8000)×$10^4 m^3$，平均值 7784×$10^4 m^3$，水平井产能总体较高，但差异较大。

(2) 水平井产量递减均符合衰竭递减规律，初期递减快，初期平均递减率36.3%，后期递减逐渐变缓；水平井单位压降采气量随生产时间的延长而增大，不同生产时间下单位压降采气量与单井控制储量均成较好的线性相关性。通过不同生产时间下单位压降采气量建立的单井控制储量快速评价图版，可为水平井单井控制储量评价提供一种简单、可靠的方法，特别是对投产时间较短的水平井单井控制储量评价具有重要意义。

(3) 水平井产能同时受地质因素和工程因素影响，地质因素中气层厚度对产能影响最明显，含气饱和度次之，孔隙度影响不明显，由于储层的非均质性以及压裂改造，渗透率的影响程度难以确定；工程因素中水平井有效长度、压裂段数、压裂规模对产能影响明显，压裂液返排率影响不明显。因此，进一步加强致密砂岩气储层预测与精细描述技术，优化水平井部署与完井参数（长度、裂缝条数、间距），适当加大压裂规模，对提高水平井产能具有重要意义。

参 考 文 献

[1] 卢涛，张吉，李跃刚，等. 苏里格气田致密砂岩气藏水平井开发技术及展望 [J]. 天然气工业，2013，33 (8)：38-43.

[2] 戴金星，倪云燕，吴小奇. 中国致密砂岩气及在勘探开发上的重要意义 [J]. 石油勘探与开发，2012，39 (3)：257-264.

[3] 戴金星，倪云燕，黄士鹏，等. 煤成气研究对中国天然气工业发展的重要意义 [J]. 天然气地球科学，2014，25 (1)：1-22.

[4] 李建忠，郭彬程，郑民，等. 中国致密砂岩气主要类型、地质特征与资源潜力 [J]. 天然气地球科学，2012，23 (4)：607-615.

[5] 马新华，贾爱林，谭健，等. 中国致密砂岩气开发工程技术与实践 [J]. 石油勘探与开发，2012，39 (5)：572-579.

[6] 张明禄，樊友宏，何光怀，等. 长庆气区低渗透气藏开发技术新进展及攻关方向 [J]. 天然气工业，2013，33 (8)：1-7.

[7] 杨志伦，赵伟兰，陈启文，等. 苏里格气田水平井高效建产技术 [J]. 天然气工业，2013，33 (8)：44-48.

[8] 邹才能，朱如凯，吴松涛，等. 常规与非常规油气聚集类型、特征、机理及展望——以中国致密油和致密气为例 [J]. 石油学报，2012，33 (2)：173-187.

[9] 何东博，贾爱林，冀光，等. 苏里格大型致密砂岩气田开发井型 [J]. 石油勘探与开发，2013，40 (1)：79-89.

[10] 李忠平，刘正中，谢峰. 致密砂岩气藏难动用储量影响因素及其开发对策 [J]. 天然气工业，2007，27 (3)：1-3.

[11] Joshi S D. Augmentation of Well Productivity Using Slant and Horizontal wells [J]. SPE15375, 1998：731-734.

[12] 郎兆新,张丽华,程林松. 压裂水平井产能研究[J]. 石油大学学报,1994,18(2):43-46.
[13] 范子菲,方宏长,牛新年. 裂缝性油藏水平井稳态解产能公式研究[J]. 石油勘探与开发,1996,23(3):52-57.
[14] 韩树刚,程林松,宁正福. 气藏压裂水平井产能预测新方法[J]. 石油大学学报(自然科学版),2002,26(4):36-39.
[15] 李廷礼,李春兰. 低渗透油藏压裂水平井产能计算新方法[J]. 中国石油大学学报(自然科学版),2006,30(2):48-52.
[16] 曾凡辉,郭建春,徐严波,等. 压裂水平井产能影响因素[J]. 石油勘探与开发,2007,8(4):474-477.
[17] 王志平,朱维耀,岳明,等. 低、特低渗透油藏压裂水平井产能计算方法[J]. 北京科技大学学报. 2012,34(7):750-754.
[18] 熊军,何汉平,熊友明,等. 气藏水平井分段完井产能预测[J]. 天然气地球科学,2014,25(2):278-285.
[19] Arps J J. Analysis of Decline Curves. Trans[J]. AIME. 1945,160,228.
[20] Mattar L,McNeil R. The "flowing" gas material balance[J]. Journal of Canadian Petroleum Technology,1998,37(2):52-55.
[21] Fetkovich M J,Fetkovich E J,Fetkovich M D. Useful Concepts for Decline Curve Forecasting,Reserve Estimation,and Analysis[J]. SPE R&E,February 1996,13.
[22] Blasingame T A,Johnston J L,Lee W J. Type-curve analysis using the pressure integral method[J]. SPE 18799,1989.
[23] Agarwal R G,Gardner D C,Kleinsteiber S W,Fussell D D. Analyzing Well Production Data Using Combined Type Curve and Decline Curve Analysis Concepts[J]. SPE R&E,1999,2(5):478-485.
[24] 冯曦,贺伟,许清勇. 非均质气藏开发早期动态储量计算问题分析[J]. 天然气工业,2002,22(增刊):87-90.
[25] 郝玉鸿,许敏,徐小蓉. 正确计算低渗透气藏的动态储量[J]. 石油勘探与开发,2002,29(5):66-68.
[26] 刘晓华. 气藏动态储量计算中的几个关键参数探讨[J]. 天然气工业,2009,29(9):71-75.
[27] 位云生,何东博,冀光,等. 苏里格型致密砂岩气藏水平井长度优化[J]. 天然气地球科学,2013,23(4):775-779.
[28] 王军磊,贾爱林,何东博,等. 致密气藏分段压裂水平井产量递减规律及影响因素[J]. 天然气地球科学,2014,25(2):278-285.
[29] 姜汉桥,姚军,姜瑞忠. 油藏工程原理与方法[M]. 东营:中国石油大学出版社,2006.
[30] 庄惠农. 气藏动态描述和试井[M]. 北京:石油工业出版社,2003.

体积压裂复杂裂缝形态压力响应特征分析

赵晓亮　廖新维　王　欢　赵东锋　陈晓明　叶　恒　李东晖

[中国石油大学（北京）石油工程学院]

摘要：体积压裂根据岩石脆性会形成不同的裂缝形态，会造成不同的改造体积和增油效果。研究在实际油田认识基础上，建立不同裂缝形态的渗流数值模拟模型，分析关井压力恢复时不同裂缝形态时的压力响应特征，研究结果表明当体积压裂形成两翼缝时，表现为有限导流的压力响应特征，当形成裂缝网络时会出现双重介质和复合油藏的压力响应特征，由该特征可以通过试井分析方法判断体积压裂后裂缝形态，为体积压裂效果评价提供技术参考。

关键词：体积压裂；试井；两翼缝；裂缝网络

所谓体积压裂又称体积改造[1]，是指在水力压裂过程中，使天然裂缝不断扩张和脆性岩石产生剪切滑移，形成天然裂缝与人工裂缝相互交错的裂缝网络，从而增加改造体积，提高初始产量和最终采收率（图1）[2]。体积压裂能否形成复杂网络裂缝，首先取决于储层的地质因素。储层岩石的矿物成分会影响岩石的力学性质，从而影响裂缝的起裂方式和延伸路径[3]。北美页岩压裂实践经验表明，岩石脆性越高，压裂越易形成复杂缝网，随着脆性的降低，压裂裂缝趋近于对称的两翼裂缝[4]（表1）。对于超低渗透油藏，因其储层致密、渗透率超低，如经体积压裂后形成复杂缝网、增大改造体积，不仅初期产量高，而且更有利于长期稳产，取得较好的效果[5-6]。

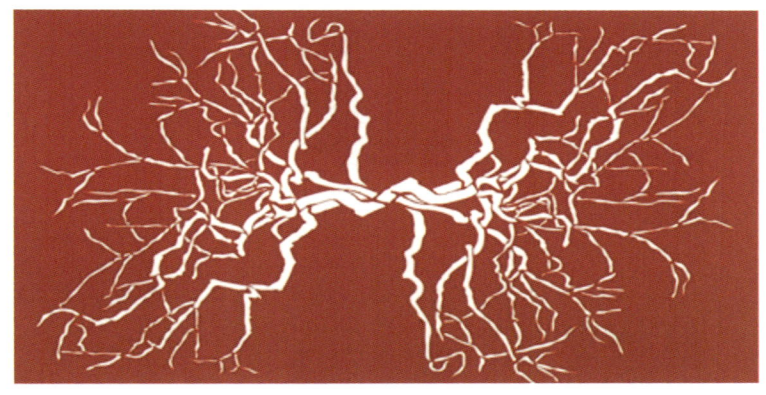

图1　体积压裂裂缝

基金项目：（1）国家973项目：二氧化碳减排、存储和资源化利用的基础研究，2011CB707302；（2）国家重大科技专项"大型油气田及煤层气开发"（2011ZX05016）；（3）国家科技重大专项"复杂油气田地质与提高采收率技术"（2011ZX05009）；（4）中国石油大学（北京）科研基金资助（编号）（Supported by Science Foundation of China University of Petroleum, Beijing(No.00000)）；（5）高等学校博士学科点专项科研基金（新教师类）（20120007120007）。

表 1 岩石力学脆性与裂缝形态的关系表

裂缝形态示意图		裂缝闭合剖面
缝网		
缝网		
缝网与多缝过渡		
缝网与多缝过渡		
多缝		
两翼对称		
两翼对称		

研究根据长庆油田典型低渗透油藏压裂施工设计报告，结合油田实际参数，基于不同裂缝形态，建立了直井体积压裂渗流数值模拟模型。模型中，裂缝网络采用双重介质模型模拟，两翼缝采用局部网格加密方法模拟，进而分析关井压力恢复时不同裂缝形态时的压力响应特征。

1 体积压裂直井渗流模型建立

长庆油田典型油藏的体积压裂井存在同层多簇压裂和多层压裂现象。研究分别建立了体积压裂同层和多层模型。模型分为两翼缝压裂数值模型和裂缝网络数值模型（图2、图3）。两翼裂缝形态采用局部网格加密技术进行模拟，裂缝网络采用双重介质模型模拟。模型中流体和相渗参数取自区块实际测试数据。

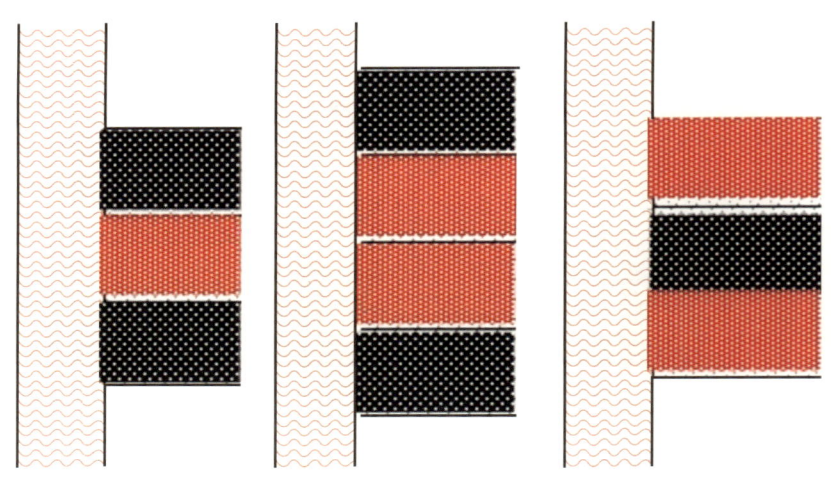

图 2 两翼缝压裂数值模型

图 3　裂缝网络压裂数值模型

2　压力响应特征分析

2.1　两翼缝时压力响应特征分析

在两翼缝时，建立了 3 个模型，包括单层压裂、两层压裂、同层多段压裂模型，模拟结果如图 4 至图 8 所示。

两翼缝时，试井曲线变化为有限导流的压力响应特征。两翼缝试井曲线特征表现为随着压裂簇的增加，早期段，双线性流出现时间变早；有无隔层对试井曲线影响不大（图 4）。

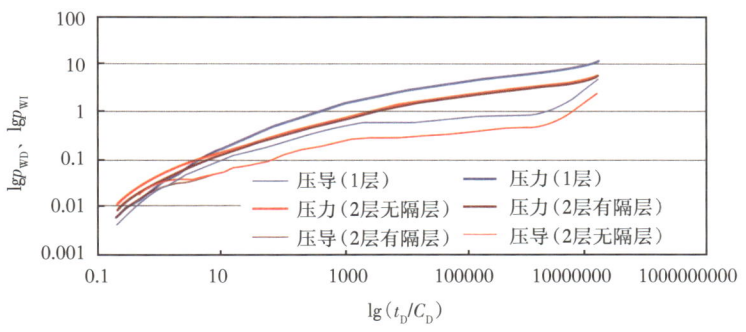

图 4　两翼缝试井曲线特征

当两层裂缝半长不同时，试井曲线主要差异出现在早期段，压力和压力导数曲线右移；其对后期基本无影响（图 5）。

随着裂缝半长的增加，对早期段影响不大，径向流段随裂缝半长的增加出现时间变晚（图 6）。

随着表皮系数增加，早期段发生明显变化，表皮越大，早期段曲线越向上凸起（图 7）。

导流能力响应特征表现为随着裂缝导流能力的增加，试井曲线的双线性流特征越来越明显（图 8）。

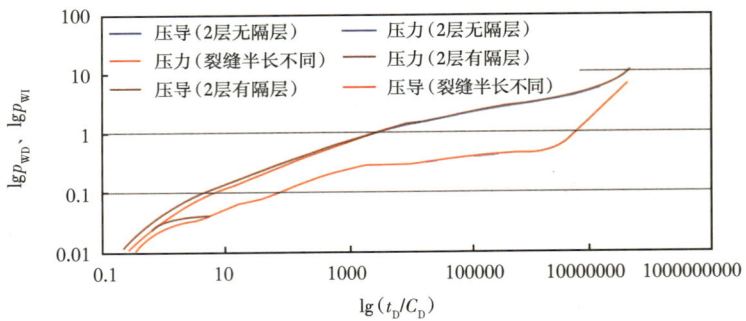

图 5　多层压裂时试井曲线特征

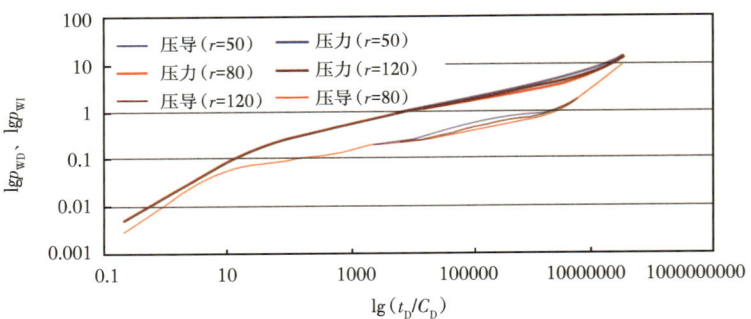

图 6　裂缝半长对试井曲线的影响

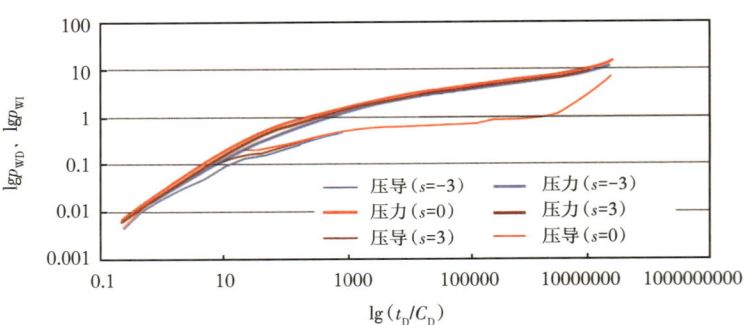

图 7　表皮系数对试井曲线的影响

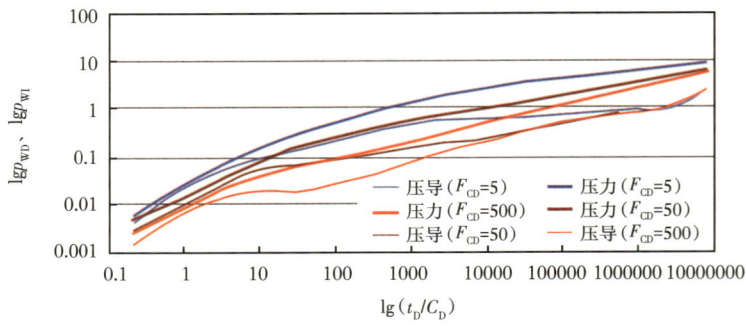

图 8　两翼缝试井曲线导流能力响应特征

2.2 裂缝网络时压力响应特征分析

体积压裂形成裂缝网络时,裂缝采用双重介质模型模拟。研究建立了三个模型,包括单层压裂、两层压裂、同层多段压裂模型。

裂缝网络模型试井曲线特征表现为随着压裂簇的增加,早期段压力导数表现出下凹的特征;有无隔层对试井曲线影响不大(图9)。

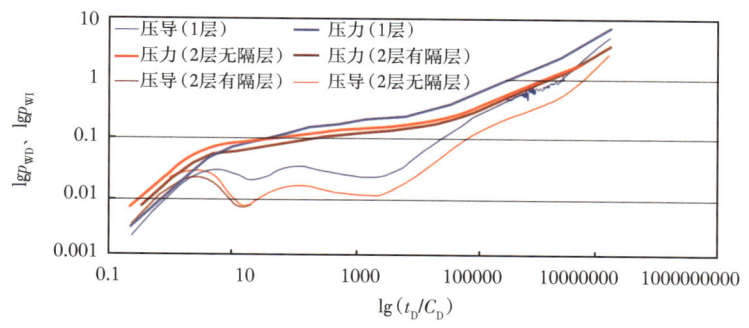

图 9 裂缝网络试井曲线特征

裂缝网络模型试井曲线中晚期表现为径向复合油藏的压力响应特征。当两层裂缝半长不同时,试井曲线早期段压力和压力导数曲线右移,外区径向流出现时间变早(图10)。

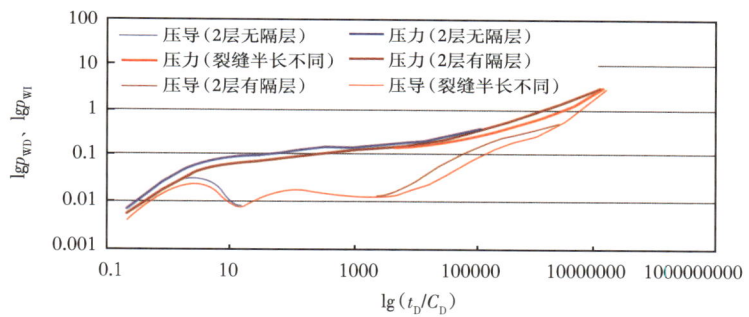

图 10 多层压裂时试井曲线特征

裂缝半长的增加,对早期段影响不大,径向流段随半长的增加出现时间呈向后推迟趋势(图11)。

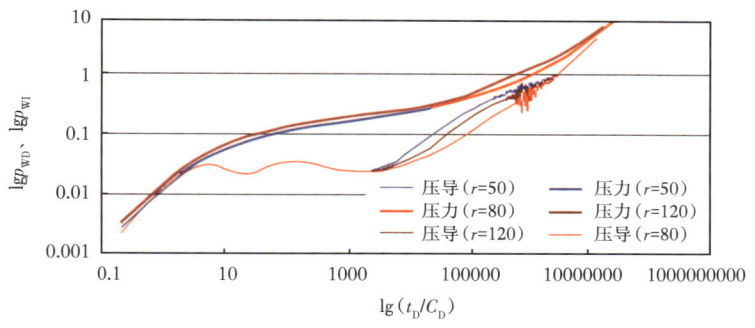

图 11 裂缝半长对试井曲线的影响

随着表皮系数增加，早期段发生明显变化，表皮系数越大，早期段曲线越向上凸起（图12）。

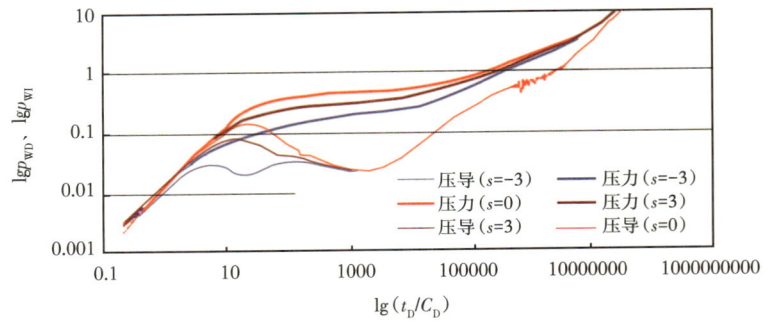

图12　表皮系数对试井曲线的影响

导流能力响应特征表现为随着裂缝导流能力的增加，试井曲线的双线性流特征越来越明显（图13）。

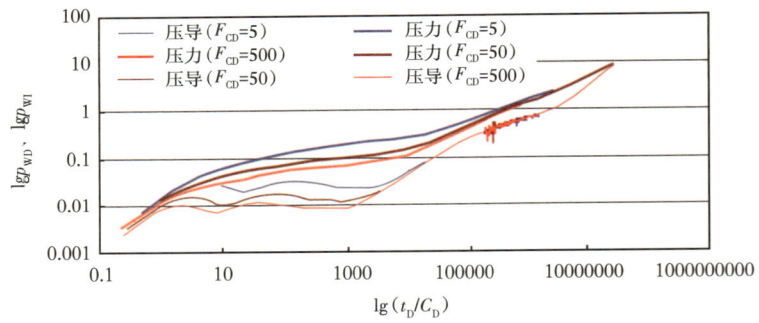

图13　裂缝网络试井曲线导流能力响应特征

2.3　两翼缝和裂缝网络试井曲线特征对比分析

两翼缝和裂缝网络试井曲线主要区别如图14所示。

（1）井储段：裂缝网络模型井储段特征明显，导数下降幅度较大。

（2）裂缝流动段：两翼缝曲线表现为有限导流特征，裂缝网络出现双重介质特征。

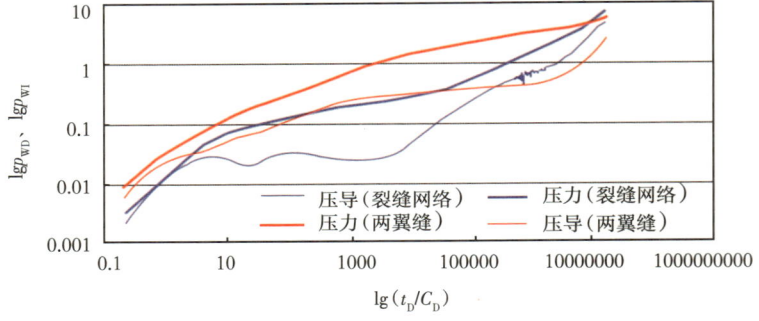

图14　两翼缝和裂缝网络试井曲线特征区别

(3) 外区流动段：都出现径向流段，裂缝网络出现较长的过渡段。
(4) 边界：模型为不渗透边界，两种情况边界响应特征相同。

3 结论

（1）根据岩石脆性不同，会形成不同的裂缝形态，如果脆性大将形成裂缝网络；如果脆性小，将形成以两翼缝为主导的裂缝发育形态。

（2）当压裂形成两翼缝时，压力响应特征表现为明显的有限导流压力响应特征，随着压裂簇的增加，早期段，双线性流出现时间变早；有无隔层对试井曲线影响不大。

（3）当形成裂缝网络时，压力响应特征表现为双重介质和复合油藏的压力响应特征，随着压裂簇的增加，早期段压力导数表现出下凹的特征；有无隔层对试井曲线影响不大。

（4）裂缝网络和两翼缝压力响应特征具有明显的区别，可以根据压力响应特征来判断体积压裂后裂缝的形态。

参 考 文 献

[1] M J Mayerhofer, Pinnacle, E P Lolon, Carbo Ceramics, et al. What Is Stimulated Reservoir Volume? [J]//SPE Shale Gas Production Conference. Fort Worth, Texas, USA：Society of Petroleum Engineers, 2008：16-18.

[2] 徐梦雅, 廖新维, 刘姣姣. 储层应力敏感性对致密气藏压裂水平井试井分析的影响 [J]. 陕西科技大学学报, 2012, 30 (5)：57-61.

[3] M J Mayerhofer and E P Lolon. Integration of Microseismic-Fracture-Mapping Results With Numerical Fracture Network Production Modeling in the Barnett Shale [J]// SPE International Symposium and Exhibiton on Formation Damage Control. Lafayette, Louisiana, USA：Society of Petroleum Engineers, 2009：1-8

[4] 张艳玉, 李卫东, 崔国亮, 等. 低渗透双重介质油藏试井解释模型 [J]. 陕西科技大学学报, 2012, 30（3）：65-69.

[5] 廖新维, 刘尉宁, 陈钦雷. 裂缝性油藏水平井试井分析研究 [J]. 油气井测试, 1993, 2（2）：11-21.

[6] Mayerhofer M J, Bolander J L, Williams L I, et al. Integration of Microseismic Fracture Mapping, Fracture and Production Analysis with Well Interference Data to Optimize Fracture Treatments in the Overton Field [C]// the 2005 SPE Annual Technical Conference and Exhibition, East Texas, USA：Society of Petroleum Engineers, 2005：9-12.

[7] Cipolla C L, Warpinski N R, Mayerhofer M J, et al. The Relationship between Fracture Complexity, Reservoir Properties, and Fracture Treatment Design [C] // the SPE Annual Technical Conference and Exhibition, Denver, USA：Society of Petroleum Engineers, 2008：105-116.

[8] Cipolla C L, Peterman F, Creegan T, et al. Effect of Well Placement on Production and Frac Design in a Mature Tight Gas Field [C] //. The 2005 SPE Annual Technical Conference and Exhibition, Dallas, Texas, USA：Society of Petroleum Engineers, 2005：8-21.

[9] 姚军, 李爱芬, 陈月明, 等. 盒状砂岩油藏中水平井试井分析方法 [J]. 石油学报, 1997, 18（3）：105-109.

[10] 李晓平, 沈燕来, 刘启国, 等. 双重介质油藏水平井试井分析方法 [J]. 西南石油学院学报, 2001, 23（5）：16-18.

[11] 张奇斌, 张同义, 廖新维. 水平井不稳定试井分析理论及应用 [J]. 大庆石油地质与开发, 2005, 24（5）：59-61.

[12] 李树松,段永刚,陈伟,等.压裂水平井多裂缝系统的试井分析[J].大庆石油地质与开发,2006,25(3):67-69.
[13] 姚军,殷修杏,樊冬艳,等.低渗透油藏的压裂水平井三线性流试井模型[J].油气井测试,2011,20(5):1-5.
[14] 石国新,聂仁仕,路建国,等.2区复合油藏水平井试井模型与实例解释[J].西南石油大学学报,2012,34(5):99-106.
[15] 任龙,苏玉亮,王文东,等.分段多簇压裂水平井渗流特征及产能分布规律[J].西安石油大学学报,2013,28(4):55-59.

体积压裂直井油气产能预测模型

陈志明 廖新维 赵晓亮 王 欢 叶 恒 祝浪涛 陈奕洲

[中国石油大学（北京）石油工程教育部重点实验室]

摘要：在直井体积压裂过程中，由于地质和工程等因素的影响，压裂井的裂缝分支数和长度具有多样性。但目前提出的分支裂缝井产能预测模型主要针对2个分支、4个分支和对称多分支无限导流裂缝井，这些都是实际情况的特例，具有很大局限性，缺乏一个适用于体积压裂后通用的不对称多分支裂缝井产能预测模型。为此，本文基于稳定流理论，应用保角变换，推导了完全不对称多分支裂缝井产能预测模型，并利用已有的研究成果来检验模型的准确性。同时，通过实例，分析了地层渗透率、厚度、流体、黏度、裂缝导流能力、裂缝长度和裂缝分支数对直井产能的影响。结果表明，经过特殊取值，由新建模型可得到目前常用模型，其准确性得以验证。通过分析发现，随着裂缝长度和导流能力的增加，裂缝井产能增大，但产能增幅随供给半径的增大而减小；随着裂缝分支数的增大，裂缝井产能增加，但增幅随分支数的增大而变小。

关键词：体积压裂；多分支裂缝；稳定渗流；保角变换；产能预测；因素分析

体积压裂技术是改造低渗透油气田、实现增产的一项重要工艺措施[1,2]。由于受地质和工程等因素的影响，直井体积压裂时，裂缝延伸的分支数和长度具有多样性[3]。

目前许多学者提出了多种裂缝井的产能预测模型。他们分别利用保角变换[4]、椭圆流[5]和双线流法[6]等方法推导了对称2个分支裂缝井产能模型；Rodriguez等建立了不对称2个分支裂缝井产能模型[7-9]；彭昱强等推导了半对称4个分支裂缝井产能模型[10,11]。但是，在体积压裂过程中，由于裂缝分支很多，这些分支裂缝井模型不适用于体积压裂后的直井。

程林松等建立了对称多分支裂缝井产能模型[12]，但假设条件是：各分支裂缝长度一致且为无限导流，这与实际情况不符，并且计算裂缝井产能时，裂缝的导流能力也须考虑。Chen等[13]虽然考虑了裂缝的不对称性和裂缝导流能力，但方程较为复杂且不够完善。因此，亟须建立适用于任意长度、有限或无限导流能力、裂缝油气井的多分支裂缝井产能预测模型。为此，笔者基于稳定流理论，应用保角变换，推导了适用于体积压裂后任意长度、有限或无限导流能力、裂缝油气井的多分支裂缝井产能预测模型，并利用已有的研究成果检验了模型的准确性。同时，通过实例重点分析了裂缝导流能力、裂缝长度、裂缝分支数和裂缝不对称性等因素对产能的影响。

基金项目：国家重点基础研究发展计划（973）"陆相致密油高效开发基础研究"（2015CB250905）；国家自然科学基金"超低渗透油藏注气提高采收率理论与技术研究"（U1262101）；中国石油大学（北京）科研基金资助（No.00000）。

1 产能计算模型

1.1 物理模型

不对称多分支裂缝井的渗流力学模型如图 1 (a) 所示,基本假设包括:(1) 裂缝等角度完全不对称分布;(2) 裂缝高度等于地层厚度;(3) 油气藏和裂缝中流体渗流符合达西线性流动;(4) 不考虑地层的垂向流动及裂缝附近的伤害,且油气藏的上下封闭;(5) 流体为单相、均质、不可压缩牛顿流体;(6) 流体渗流过程中为等温,无任何特殊的物理化学现象发生。

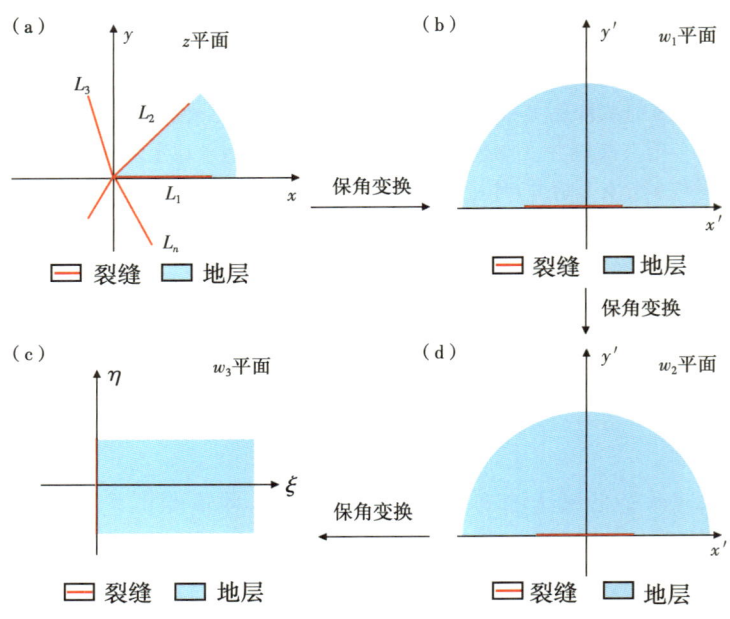

图 1 不对称多分支裂缝井保角变换示意

1.2 保角变换

由保角变换原理可知,变换前后产能不变,边界上的势不变,变化的仅是线段的长度和流体流动形式。以裂缝中心轴为界,任取两相邻裂缝地层进行保角变换,在变换过程中,忽略油井半径和裂缝缝宽的影响。将 z 平面的阴影区域地层变成 w_1 平面半径为 $r_e^{n/2}$ 的半圆地层(图 1b)。保角变换式为

$$w_1 = z^{\frac{n}{2}} \tag{1}$$

将 w_1 平面上的原点平移到裂缝中点处,因为 r_e 足够大,可认为半圆地层的圆心还在原点上,其半径为 $r_e^{n/2}$,得到 w_2 平面(图 1c),保角变换式为

$$w_2 = w_1 - \frac{L_1^{\frac{n}{2}} + L_2^{\frac{n}{2}}}{2} \tag{2}$$

将 w_2 平面上的裂缝变换到 w_3 平面上,同样认为 r_e 足够大,w_2 平面的地层半圆变成

w_3 平面上长度为 ξ_e、宽度为 η_e 的矩形，保角变换式为

$$\mathrm{ch} w_3 = \frac{2w_2}{L_1^{\frac{n}{2}} + L_2^{\frac{n}{2}}} \tag{3}$$

由保角变换性质知，z 平面上扇形区域地层产能与 w_3 平面上矩形产能相等，且流体流动为稳定单向流，由于 r_e 足够大，由式（1）至式（3）可推导出 ξ_e 和 η_e 的表达式分别为

$$\xi_e = \ln \frac{4r_e^{\frac{n}{2}}}{L_1^{\frac{n}{2}} + L_2^{\frac{n}{2}}} \tag{4}$$

$$\eta_e = \pi \tag{5}$$

式中 z——初始平面；
w_1——保角变换平面 1；
w_2——保角变换平面 2；
w_3——保角变换平面 3；
L_1——裂缝 1 的长度，m；
L_2——裂缝 2 的长度，m；
L_n——任意裂缝长度，m；
n——裂缝总数；
r_e——供给半径，m；
ξ_e——矩形长度；
η_e——矩形宽度。

假设地层为油藏，由单向流公式，得到 z 平面上扇形区域地层对应的产能为

$$Q_1 = \frac{\eta_e K h (p_e - p_f)}{\mu_o B_o \xi_e} \tag{6}$$

将式（4）代入式（6），式（6）变为

$$Q_1 = \frac{2\pi K h (p_e - p_f)}{\mu_o B_o \ln \dfrac{16 r_e^n}{(L_1^{\frac{n}{2}} + L_2^{\frac{n}{2}})^2}} \tag{7}$$

同理，对于其他裂缝间地层而言，同理得到任意两相邻裂缝间扇形区域地层对应的产能为

$$Q_i = \frac{2\pi K h (p_e - p_f)}{\mu_o B_o \ln \dfrac{16 r_e^n}{(L_i^{\frac{n}{2}} + L_j^{\frac{n}{2}})^2}} \tag{8}$$

式中 Q_1——裂缝 1 与裂缝 2 间扇形区域地层对应的产能，m³/d；
K——地层渗透率，D；
h——油层厚度，m；
p_e——供给边界压力，MPa；

p_f——裂缝压力，MPa；
μ_o——地层原油黏度，mPa·s；
B_o——地层原油体积系数，m³/m³；
Q_i——裂缝 L_i 和 L_j 间扇形区域地层对应的产能，m³/d；
i、j——裂缝编号；
L_i、L_j——两相邻裂缝长度，m。

1.3 无限导流产能模型

若裂缝为无限导流能力，不考虑裂缝内流体的流动，裂缝内压力处处相对，且等于井底压力，即 $p_f = p_{wf}$。

对于油藏，裂缝井总产能为

$$Q_o = \sum_{i=1}^{n} Q_{oi} = \frac{2\pi Kh(p_e - p_{wf})}{\mu_o B_o} \times \left[\frac{1}{\ln\frac{16r_e^n}{(L_1^{\frac{n}{2}} + L_2^{\frac{n}{2}})^2}} + \frac{1}{\ln\frac{16r_e^n}{(L_2^{\frac{n}{2}} + L_3^{\frac{n}{2}})^2}} + \cdots \right.$$

$$\left. + \frac{1}{\ln\frac{16r_e^n}{(L_{n-1}^{\frac{n}{2}} + L_n^{\frac{n}{2}})^2}} + \frac{1}{\ln\frac{16r_e^n}{(L_n^{\frac{n}{2}} + L_1^{\frac{n}{2}})^2}} \right] \tag{9}$$

如果是气藏，则得到的裂缝气井产能公式为

$$Q_g = \sum_{i=1}^{n} \frac{T_{sc}}{Tp_{sc}} \times \frac{\pi Kh(\psi_e - \psi_{wf})}{\ln\frac{16r_e^n}{(L_i^{\frac{n}{2}} + L_j^{\frac{n}{2}})^2}} \tag{10}$$

其中：

$$\psi_e = 2\int_{p_{sc}}^{p_e} \frac{p}{\mu(p)Z(p)} dp \tag{11}$$

$$\psi_{wf} = 2\int_{p_{sc}}^{p_{wf}} \frac{p}{\mu(p)Z(p)} dp \tag{12}$$

Wattenbarger 等[14]的研究结果表明，当 $p<13.6$MPa、$p_{sc}=0.1$MPa 时，存在：

$$\mu(p)Z(p) = \overline{\mu Z} \tag{13}$$

对于一般气藏，满足式（13），气井产能公式可简化为

$$Q_g = \sum_{i=1}^{n} \frac{T_{sc}\pi Kh(p_e^2 - p_{wf}^2)}{\overline{\mu}\overline{Z}Tp_{sc}}$$

$$\times \left[\frac{1}{\ln\frac{16r_e^n}{(L_1^{\frac{n}{2}} + L_2^{\frac{n}{2}})^2}} + \frac{1}{\ln\frac{16r_e^n}{(L_2^{\frac{n}{2}} + L_3^{\frac{n}{2}})^2}} + \cdots + \frac{1}{\ln\frac{16r_e^n}{(L_{n-1}^{\frac{n}{2}} + L_n^{\frac{n}{2}})^2}} + \frac{1}{\ln\frac{16r_e^n}{(L_n^{\frac{n}{2}} + L_1^{\frac{n}{2}})^2}} \right] \tag{14}$$

式中 p_{wf}——油井井底流压，MPa；

Q_o——不对称多分支裂缝的油井总产能，m^3/d；

Q_{oi}——任意相邻裂缝间地层的产油量，m^3/d；

Q_g——不对称多分支裂缝的气井总产能，m^3/d；

T_{sc}——标准条件下温度，K；

T——油藏温度，K；

p_{sc}——标准条件下压力，0.1MPa；

ψ_e——供给边界气体拟压力，$MPa^2/(mPa·s)$；

ψ_{wf}——井底气体拟压力，$MPa^2/(mPa·s)$；

p——流体压力，MPa；

$\mu(p)$——气体黏度函数，$mPa·s$；

$Z(p)$——气体压缩因子函数；

$\bar{\mu}$——平均地层气体黏度，$mPa·s$；

$\bar{Z}$——平均压缩因子。

1.4 有限导流产能模型

对于图1d的情况，若裂缝为有限导流能力，为便于计算，裂缝的导流能力取平均值，其计算式为

$$F_{CD(ij)} = \frac{F_{CDi} + F_{CDj}}{4} \tag{15}$$

假设地层为油藏，基于文献［15］，根据质量守恒定律，可得裂缝上的压力分布微分方程为

$$\frac{F_{CD(ij)}}{\mu_o} \times \frac{d^2 p_f}{d\eta^2} + v = 0 \tag{16}$$

由单向流公式可知，渗流速度的计算式为

$$v = \frac{2K(p_e - p_f)}{\mu_o \ln \frac{16 r_e^n}{(L_i^{\frac{n}{2}} + L_j^{\frac{n}{2}})^2}} \tag{17}$$

裂缝的内外边界条件的表达式为

$$\left.\frac{\partial p_f}{\partial \eta}\right|_{\eta=\frac{\pi}{2}} = 0$$
$$p_f|_{\eta=0} = p_{wf} \tag{18}$$

对式（18）求解可得

$$p_f = C_1 e^{\lambda_1 \eta} + C_2 e^{-\lambda_1 \eta} + p_e \tag{19}$$

其中：

$$C_1 = \frac{p_{wf} - p_e}{e^{\pi \lambda_1} + 1} \tag{20}$$

$$C_2 = \frac{(p_{wf} - p_e) e^{\pi\lambda_1}}{e^{\pi\lambda_1} + 1} \tag{21}$$

$$\lambda_1 = \sqrt{\frac{2K}{F_{CD(ij)} \ln \frac{16 r_e^n}{(L_i^{\frac{n}{2}} + L_j^{\frac{n}{2}})^2}}} \tag{22}$$

式中 $F_{CD(ij)}$——平均裂缝导流能力，D·cm；

F_{CDi}——裂缝 i 的导流能力，D·cm；

F_{CDj}——裂缝 j 的导流能力，D·cm；

η——w_3 平面纵坐标值；

v——流体由基质向裂缝流动的速度，m/h；

C_1、C_2——方程系数。

根据式（16）和式（19），裂缝井的产能可表示为

$$Q_i = \frac{F_{CDi} + F_{CDj}}{2\mu_o B_o} h \lambda_1 (C_1 - C_2) \tag{23}$$

根据式（21）至式（24），并经过叠加计算，有限导流裂缝油井和气井产能公式分别为

$$Q_o = \sum_{i=1}^{n} \frac{F_{CDi} + F_{CDj}}{2\mu_o B_o} h \lambda_1 \times \frac{e^{\pi\lambda_1} - 1}{e^{\pi\lambda_1} + 1} (p_e - p_{wf}) \tag{24}$$

$$Q_g = \sum_{i=1}^{n} \frac{(F_{CDi} + F_{CDj}) T_{sc} h_f \lambda_2}{4 \bar{\mu} \bar{Z} T p_{sc}} \times \frac{e^{\pi\lambda_2} - 1}{e^{\pi\lambda_2} + 1} (p_e^2 - p_{wf}^2) \tag{25}$$

其中：

$$\lambda_2 = \sqrt{\frac{8K}{(F_{CDi} + F_{CDj}) \ln \frac{16 r_e^n}{(L_i^{\frac{n}{2}} + L_j^{\frac{n}{2}})^2}}} \tag{26}$$

2 模型验证

目前相关研究主要针对对称 2 个分支有限导流裂缝井、不对称 2 个分支有限导流裂缝井、半对称 4 分支无限导流裂缝井及对称 n 分支无限导流裂缝井产能模型，利用这些结果对新建模型进行验证。

对于对称 2 个分支有限导流裂缝井，假设分支裂缝长度为 L，裂缝导流能力均为 F_{CD}，代入式（24）和式（25），可得对称 2 个分支有限导流裂缝油井和气井的产能，其表达式分别为

$$Q_o = \frac{2h F_{CD} \lambda_3}{\mu_o B_o} \times \frac{e^{\pi\lambda_3} - 1}{e^{\pi\lambda_3} + 1} (p_e - p_{wf}) \tag{27}$$

$$Q_g = \frac{T_{sc}hF_{CD}\lambda_3}{\bar{\mu}\bar{Z}Tp_{sc}} \times \frac{e^{\pi\lambda_3}-1}{e^{\pi\lambda_3}+1}(p_e^2 - p_{wf}^2) \tag{28}$$

其中：

$$\lambda_3 = \sqrt{\frac{2K}{K_fW_f\ln\frac{2r_e}{L}}} \tag{29}$$

式中 K_f——裂缝渗透率，D。

W_f——裂缝宽度，m。

该模型与蒋廷学等[4,15]所建模型一致。

对于不对称2个分支有限导流裂缝井，假设分支裂缝长度为 L_1 和 L_2，裂缝导流能力均为 F_{CD}，代入式（24）和式（25），可得不对称2分支有限导流裂缝油井和气井产能表达式，分别为

$$Q_o = \frac{2hF_{CD}\lambda_4}{\mu_oB_o} \times \frac{e^{\pi\lambda_4}-1}{e^{\pi\lambda_4}+1}(p_e - p_{wf}) \tag{30}$$

$$Q_g = \frac{T_{sc}hF_{CD}\lambda_4}{\bar{\mu}\bar{Z}Tp_{sc}} \times \frac{e^{\pi\lambda_4}-1}{e^{\pi\lambda_4}+1}(p_e^2 - p_{wf}^2) \tag{31}$$

其中：

$$\lambda_4 = \sqrt{\frac{2K}{K_fW_f\ln\frac{4r_e}{L_{f1}+L_{f2}}}} \tag{32}$$

式（30）和式（31）的计算结果与熊健等[9,11]的计算结果完全一致。

对于半对称4分支无限导流裂缝井，假设分支裂缝 $L_1=L_3$ 和 $L_2=L_4$，代入式（24）和式（25），得到半对称4个分支无限导流裂缝油井和气井产能公式分别为

$$Q_o = \frac{2\pi Kh(p_e - p_{wf})}{\mu_oB_o\ln\frac{2r_e}{\sqrt{L_1^2+L_2^2}}} \tag{33}$$

$$Q_g = \frac{T_{sc}}{\bar{\mu}\bar{Z}Tp_{sc}} \times \frac{\pi Kh(p_e^2 - p_{wf}^2)}{\ln\frac{2r_e}{\sqrt{L_1^2+L_2^2}}} \tag{34}$$

式（33）和式（34）的计算结果与曹宝军等[11]的计算结果是完全一致的。

对于对称多分支无限导流裂缝井，假设分支裂缝长度均为 L，代入式（24）和式（25），同样可得到对称多分支无限导流油井和气井产能分别为

$$Q_o = \frac{2\pi Kh(p_e - p_{wf})}{\mu_oB_o\ln\frac{4^{\frac{1}{n}}r_e}{L}} \tag{35}$$

$$Q_{\mathrm{g}} = \frac{T_{\mathrm{sc}}}{\bar{\mu}\bar{Z}Tp_{\mathrm{sc}}} \times \frac{\pi Kh(p_{\mathrm{e}}^2 - p_{\mathrm{wf}}^2)}{\ln\dfrac{4^{\frac{1}{n}}r_{\mathrm{e}}}{L}} \qquad (36)$$

式（35）和式（36）的计算结果与程林松等的计算结果[12]完全相同。

综上所述，经过特殊取值，由新建模型可得到目前常用模型，说明所建体积压裂后不对称多分支裂缝井模型是准确的。

3 产能影响因素

模拟参数包括：油层厚度为10m，地层渗透率为6mD，原始油藏压力为30MPa，井底流压为20MPa，供给半径为1000m，油井半径为0.1m，泡点压力为16MPa，地层原油黏度为5mPa·s，地层原油体积系数为1.2m³/m³；体积压裂后，分支裂缝10条，裂缝长度为14.9~199.1m，平均裂缝长度为100m，裂缝导流能力为0.39~1.08D·cm（表1）。利用推导的 n 个分支有限导流裂缝井产能模型对油藏产能影响因素进行分析。

表1 不同分支裂缝参数

编号	裂缝长度（m）	裂缝导流能力（D·cm）
1	199.1	0.70
2	129.1	1.08
3	13.3	0.44
4	115.5	0.39
5	14.9	1.01
6	108.2	0.77
7	150.7	1.04
8	134.4	0.82
9	33.9	0.59
10	100.9	1.02

3.1 油藏因素

由不同油藏因素与产油量的关系（图2）可以看出，裂缝井产能随着地层渗透率和地层厚度的增加而增加，随着地层原油黏度的增加而减小。

3.2 裂缝因素

3.2.1 裂缝长度

不同供给半径下不对称裂缝油井的产油量与裂缝长度倍数的关系曲线（图3）表明，在各裂缝长度等倍数变化的条件下，随着裂缝长度的增加，油井产油量大致成线性增大，但裂缝长度对产油量影响随供给半径的增大而变小。这是因为裂缝长度增加，与油层接触面积增大，渗流阻力减小，驱油能力增强，油井产能进而增大；当裂缝长度变化相同时，供给半径越大，裂缝长度对产能的影响也就越小。

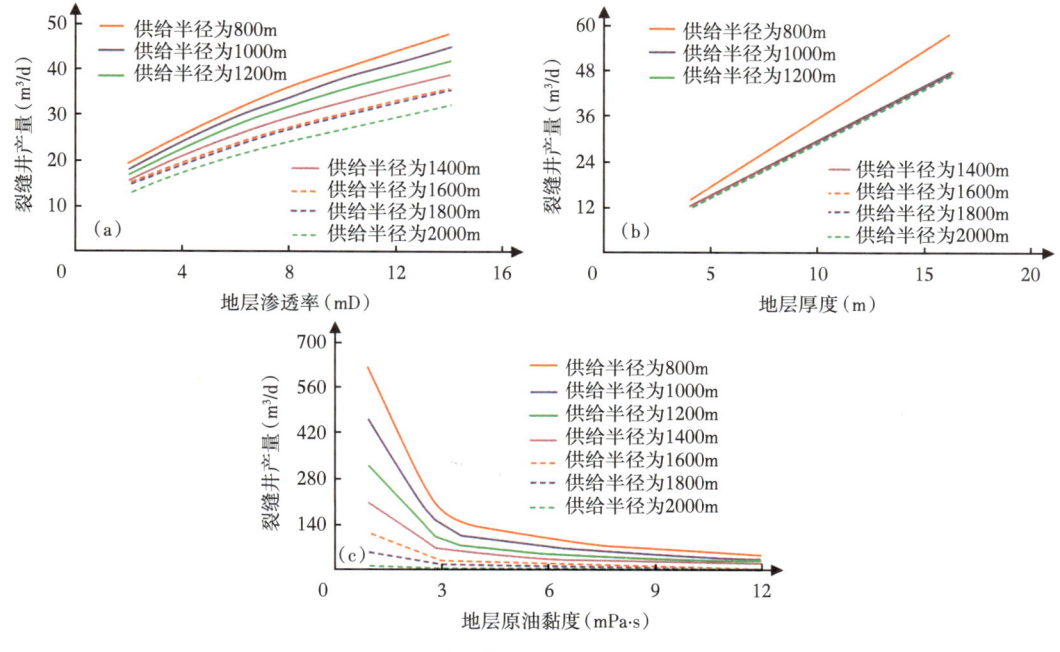

图 2 不同油藏因素与产油量的关系

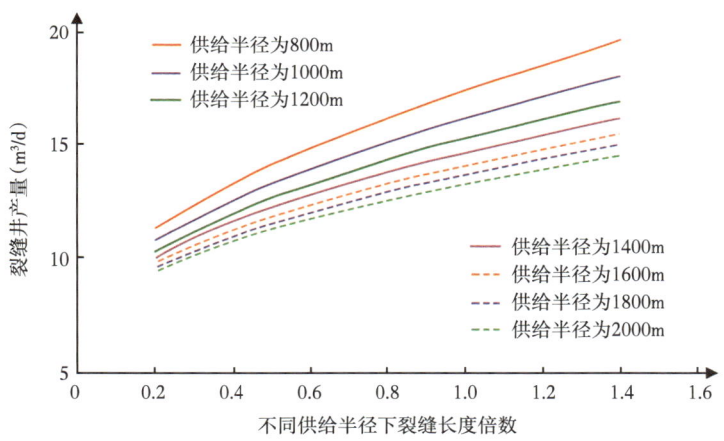

图 3 不同供给半径下不对称裂缝井产能与裂缝长度倍数关系曲线

3.2.2 裂缝导流能力

不同供给半径下不对称裂缝井产油量与裂缝导流能力倍数的关系曲线（图4）表明，在各裂缝导流能力等倍数变化的情况下，随着裂缝导流能力的增加，油井产油量增大，裂缝导流能力对产能影响随供给半径的增大而减弱，尤其当供给半径很大时，裂缝导流能力增大到一定值后，对产能几乎无影响。因此，在直井压裂施工时，当油藏供给半径较小时，增加裂缝导流能力，可有效提高油井产能；但是，当供给半径较大时，过分追求裂缝导流能力是没有必要的。

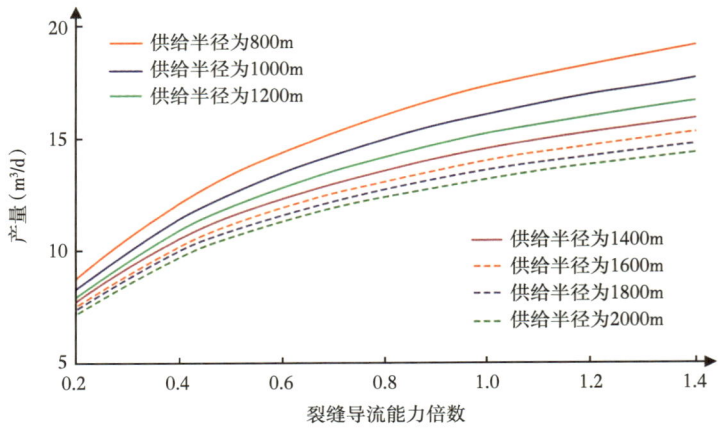

图4 不同供给半径下不对称裂缝井产能与裂缝导流能力倍数的关系

3.2.3 裂缝分支数

分析不同生产压差下不对称裂缝油井产油量与裂缝分支数关系曲线（图5）发现：当各裂缝分支长度为100m时，随着裂缝分支数的增加，油井产油量增大；裂缝分支数对产油量的影响随生产压差的增大而增大，随分支数增加而减小。这是因为，随着分支数的增大，裂缝间干扰增大，对生产造成不利。

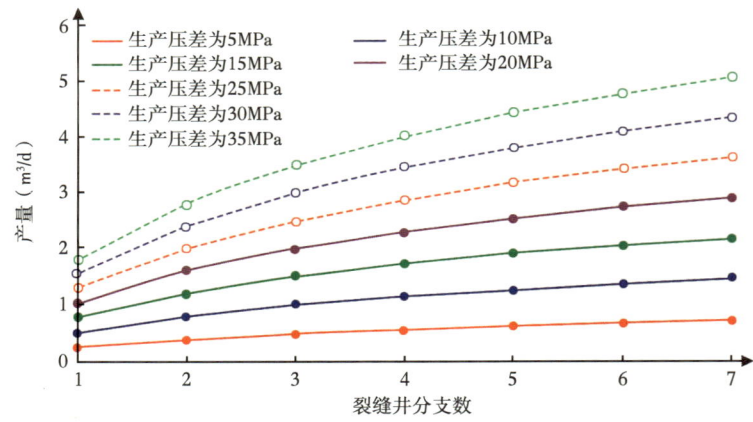

图5 不同生产压差下裂缝井产能与裂缝分支数的关系

4 结论

本文推导了任意多分支无限导流和有限导流裂缝井的产能预测模型，并利用对称2个分支裂缝井、不对称2个分支裂缝井、半对称4个分支裂缝井及多分支对称裂缝井四类已有的产能预测模型对新建模型进行验证，结果完全一致。

在此基础上，分析了完全不对称分支裂缝井的产能影响因素，主要包括油藏因素、裂缝导流能力、裂缝长度和裂缝分支数等，结果表明：随着地层渗透率和地层厚度的增加，裂缝井产能增加；随着地层原油黏度的增加，裂缝井产能减小；随着裂缝长度和导流能力的增加，不对称裂缝井产能增大，但其对产能影响随供给半径的增大而减弱；随着裂缝分支数的增加,裂缝井产能增加,但增幅随分支数的增加而变小;当供给半径很大时,裂缝导流能力增大到一定值后,对不对称裂缝井产能几乎无影响。因此,在直井体积压裂时,当油藏供给半径较大时,过分追求裂缝导流能力是没有必要的。

参 考 文 献

[1] 王欢,廖新维,赵晓亮,等. 超低渗透油藏分段多簇压裂水平井产能影响因素与渗流规律——以鄂尔多斯盆地长8超低渗透油藏为例[J]. 油气地质与采收率,2014,21(6):107-110.

[2] 张德良,张烈辉,赵玉龙,等. 低渗透气藏多级压裂水平井稳态产能模型[J]. 油气地质与采收率,2013,20(3):107-110.

[3] 王锋,刘慧卿,吕广忠. 低渗透油藏长缝压裂直井稳态产能预测模型[J]. 油气地质与采收率,2014,21(1):84-86,91.

[4] 蒋廷学,王宝峰,单文文,等. 整体压裂优化方案设计的理论模式[J]. 石油学报,2001,22(5):58-62.

[5] 尹洪军,刘宇,付春权,等. 低渗透油藏压裂井产能分析[J]. 特种油气藏,2005,12(2):55-56.

[6] 熊健,邱桃,郭平,等. 非线性渗流下低渗气藏压裂井产能评价[J]. 石油钻探技术,2012,40(3):92-96.

[7] Rodriguez F,Cinco-Ley H,Samaniego-V F. Evaluation of fracture asymmetry of finite-conductivity fractured wells[J]. SPE Production Engineering,1992,7(2):233-239.

[8] Djebbar T,Jing L,Hung N,et al. Evaluation of fracture asymmetry of finite-conductivity fractured wells[J]. Journal of Energy Resource Technology,2010,132(1):1-7.

[9] 熊健,王小军,吕雷,等. 低渗油藏不对称垂直裂缝井产能模型[J]. 科技导报,2013,31(22):40-43.

[10] 彭昱强,何顺利,魏俊之,等. 不完全对称多井底水平井产能研究[J]. 大庆石油地质与开发,2003,22(2):28-30.

[11] 曹宝军,李相方,姜子杰,等. 压裂火山岩气井不对称裂缝产能模型研究[J]. 天然气工业,2009,29(8):79-81.

[12] 程林松. 高等渗流力学[M]. 北京:石油工业出版社,2011,58-59.

[13] Chen Z M,Liao X W,Huang C H,et al. Productivity estimations for vertically fractured wells with asymmetrical multiple fractures[J]. Journal of Natural Gas Science and Engineering,2014,21(6):1048-1060.

[14] Wattenbarger Robert A,Ramey JR. Gas well testing with turbulence,damage and wellbore storage[J]. Journal of Petroleum Technology,1968,20(8):877-887.

[15] 汪永利,蒋廷学,曾斌,等. 气井压裂后稳态产能的计算[J]. 石油学报,2001,22(5):58-62.

应力敏感气藏水平井试井解释方法研究

伊向艺[1]　张　志[1,2]　李成勇[1]　李德财[1,3]　王胜波[1,3]

(1. 成都理工大学能源学院；2. 大庆油田有限责任公司铁人王进喜纪念馆；
3. 大庆油田有限责任公司团委)

摘要：应力敏感效应在低渗透储层中较为普遍。水平井是快速、高效开发该类油藏的主要井型，研究其试井解释方法对准确评价储层特征、掌握开发动态具有十分重要的意义。从基础实验研究出发，采用线性化处理方法建立了应力敏感气藏水平井渗流数学模型；并采用Lord Kelvin点源解、贝塞尔函数积分和泊松迭加公式等方法求解了无限大应力敏感气藏水平井在拉普拉斯空间中的无因次压力响应函数。通过计算得到了无因次压力和压力导数双对数理论图版，并在其基础上分析了应力敏感气藏水平井渗流特征及其影响因素。研究成果对合理高效开发低渗透应力敏感气藏具有重要意义。

关键词：水平井；点源函数；应力敏感气藏；渗流特征；影响因素

在有效应力变化过程中储层内部的孔喉结构会产生一定程度的伤害。岩石孔隙度和渗透率会发生不可逆的降低，造成储层应力伤害。实验结果表明：渗透率应力敏感伤害远强于孔隙度。在低渗透—致密砂岩气藏中，储层压实程度较高，岩石骨架承压能力强；在上覆地层岩石应力作用下，孔隙体积变化幅度小，故孔隙度应力敏感效应可以忽略[1,2]。但岩石孔喉为反拱形，随着气藏开采的持续进行，孔隙中流体压力逐渐降低，喉道半径急剧缩小，渗透率大幅降低，渗透率应力敏感效应对渗流的影响就不能忽视[3]。对于渗透率应力敏感性的研究，国外进行的较早，而国内的研究起步较晚。目前国内外的研究主要集中在直井渗流领域，对于水平井渗流领域还没有见任何文献中有相关报道，因此本文的研究具有重要的意义。

1　渗透率应力敏感性实验研究

低渗透—致密砂岩油藏岩心驱替实验结果表明[4-5]：随着围压增加，岩心气测渗透率急剧下降；当围压降低后，岩心气测渗透率有所恢复，但最后恢复值远低于初始渗透率值（图1）。渗透率随有效应力变化关系可描述为

$$\gamma = \frac{1}{K}\frac{\partial K}{\partial \psi} \tag{1}$$

式中　γ——渗透率模量（按压力定义），MPa^{-1}；
　　　K——渗透率，mD；

基金项目：教育部博士学科点新教师类基金资助（20095122120012）。

ψ——拟应力，$\psi = \int \dfrac{pdp}{\mu z}$，MPa²/（mPa·s）；

μ——黏度，mPa·s；

z——偏差因子。

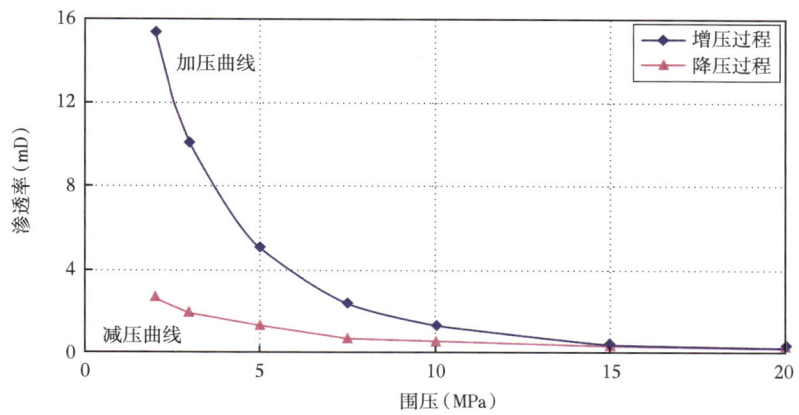

图 1　渗透率应力敏感性曲线

对式（1）积分得

$$K = K_i e^{-\gamma(\psi_i - \psi)} \tag{2}$$

式中　K_i——原始地层压力下的储层渗透率，mD；

ψ_i——原始地层压力下的拟压力，MPa²/(mPa·s)。

2　应力敏感气藏渗流微分方程

结合低渗透—致密砂岩气藏的运动方程、状态方程和连续性方程，建立考虑渗透率应力敏感的低渗透—致密砂岩气藏渗流微分基本方程为[6-9]

$$\dfrac{1}{r} \times \dfrac{\partial}{\partial r}\left(r\dfrac{\partial \psi}{\partial r}\right) + \gamma\left(\dfrac{\partial \psi}{\partial r}\right)^2 = \dfrac{\phi \mu C_t}{3.6 K_i} \times e^{\gamma(\psi_i - \psi)} \times \dfrac{\partial \psi}{\partial t} \tag{3}$$

引入以下无因次变量：

（1）无因次压力：

$$\psi_D = \dfrac{78.55 K_i h}{q_g T} \Delta\psi(p) \tag{4}$$

（2）无因次时间：

$$t_D = \dfrac{3.6 K_i t}{\phi \mu C_t l^2} \tag{5}$$

（3）无因次半径：

$$r_D = \dfrac{r}{l} \tag{6}$$

（4）无因次渗透率模量：

$$\gamma_D = \frac{1.842 \times 10^{-3} q_{sc}\mu B}{K_i h}\gamma \tag{7}$$

式中　ψ_D——无因次压力；
　　　t_D——无因次时间；
　　　r_D——无因次半径；
　　　γ_D——无因次渗透率模型；
　　　K_i——原始地层压力下的储层渗透率，mD；
　　　ψ——原始地层压力下的拟压力，MPa²/(mPa·s)；
　　　r——半径，m；
　　　C_t——综合压缩系数，MPa⁻¹；
　　　h——储层有效厚度，m；
　　　q_g——气井产量，m³/d；
　　　T——地层温度，K；
　　　$\Delta\psi(p)$——拟压力差，MPa²/(mPa·s)；
　　　q_{sc}——标况下的产量，m³/d；
　　　l——参考长度，m；
　　　ϕ——孔隙度；
　　　B——体积系数；
　　　t——时间，h。

将上述无因次变量代入渗流微分式（3），可得到考虑应力敏感效应的无因次渗流微分数学模型：

$$\frac{1}{r_D}\frac{\partial}{\partial r_D}\left(r_D\frac{\partial \psi_D}{\partial r_D}\right) - \gamma_D\left(\frac{\partial \psi_D}{\partial r_D}\right)^2 = e^{\gamma_D\psi_D}\frac{\partial \psi_D}{\partial t_D} \tag{8}$$

式（8）是一个偏微分方程，无法直接对该渗流微分方程进行求解，必须对该渗流微分方程进行线性化处理。针对低渗透—致密砂岩渗流微分方程的特点，引入如下变换关系式[10-13]：

$$\psi_D(r_D, t_D) = -\frac{1}{\gamma_D}\ln[1 - \gamma_D\eta_D(r_D, t_D)] \tag{9}$$

并应用以下各摄动技术变换式[14-17]：

$$\eta_D = \eta_{0D} + \gamma_D\eta_{1D} + \gamma_D^2\eta_{2D} + \Lambda \tag{10}$$

式中　η_D——摄动变形函数；
　　　η_{0D}、η_{1D}、η_{2D}——0阶、1阶、2阶摄动变形函数；
　　　L——余量。

$$\frac{1}{1 - \gamma_D\eta_{wD}} = 1 + \gamma_D\eta_{wD} + \gamma_D^2\eta_{wD}^2 + \Lambda \tag{11}$$

$$-\frac{1}{\gamma_D}\ln(1 - \gamma_D\eta_D) = \eta_D + \frac{1}{2}\gamma_D\eta_D^2 + \Lambda \tag{12}$$

$$-\frac{1}{\gamma_D}\ln(1-\gamma_D\eta_{wD}) = \eta_{wD} + \frac{1}{2}\gamma_D\eta_{wD}^2 + \Lambda \tag{13}$$

式中　η_D——摄动变形函数井底压力形式。

再考虑到较小无因次渗透率模量，只要取零阶摄动解即可，于是将式（8）简化为[17-20]

$$\frac{1}{r_D}\frac{\partial}{\partial r_D}\left(r_D\frac{\partial\eta_{wD}}{\partial r_D}\right) = \frac{\partial\eta_{wD}}{\partial t_D} \tag{14}$$

3　应力敏感气藏瞬时点源基本解

利用拉普拉斯变换，由式（14）得到顶底封闭边界瞬时点源扩散方程的数学模型[1-3]：

$$\begin{cases} \overline{L}\,\overline{\eta}(M_D, M'_D, u, 0) = \nabla_D^2\overline{\eta} - u\overline{\eta} = -\delta(M_D, M'_D) \\ \dfrac{\partial\overline{\eta}}{\partial n} = 0 \quad z=0\text{ 或 }z_e \\ \overline{\eta}(r_D, 0) = 0 \\ \overline{\eta}(\infty, u) = 0 \end{cases} \tag{15}$$

式中　$\overline{L}$——拉普拉斯变换符号；
　　　$\overline{\eta}$——摄动变形函数在拉普拉斯空间中的表达式；
　　　M_D——源点；
　　　M'_D——响应点；
　　　u——时间在拉普拉斯空间中的表达式；
　　　δ——脉冲函数；
　　　z——垂向位置函数，m；
　　　z_e——顶底边界垂向位置，m。

采用 Lord Kelvin 点源解的思想可得到其瞬时点源函数基本解：

$$\overline{\eta} = \exp(-\rho_D\sqrt{u})/4\pi\rho_D \tag{16}$$

式中　ρ_D——极坐标。

根据 Lord Kelvin 的点源解，利用级数函数性质、镜像反映、迭加原理等数学手段，获得在拉普拉斯空间中的顶底封闭低渗透致密砂岩气藏瞬时点源基本解为

$$\overline{\eta} = \frac{1}{4\pi}\sum_{-\infty}^{+\infty}\left\{\frac{\exp\left[-\sqrt{u}\sqrt{R_D^2+(Z_D+Z'_D-2nZ_{eD})^2}\right]}{\sqrt{R_D^2+(Z_D+Z'_D-2nZ_{eD})^2}} + \frac{\exp\left[-\sqrt{u}\sqrt{R_D^2+(Z_D-Z'_D-2nZ_{eD})^2}\right]}{\sqrt{R_D^2+(Z_D-Z'_D-2nZ_{eD})^2}}\right\} \tag{17}$$

在方程中：

$$R_D^2 = (x_D - x'_D)^2 + (y_D - y'_D)^2 \tag{18}$$

$$x_D = \frac{x}{l}\sqrt{\frac{K}{K_x}} \tag{19}$$

$$y_D = \frac{y}{l}\sqrt{\frac{K}{K_y}} \tag{20}$$

$$z_D = \frac{z}{l}\sqrt{\frac{K}{K_z}} \tag{21}$$

$$z_{eD} = \frac{z_e}{l}\sqrt{\frac{K}{K_z}} \tag{22}$$

式中　Z_D——无因次垂向坐标；
　　　Z'_D——无因次响应点垂向坐标；
　　　Z_{eD}——无因次边界垂向坐标；
　　　R_D——无因次径向坐标；
　　　x_D——无因次 x 方向坐标；
　　　x'_D——无因次 x 方向响应点坐标；
　　　y_D——无因次 y 方向坐标；
　　　y'_D——无因次 y 方向响应点坐标；
　　　K——平均渗透率，mD；
　　　K_x——x 方向渗透率，mD；
　　　K_y——y 方向渗透率，mD；
　　　K_z——z 方向渗透率，mD。

由于上式的计算很复杂，可以引入 Poisson 迭加公式（17）将上述方程简化为更方便的表达式：

$$\sum_{n=-\infty}^{n=+\infty}\exp\left(-\frac{(\xi-2n\xi_e)^2}{4t_D}\right) = \frac{\sqrt{\pi t_D}}{\xi_e}\left[1+2\sum_{n=1}^{n=+\infty}\exp\left(-\frac{n^2\pi^2 t_D}{\xi_e^2}\right)\cos\left(n\pi\frac{\xi}{\xi_D}\right)\right] \tag{23}$$

式中　ξ——坐标符号；
　　　ξ_e——边界符号；
　　　ξ_D——无因次坐标符号。

对方程（23）两边同乘以 $t_D^{-\frac{3}{2}}\exp(-a^2/4t_D)$，式中的 a 为一个客观存在的常数，对 t_D 进行拉普拉斯变换，由拉普拉斯变换可知：

$$L_u(e^{-a^2/4t_D}/t_D^{-3/2}) = \frac{2\sqrt{\pi}}{a}e^{-a\sqrt{u}} \tag{24}$$

$$L_u(e^{-a^2/4t_D}/t^{v+1}) = \frac{2^{v+1}u^{\frac{v}{2}}}{a^v}K_v(a\sqrt{u}) \tag{25}$$

式中　L_u——拉普拉斯变换符号；
　　　K_v——v 阶修正贝塞尔函数。

方程（23）右边两项分别化简为

$$\sum_{-\infty}^{+\infty}\left\{\frac{\exp(-\sqrt{u}\sqrt{R_D^2+(Z_D-Z_D'-2nZ_{eD})^2})}{\sqrt{R_D^2+(Z_D-Z_D'-2nZ_{eD})^2}}\right. =$$
$$\left.\frac{1}{Z_{eD}}\left[K_0(R_D\sqrt{u})+2\sum_{n=1}^{n=\infty}\left(R_D\sqrt{u+\frac{n^2\pi^2}{Z_{eD}^2}}\right)\cos\left(n\pi\frac{Z_D-Z_D'}{Z_{eD}}\right)\right]\right\} \quad (26)$$

和：

$$\sum_{-\infty}^{+\infty}\left\{\frac{\exp(-\sqrt{u}\sqrt{R_D^2+(Z_D+Z_D'-2nZ_{eD})^2})}{\sqrt{R_D^2+(Z_D+Z_D'-2nZ_{eD})^2}}\right. =$$
$$\left.\frac{1}{Z_{eD}}\left[K_0(R_D\sqrt{u})+2\sum_{n=1}^{n=\infty}\left(R_D\sqrt{u+\frac{n^2\pi^2}{Z_{eD}^2}}\right)\cos\left(n\pi\frac{Z_D+Z_D'}{Z_{eD}}\right)\right]\right\} \quad (27)$$

合并式（26）、式（27）可得到在 $Z=0$ 和 $Z=Z_e$ 处为封闭边界的瞬时源函数基本解：

$$\overline{\eta} = \frac{1}{2\pi Z_{eD}}\left[K_0(R_D\sqrt{u})+2\sum_{n=1}^{n=\infty}K_0\left(R_D\sqrt{u+\frac{n^2\pi^2}{Z_{eD}^2}}\right)\cos\left(n\pi\frac{Z_D}{Z_{eD}}\right)\cos\left(n\pi\frac{Z_D'}{Z_{eD}}\right)\right] \quad (28)$$

4 应力敏感气藏水平井压力响应函数

假设水平井沿 x 方向延伸，假设水平井水平段长度为 $2L_h$，令参考长度 $l=L_h$，q 表示流体的流量，将获得的应力敏感气藏瞬时源函数沿水平井井筒方向进行积分就得到了水平井井底压力相应数学模型。具有顶底封闭边界的应力敏感气藏水平井拉普拉斯空间压力响应函数为

$$\overline{\eta}_{wD} = \frac{1}{2u}\int_{-1}^{1}K_0(R_D\sqrt{u})d\alpha + \frac{1}{u}\sum_{n=1}^{n=\infty}\cos(n\pi z_D)\cos(n\pi z_{wD})$$
$$\int_{-1}^{1}K_0\left(\sqrt{(x_D-\alpha)^2+y_D^2}\sqrt{u+\frac{n^2\pi^2}{Z_{eD}^2}}\right)d\alpha \quad (29)$$

$$\psi_{wD}(t_D) = -\frac{1}{\gamma_D}\ln\left\{1-\gamma_D L^{-1}\left[\overline{\eta}_{wD}+O(\gamma_D)\right]\right\} \quad (30)$$

式中 $\overline{\eta}_{wD}$——摄动变形函数井底拉普拉斯空间解；
α——积分变量；
z_{wD}——无因次井底位置；
ψ_{wD}——井底拟压力；
L^{-1}——拉普拉斯逆变换；
$O(\gamma_D)$——η_{wD}零阶解以上的余量。

5 应力敏感气藏水平井压力响应典型图板及影响因素分析

利用杜哈美迭加原理和 Stehfest 数值反演算法求解式（29）、式（30），获得应力敏感气藏井底压力响应的实空间数值解。以 p_D 及其导数 p_D' 的对数为纵坐标、t_D 的对数为横坐

标作应力敏感气藏试井解释模型的特征曲线（图2）。从图2中可以发现，由于存在岩石应力敏感效应的影响，随着测试时间的延长，气藏近井筒范围的渗透率逐渐变差，供液能力越来越弱，压力和压力导数双对数曲线在后期呈现上翘的趋势；应力敏感效应越强烈，则曲线上翘的幅度越大。

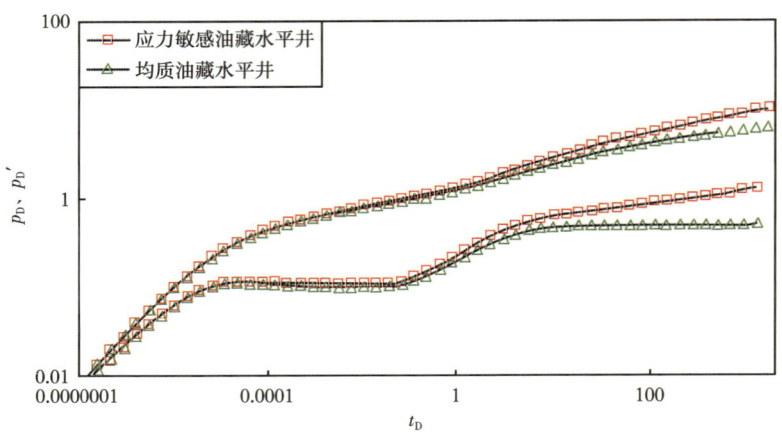

图2 应力敏感气藏水平井压力响应曲线

图3描述的是低渗透—致密砂岩应力敏感气藏水平井井底压力动态响应随无因次水平井长度 L_D 变化关系曲线图。无因次水平井长度 L_D 对双对数曲线的影响主要表现在早期垂直于水平井井筒方向的径向流动阶段，无因次水平井长度值越小，则压力导数双对数曲线早期水平段值就越大，且垂直于水平井井筒方向的径向流动阶段持续时间就越长；此外压力导数双对数曲线中垂直于水平井井筒方向的第一径向流动段数值大小为 $\dfrac{1}{4L_D}$。

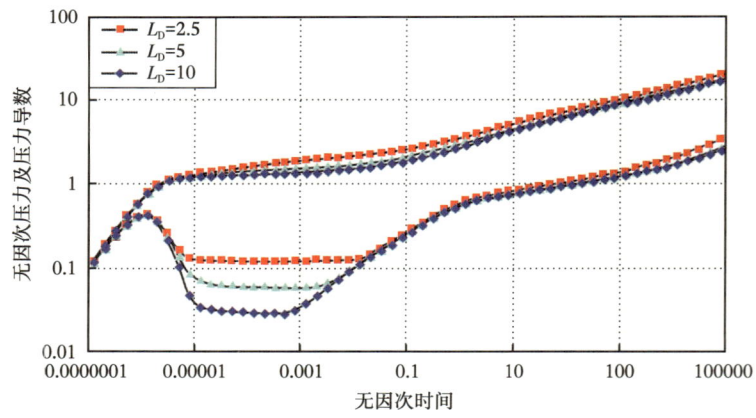

图3 水平井中心位置对井底压力动态响应的影响

图4反映了水平井无因次垂向距离 Z_{WD} 对低渗透—致密砂岩应力敏感气藏水平井井底压力动态响应曲线的影响。水平井无因次垂向距离 Z_{WD} 的值越小，垂直于水平井井筒方向的第一径向流动阶段结束的时间就越早（如 $Z_{WD}=0.11$ 的情形），且第一径向流动阶段后出现一个新的台阶值，该台阶体现了压力波向下部封闭边界传播的物理过程。

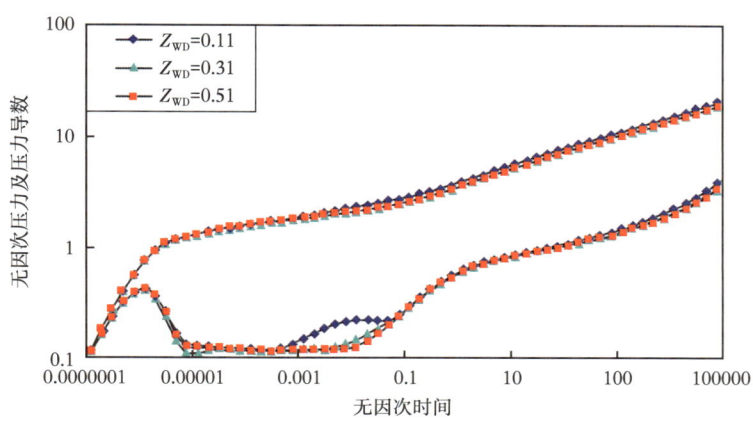

图4 水平井中心位置对井底压力动态响应的影响

6 结论

(1)通过线性化处理手段和点源函数思想可以求解得到应力敏感气藏水平井井底压力响应数学模型。

(2)由于存在岩石应力敏感效应的影响,无因次压力和压力导数双对数曲线在后期呈现上翘的趋势;应力敏感效应越强烈,则曲线上翘的幅度越大。此外水平井长度和水平井位置等因素对早期压力导数曲线有一定的影响。

参 考 文 献

[1] Ozken Z, Raghavan R. New solution for Well test Analysis Problems:part—Analytical Considerration [J]. SPEFE, 1991 (9):359-368.

[2] Ozken Z, Raghavan R. New solution for Well test Analysis Problems:partⅡ—Computation Considerration [J]. SPEFE, 1991 (9):369-377.

[3] Ozken Z, Raghavan R. New solution for Well test Analysis Problems:partⅢ—Additional Algorithms [J]. SPEFE, 1991 (9).

[4] 任广磊,李治平,张跃磊,等. 渗透率应力敏感性对煤层气井产能的影响 [J]. 煤炭科学技术,2012, 40 (4):104-107.

[5] 贺伟,冯曦,钟孚勋. 低渗储层特殊渗流机理和低渗透气井动态特征探讨 [J]. 天然气工业,2002, 22 (z1):91-94.

[6] 徐永高,曾亚勤,李赣勤. 特低渗油藏开发可行性动态评价 [J]. 江汉石油学院学报,2004, 26 (2):91-92.

[7] 廖新维,林加恩. 试井资料在动态分析中的应用 [J]. 断块油气田,1994, 1 (4):36-41.

[8] 毛鑫,冯文光,杨骞,等. 分形相对渗透率计算方法 [J]. 石油地质与工程,2001, 25 (6):100-101+105.

[9] 石丽娜,同登科. 具有井筒储集的变形介质双孔模型压力动态分析 [J]. 大庆石油地质与开发,2005 (4), 24 (2):50-54.

[10] 段永刚,黄诚,陈伟,等. 应力敏感裂缝性油藏不稳态压力动态分析 [J]. 西南石油学院学报,2001 (10), 23 (5):19-22.

[11] Dominique Bourdet(法)著. 张义堂等译. 现代试井解释模型及应用 [M]. 北京:石油工业出版

社,2007.

[12] 郭永存,卢德唐,曾清红,等.有启动压力梯度渗流的数学模型[J].中国科学技术大学学报,2005,35(4):492-498.

[13] Bramowitz, M, Stegun I A. Handbook of Mathematical Functions [M]. Dover Publications, Inc, New York, 1972:480.

[14] Gringarten A, Ramey H. the use of the source and green's function in solving unsteady-flow problems in reservoirs [J]. spej, 1973 (10):285-295.

[15] A. S. Grader. New Solutions for Two-Well Systems With Applications Interference Slug and Constant Rate Tests and Linear Boundary Detection [J]. SPE20553, 1990.

[16] M. Bourgeois. Well Test Model Recognition Using LaPlace Space Type Curves [J]. SPE22682, 1991.

[17] 戴强,段永刚,陈伟,等.低渗透气藏渗流研究现状[J].特种油气藏,2007,14(1):11-14.

[18] 新维,沈平平.现代试井分析[M].北京:石油工业出版社,2002.

[19] 贾永禄,赵必荣.拉普拉斯变换及数值反演在试井分析中的应用[J].天然气工业,1992,12(1):60-64.

[20] 黄寓理,胥蕊娜.气体在微细多孔介质中的流动阻力研究[C]//中国工程热物理学会传热传质学2009年学术会议.中国工程热物理学会,2010:1-8.

有限导流压裂水平气井拟稳态产能计算及优化

王军磊　贾爱林　位云生　赵文琪

（中国石油勘探开发研究院）

摘要：在拟稳态流动阶段，边界封闭效应会对气井产能计算及优化产生很大影响。以单条人工裂缝为研究单元，在推导有限导流因子基础上，利用积分变换、渐近分析等方法获得单裂缝拟稳态压力基本解，进而使用势叠加原理、物质平衡方程建立矩形地层有限导流压裂水平井产能计算模型并迭代求解，同时回归产能关于压裂参数的导数极大值获得最优参数的函数关系线。研究表明，气井产能受裂缝条数、长度、间距、导流能力、相对位置及气藏几何形状等因素影响，增大裂缝与地层接触面积、减小缝间干扰、降低边界封闭效应、平衡裂缝与地层流入流出关系能有效提高气井产能；当裂缝系统均分气藏泄流面积时，裂缝布局最优，而对应的裂缝最优导流能力关系线则随气藏矩形长宽比、裂缝条数的变化而变化；在最优参数作用下气井能较为显著地达到较高的产能水平，实际使用时应选取最优参数线附近区域作为优化压裂参数的参考范围。

关键词：有限导流；压裂水平井；拟稳态；产能系数；参数优化

对于渗透率小、自然产能低的非常规气藏，利用水平井开发技术辅以水力压裂增产措施，能有效增大泄流面积，减小渗流阻力，增加储量动用程度，提高气井产能。众多理论和实践表明，分段压裂水平井渗流机理复杂、受控因素多，气井产能受水平压裂段长度、裂缝条数、导流能力和裂缝长度等影响显著[1,2]，对其进行参数优化会引起复杂的非线性优化问题[3,4]。寻求简洁合理的产能计算和参数优化方法已成为提高压裂水平井开采效率的技术关键。

近年来关于压裂水平井产能的计算主要集中在不稳态产能[5-7]和稳态产能[8-10]两大方面，而实际气藏在生产晚期受到井间干扰、断层封闭的影响，通常进入拟稳态流动阶段。在边界封闭效应影响下，气井拟稳态产能公式有别于稳态产能公式[11,12]，影响产能的压裂参数较多且不独立，传统参数优化方法如枚举法、正交试验[13,14]等存在着最优解空间难以全部覆盖、方案数量过大的问题，而遗传算法[15,16]等智能技术难以解决由于裂缝条数增加而引起的搜索空间急剧增大的问题。笔者在建立分段压裂水平井拟稳态产能计算模型的基础上，深入研究压裂水平井的渗流本质，通过平衡裂缝与地层接触面积、地层边界封闭影响、裂缝间相互干扰、裂缝与地层流入流出动态四种渗流关系来优化气井产能，并借助产能关于压裂参数的导数极大值获得最优参数的函数关系，同时利用积分平均方法确定压裂参数的优化参考值。

1　气井拟稳态产能计算

对压裂水平井而言，人工裂缝是气体流动的主要通道，首先以单条裂缝作为基本研究

基金项目：国家科技重大专项（2011ZX05015）。

单元，进而通过势迭加原理建立起分段压裂水平井产能计算模型。

1.1 有限导流裂缝拟稳态压力模型

引入气体拟压力 m、拟时间 t_a 函数能够将气体渗流问题等效为液体渗流问题。

$$m = \frac{\mu_{gi}Z_i}{p_i}\int_0^p \frac{\xi}{\mu_g(\xi)Z(\xi)}\mathrm{d}\xi \tag{1}$$

$$t_a = \int_0^t \frac{\mu_{gi}c_{gi}}{\mu_g(\xi)c_g(\xi)}\mathrm{d}\xi \tag{2}$$

假设垂直裂缝完全穿透地层，平面上平行于短轴边界 x_e（相当于1/2排距），长轴边界为 y_e（相当于水平井段长），裂缝流量为 q_{fsc}，位于 (x_w, y_w) 的长度为 d_{xw} 微元对应流量为 $q_{fsc} \times d_{xw}/(2x_f)$，则相应微元在地层中引起的无量纲拟压力控制方程满足式（3）：

$$\nabla^2 m_D + \frac{\pi q_{fD}(t_{aD})\Delta x_{wD}}{x_{fD}}\delta(x_D - x_{wD})\delta(y_D - y_{wD}) = \frac{\partial m_D}{\partial t_{aD}} \tag{3}$$

其中，气藏带有 $x_{eD} \times y_{eD}$ 的矩形封闭外边界，初始时刻压力分布均匀：

$$m_D(x_D, y_D, 0) = 0 \tag{4}$$

$$\frac{\partial m_D(0, y_D, t_D)}{\partial x_D} = \frac{\partial m_D(x_{eD}, y_D, t_D)}{\partial x_D} = 0, \quad \frac{\partial m_D(x_D, 0, t_D)}{\partial y_D} = \frac{\partial m_D(x_D, y_{eD}, t_D)}{\partial y_D} = 0 \tag{5}$$

SI 单位制下的无量纲量定义为

$$t_{aD} = \frac{3.6 \times 10^{-3} K_m}{\phi \mu_{gi} c_{gi} L_{ref}^2} t_a \tag{6}$$

$$m_D = \frac{K_m h(m_i - m)}{1.842 q_{ref} \mu_{gi} B_{gi}} \tag{7}$$

$$q_{fD} = \frac{q_{fsc}}{q_{ref}} \tag{8}$$

$$\xi_D = \frac{\xi}{L_{ref}}(\xi = x, y, x_e, y_e, x_f, h, r_w) \tag{9}$$

$$C_{fD} = \frac{K_f w_f}{K_m x_f} \tag{10}$$

式中 μ_g——气体黏度，mPa·s；

c_g——气体压缩系数，MPa^{-1}；

Z——气体偏差因子；

K_m——基质渗透率，mD；

K_f——裂缝渗透率，mD；

w_f——裂缝宽度，m；

x_f——裂缝半长，m；
h——气藏厚度，m；
y_e——气藏长轴，m；
x_e——气藏短轴，m；
L_{ref}——参考长度，m；
t——时间，h；
q_{fsc}——标准状况下裂缝产量，m³/d；
q_{ref}——参考变量，m³/d；
L_{ref}——参考长度，m；
C_{fD}——无量纲裂缝导流能力。

利用拉普拉斯变换、Fourier 有限余弦积分变换及反变换处理式（3）至式（5），可以得到拉普拉斯空间下的微元压力基本解[17-18]：

$$\widetilde{m}_{D0} = \frac{\widetilde{q}_{fD}(s)\Delta x_{wD}}{2x_{fD}}\frac{\pi}{x_{eD}}\left[\frac{\cosh\sqrt{s}(y_{eD}-|y_D\pm y_{wD}|)}{\sqrt{s}\sinh\sqrt{s}\,y_{eD}} + 2\sum_{n=1}^{\infty}\frac{\cos\frac{n\pi x_D}{x_{eD}}\cos\frac{n\pi x_{wD}}{x_{eD}}\cosh\alpha_n(y_{eD}-|y_D\pm y_{wD}|)}{\alpha_n\sinh\alpha_n y_{eD}}\right]$$
(11)

其中：
$$\cosh\alpha_n(y_{eD}-|y_D\pm y_{wD}|) = \cosh\alpha_n(y_{eD}-|y_D-y_{wD}|) + \cosh\alpha_n(y_{eD}-|y_D+y_{wD}|) \quad (12)$$

$$\alpha_n = \sqrt{s+n^2\pi^2/x_{eD}^2} \quad (13)$$

利用线性迭加原理，沿裂缝面积分获得均匀流量裂缝压力解为

$$\widetilde{m}_D = \int_{x_{wD}-x_{fD}}^{x_{wD}+x_{fD}} \widetilde{m}_{D0}\mathrm{d}x_{wD} = \widetilde{q}_{fD}(s)\{HT+HV\} \quad (14)$$

其中：
$$HT = \frac{\pi}{x_{eD}}\frac{\cosh\sqrt{s}(y_{eD}-|y_D\pm y_{wD}|)}{\sqrt{s}\sinh\sqrt{s}\,y_{eD}} \quad (15)$$

$$HV = \frac{2}{x_{fD}}\sum_{n=1}^{\infty}\left[\frac{\frac{1}{n\alpha_n}\sin\frac{n\pi x_{fD}}{x_{eD}}\cos\frac{n\pi x_{wD}}{x_{eD}}}{\cos\frac{n\pi x_D}{x_{eD}}\frac{\cosh\alpha_n(y_{eD}-|y_D\pm y_{wD}|)}{\sinh\alpha_n y_{eD}}}\right] \quad (16)$$

Cinco-Ley[19]、Al-Kobaisi[20]先后利用不同的数值方法获得了有限导流裂缝的压力动态，但其解法复杂、计算量大，不易推广使用。借助文献［21-22］的研究思路，将裂缝导流能力看作成一种表皮，起到增加额外压力降落的作用，有限导流裂缝分解可无限导流裂缝解$\widetilde{m}_{Dinf}$与有限导流函数$\widetilde{S}_{fD}$的复合解：

$$\widetilde{m}_D = \widetilde{q}_{fD}(\widetilde{m}_{Dinf} + \widetilde{S}_{fD}) \quad (17)$$

Blasingame[21]给出了三线性流模型（相当于有限导流函数）与无限导流模型的复合

解，三线性流模型能模拟早期的裂缝线性流和双线性流阶段，无限导流解能够较好地模拟地层线性流和拟径向流阶段，但复合解难以模拟有限导流裂缝从双线性流过渡到拟径向流时缺失的地层线性流阶段。

针对这个问题，Wilkinson[23]首先给出了低导流裂缝压力解，随后将裂缝置于裂缝端点处存在不渗透边界的地层中，利用 Fourier 变换方法解析求解出低导流裂缝的早期流动特征函数 $\widetilde{m}_{\text{inner}}$（裂缝线性流、双线性流），处理变换后形式为

$$\widetilde{m}_{\text{inner}} = \frac{\pi}{2\sqrt{s}} + 2\pi \left[\sum_{n=1}^{\infty} \frac{1}{n^2\pi^2 C_{\text{fD}} + 2\sqrt{n^2\pi^2 + s}} \right] \tag{18}$$

基于渐近拟合分析法[24]给出拟合公式 $\widetilde{m}_{\text{match}}$，用以修正 $\widetilde{m}_{\text{inner}}$ 晚期双线性流与 $\widetilde{m}_{\text{inner}}$ 地层线性流耦合过程中的过渡流阶段；基于数值模拟结果，同时引入校正函数 $\widetilde{m}_{\text{corr}}$ 用以改进复合解的精度。

$$\widetilde{m}_{\text{match}} = \frac{\pi}{2\sqrt{s}} \tag{19}$$

$$\widetilde{m}_{\text{corr}} = \frac{\pi \Delta s(C_{\text{fD}})}{\pi + 4s \cdot \Delta s(C_{\text{fD}})} \tag{20}$$

因此，最终的有限导流函数可表述为

$$\widetilde{S}_{\text{f}}(C_{\text{fD}}, s) = \widetilde{m}_{\text{inner}} - \widetilde{m}_{\text{match}} + \widetilde{m}_{\text{corr}} \tag{21}$$

其中：

$$\Delta S(C_{\text{fD}}) = \frac{C_1}{C_{\text{fD}} + C_2} \tag{22}$$

$$C_1 = \frac{4(\pi - 2)}{\pi} - \frac{\pi}{3} \tag{23}$$

$$C_2 = \frac{C_1}{\ln(\pi/2)} \tag{24}$$

利用无限导流与均匀流量裂缝间的转换关系[25]，令式（14）中的 $x_{\text{D}} = x_{\text{wD}} + 0.732 x_{\text{fD}}$，结合式（21）即可得到有限导流裂缝的不稳态空间压力分布：

$$\widetilde{m}_{\text{D}} = \widetilde{q}_{\text{fD}}(s) \{ HT + HV + \widetilde{S}_{\text{f}}(C_{\text{fD}}) \} \tag{25}$$

研究表明，定产条件下的压裂水平井在拟稳态阶段单裂缝流量趋于稳定[26]，不随时间变化。在拟稳态阶段，式（14）中的 Laplace 产量退化为 q_{fD}/s，利用 s 趋近 ∞ 渐近分析式（15）、式（16），结果如下：

$$\frac{HT_{\text{pss}}}{s} = \left[\frac{2\pi}{x_{\text{eD}} y_{\text{eD}} s^2} + \frac{2\pi y_{\text{eD}}}{x_{\text{eD}} s} \left(\frac{1}{3} - \frac{|y_{\text{D}} \pm y_{\text{wD}}|}{2 y_{\text{eD}}} + \frac{y_{\text{D}}^2 + y_{\text{wD}}^2}{2 y_{\text{eD}}^2} \right) \right] \tag{26}$$

$$\frac{\pi x_{fD}}{2x_{eD}}HV_{pss}(x_D, y_D; x_{wD}, y_{wD}) = \sum_{n=1}^{\infty} \frac{\sin\frac{n\pi x_{fD}}{x_{eD}}\cos\frac{n\pi x_{wD}}{x_{eD}}\cos\frac{n\pi x_D}{x_{eD}}}{n^2}$$

$$\frac{\exp\frac{-n\pi|y_D \pm y_{wD}|}{x_{eD}} + \exp\frac{-n\pi(2y_{eD} - |y_D \pm y_{wD}|)}{x_{eD}}}{1 - \exp(\frac{2n\pi y_{eD}}{x_{eD}})} \quad (27)$$

对式（26）、式（27）做拉普拉斯反变换[27]，得到拟稳态压力解：

$$\widetilde{m}_D = q_{fD}\left[L^{-1}\left(\frac{HT_{pss}}{s}\right) + L^{-1}\left(\frac{HV_{pss}}{s}\right) + S_f(C_{fD})\right] \quad (28)$$

同时在拉普拉斯空间内对式（21）做拟稳态流动渐近分析（s 趋近 ∞），得到有限导流因子拟稳态表达式：

$$S_f(C_{fD}) = \sum_{n=1}^{\infty} \frac{2}{n[n\pi(C_{fD}) + 2]} + \Delta S(C_{fD}) \quad (29)$$

Wang[28]在王晓冬[11,18]研究成果基础上，利用边界元数值方法（BEM）计算了有限导流裂缝的半解析压力解，通过数据回归给出了拟稳态阶段的有限导流因子：

$$S_f(C_{fD}) = \frac{0.95 - 0.56\omega + 0.16\omega^2 - 0.028\omega^3 + 0.0028\omega^4 - 0.00011\omega^5}{1 + 0.094\omega + 0.093\omega^2 + 0.0084\omega^3 + 0.0001\omega^4 + 0.00036\omega^5} \quad (30)$$

其中，$\omega = \ln C_{fD}$。

式（30）是数据回归公式，无具体物理意义，但简洁、方便。Wang 等在其文献[28]中以 Riley[29]提出的全解析导流能力影响因子模型为基础，对式（30）进行了仔细的计算、对比，获得了满意的拟合效果，因此式（30）可作为可靠的对比标准。本文对比分析式（29）与式（30），结果表明从低导流能力到高导流能力两种方法拟合效果良好（图 1），证明本文中推导的有限导流因子式可靠。

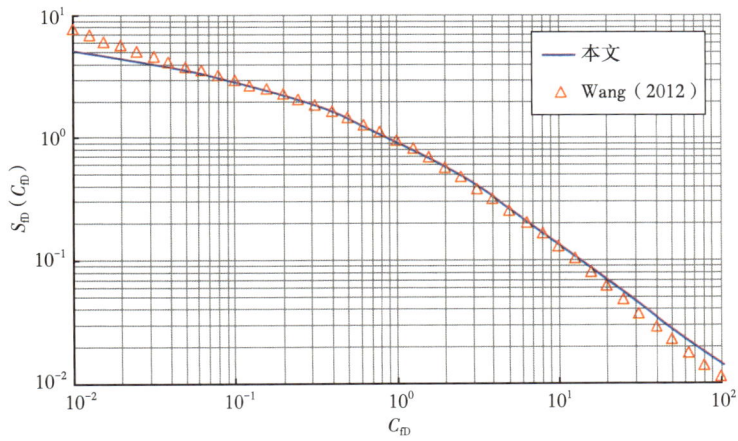

图 1 有限导流因子验证分析

1.2 有限导流压裂水平井拟稳态产能模型

在拟稳态阶段，定容气藏物质平衡方程满足：

$$\frac{p_{\text{avg}}}{Z_{\text{avg}}} = \frac{p_i}{Z_i}\left(1 - \frac{G_p}{G}\right) \tag{31}$$

式中　G_p——气藏累计产量；
　　　G——气藏地质储量。

方程（31）两侧关于 t 求导，结果如下：

$$\int_{p_i}^{p_{\text{avg}}} \frac{Z_g(p_i)\mu_g(p_i)}{p_i} \frac{p_{\text{avg}}}{Z_g(p_{\text{avg}})\mu_g(p_{\text{avg}})} \partial p_{\text{avg}} = -\frac{N_f}{G}\frac{1}{c_g(p_i)} \int_0^t \frac{c_g(p_i)\mu_g(p_i)}{c_g(p_{\text{avg}})\mu_g(p_{\text{avg}})} \partial t \tag{32}$$

引入拟压力定义式（1）、拟时间定义式（2），并做无量纲化处理，最终得到无量纲形式的物质平衡方程：

$$\frac{m_D(p_{\text{avg}})}{q_{scD}} = 2\pi \frac{t_D}{x_{eD}y_{eD}} \tag{33}$$

式中　q_{scD}——压裂水平井的无量纲产量。

将式（33）代入式（28）获得单条有限导流垂直裂缝的拟稳态压力公式：

$$m_D = q_{fD}\left[\frac{m_{\text{avgD}}}{q_{scD}} + L^{-1}\left(\frac{HV_{\text{pss}}}{s}\right) + S_f(C_{fD}) + \frac{2\pi y_{eD}}{x_{eD}}\left(\frac{1}{3} - \frac{|y_D \pm y_{wD}|}{2y_{eD}} + \frac{y_D^2 + y_{wD}^2}{2y_{eD}^2}\right)\right] \tag{34}$$

与垂直裂缝中单一的线性流相比，横向压裂缝在井筒附近会产生一个附加压力降，通常用聚流表皮因子[7]修正：

$$S_c = \frac{1}{C_{fD}}\frac{h_D}{x_{fD}}\left[\ln\left(\frac{h_D}{2r_{wD}}\right) - \frac{\pi}{2}\right] \tag{35}$$

根据势迭加原理，地层任意点处的压降等于各裂缝单独工作时在该点引起的压降总和（图2）。这样可获得井筒与裂缝 i 交叉点处压力值 m_{wDi}：

$$m_{wDi} = m_{\text{avgD}} + \sum_{j=1}^{n_f} q_{scDj}\Delta m_{Dij} \tag{36}$$

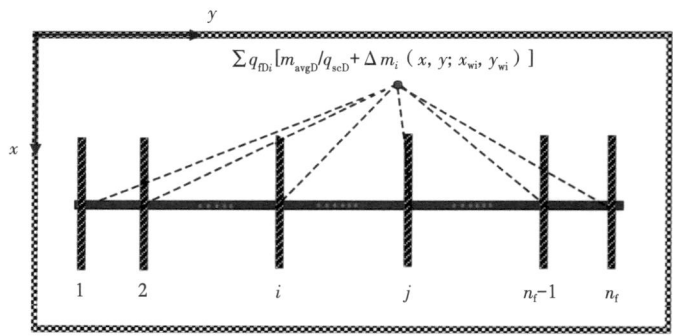

图2　压裂水平井势叠加示意图（俯视面）

假设井筒具有无限导流能力，即 $m_{wD1}=m_{wD2}\cdots=m_{wDn_f}$，结合流量约束条件 $\sum q_{fDi}=q_{scD}=1$ 可以获得 $n_f \times n_f$ 阶的 n_f 段压裂水平井产能计算模型：

$$\begin{cases} 1 = PI_1\Delta m_{D11} + PI_2\Delta m_{D12} + PI_3\Delta m_{D13} + \cdots + PI_{n_f}\Delta m_{D1n_f} \\ 1 = PI_1\Delta m_{D21} + PI_2\Delta m_{D22} + PI_3\Delta m_{D23} + \cdots + PI_{n_f}\Delta m_{D2n_f} \\ \vdots \\ 1 = PI_1\Delta m_{Dn_f1} + PI_2\Delta m_{Dn_f2} + PI_3\Delta m_{Dn_f3} + \cdots + PI_{n_f}\Delta m_{Dn_fn_f} \end{cases} \quad (37)$$

式中 PI_i——第 i 条裂缝的无量纲产能系数；

Δm_{Dij}——第 j 条裂缝在第 i 条裂缝上引起的单位产量下压降。

$$PI_i = \frac{q_{fDj}}{m_{wD} - m_{avgD}} \quad (38)$$

$$\Delta m_{Dij} = \frac{2\pi y_{eD}}{x_{eD}}\left(\frac{1}{3} - \frac{|y_{wDi} \pm y_{wDj}|}{2y_{eD}} + \frac{y_D^2 + y_{wDj}^2}{2y_{eD}^2}\right) + L^{-1}\left[\frac{HV_{pss}(x_{wi}, y_{wi}; x_{wj}, y_{wj})}{s}\right] + \gamma_{pss} \quad (39)$$

$$\gamma_{pss} = \begin{cases} S_f(C_{fD}) + S_c(C_{fD}, x_{fD}), & i=j \\ 0, & i \neq j \end{cases} \quad (40)$$

式（40）表明裂缝 i 的有限导流因子和聚流表皮影响只体现在流体从裂缝 i 流入井筒过程中形成的附加压降，对其他裂缝的流动过程不产影响[18,31]。式（37）可以借助 Newton 迭代算法数值求解。从式（37）可知，裂缝的无量纲导流能力 C_{fD}、条数 n_f、半长 x_f、相对位置（x_{wD}, y_{wD}）都会影响气井产能；压裂参数与给定地层间存在着最佳匹配关系，优化这种关系能够降低缝间干扰，减小地层封闭影响，增大裂缝与地层接触面积，平衡裂缝流入流出动态，提高气井产能。为方便讨论，本文以后涉及的压裂水平井各裂缝参数均一致，即裂缝长度、导流能力、裂缝间距等相等。

2 气井产能优化

2.1 优化裂缝布局

裂缝布局主要包括裂缝条数（n_f）、裂缝穿透率（$I_x = 2x_f/x_e$）、压裂段穿透率（$I_y = L_f/y_e$，L_f 为最外侧两条裂缝间距），这些压裂参数决定着裂缝系统与地层的接触面积、与封闭边界的相互作用及裂缝间的相互干扰。图 3 反映了气井产能（$PI = \sum PI_i$）随裂缝条数、压裂段穿透率的变化规律，可从两种角度进行分析。

（1）固定压裂段穿透率 I_y：增加裂缝条数增大了压裂水平井与地层接触面积，同时也加剧了裂缝间相互干扰，但整体上减小了渗流阻力，提高了气井产能。

（2）固定裂缝条数 n_f：当 $n_f \geq 14$ 时裂缝条数较多，有效增大了压裂水平井与地层的接触面积，"掩盖"了裂缝间相互干扰的影响。在此基础上增大压裂段穿透率，可以有效缓解裂缝间相互干扰，进一步减小渗流阻力，所以压裂段穿透率越大，对应的气井产能越高；当 $n_f \leq 13$ 时裂缝条数较少，接触面积增大产生的"正"影响不足以完全弥补裂缝间相互干扰产生的"负"影响，此时压裂参数间存在最佳匹配问题。

定量分析图 3（a）可得到不同裂缝条数对应的最优压裂段穿透率，结果见表 1。

表 1　裂缝条数对应的近似最优压裂段穿透率

n_f	2	3	4	5	6	7	8	9	10	11	12	13
I_{yopt}	0.5	0.65	0.75	0.8	0.85	0.85	0.9	0.9	0.9	0.9	0.9	0.9

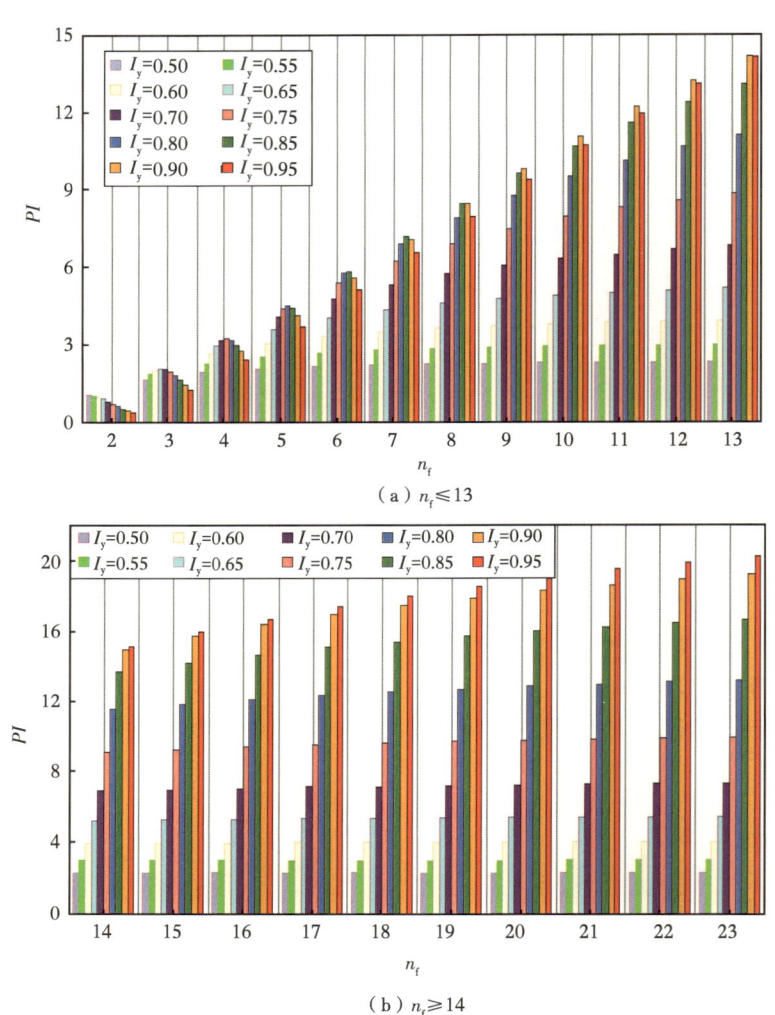

（a）$n_f \leqslant 13$

（b）$n_f \geqslant 14$

图 3　气井产能随压裂段穿透率及裂缝数变化规律

为进一步分析，计算不同裂缝条数对应产能随压裂段穿透率的变化规律（图 4）。图 4 反映不同裂缝条数对应不同最优压裂段穿透率，拟合裂缝条数、最优压裂段穿透率离散点可获得二者间的近似关系式：

$$I_{yopt} = -6 \times 10^{-5} n_f^4 + 0.0025 n_f^3 - 0.0365 n_f^2 + 0.2547 \eta_f + 0.1708 \tag{41}$$

经过渐近分析可知，式（41）满足近似关系式：

$$I_{yopt} = 1 - 1/n_f \tag{42}$$

式（42）有明确物理意义：在缝间干扰与边界封闭作用的共同影响下，相邻裂缝间形成分流线，将裂缝系统间隔成一系列具有不同泄流面积的单缝[30]。当每条裂缝对应的泄流面积相等时，裂缝间干扰最小、边界封闭影响最低、单裂缝产能相同、气井产能最大。$I_y<I_{yopt}$时，外侧裂缝对应泄流面积较大，单缝产能较高；$I_y>I_{yopt}$时，情况则与之相反（图4）。

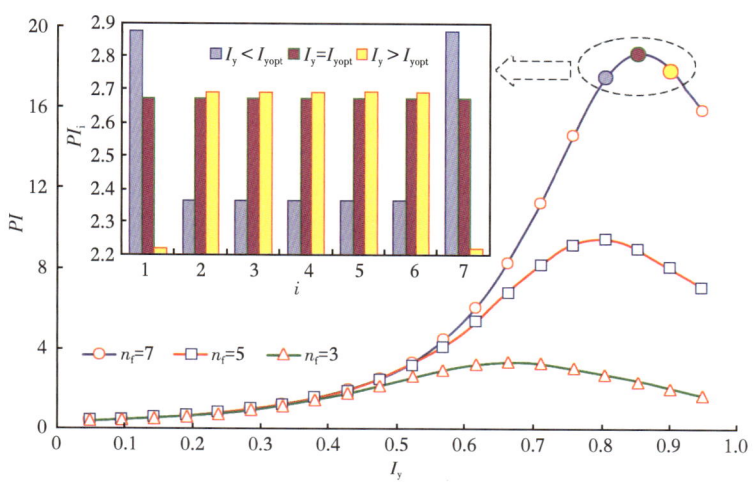

图4 气井产能随压裂段穿透率的变化规律

以苏里格压裂水平井为例说明确定最优裂缝条数的流程。目前典型的苏里格气藏南北向水平井段长1000m，东西向排距600m（即$x_{eD}:y_{eD}=0.3$），按均匀布缝原理 [式（42）] 沿水平井筒进行压裂。计算不同裂缝穿透率的气井产能关于裂缝条数的导数值（图5）。其中导数最大值对应的裂缝条数为最优裂缝条数n_{fopt}，气井能够在此范围内较为显著地达到较高的产能。同样通过数据拟合可获得裂缝最优条数n_{fopt}与I_x的函数关系式：

当$I_x<0.64$时：

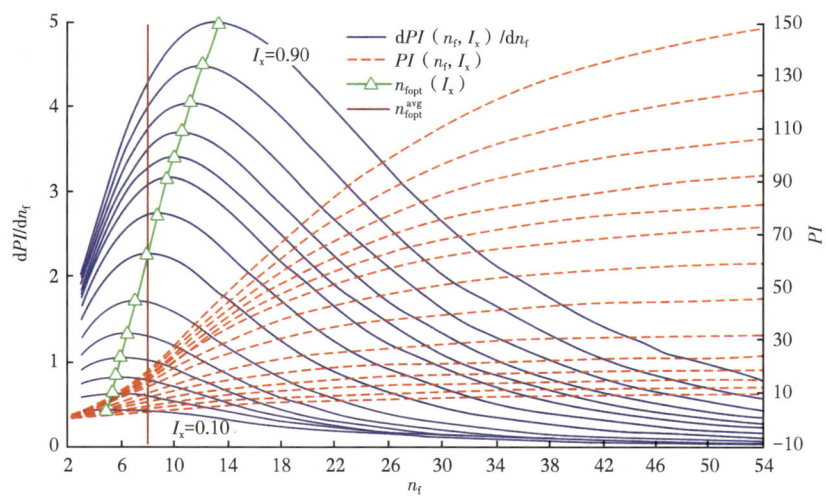

图5 裂缝均匀分布下的气井产能优化图版（$x_{eD}/y_{eD}=0.3$）

$$n_{\text{fopt}} = -511.99I_x^5 + 970.24I_x^4 - 648.77I_x^3 + 183.05I_x^2 - 16.438I_x + 5.3403 \quad (43a)$$

当 $I_x \geqslant 0.64$ 时：

$$n_{\text{fopt}} = 76512I_x^5 - 300071I_x^4 + 469183I_x^3 - 365481I_x^2 + 141818I_x - 21921 \quad (43b)$$

进行积分平均可得到最优裂缝条数参考值：

$$n_{\text{fopt}}^{\text{avg}} = \int_0^1 n_{\text{fopt}}(I_x) \mathrm{d}I_x \approx 8 \quad (44)$$

对应的裂缝穿透率为 $I_x = 0.53$。需要强调的是，式（43）、式（44）计算结果受气藏泄流面积的几何规模影响（$x_{\text{eD}}/y_{\text{eD}}$）。

2.2 优化导流能力

将无量纲裂缝导流能力定义改写为如下形式：

$$C_{\text{fD}} = \frac{K_f w_f}{K_m x_f} = \frac{w_f h(K_f/\mu_g)}{x_f h(K_m/\mu_g)} = \frac{q_{\text{inf}}}{q_{\text{outf}}} \quad (45)$$

式（45）反映了裂缝的流入量与流出量比值，如果流入量能够匹配流出量，裂缝将达到最佳导流状态，此时裂缝导流能力对气井产能的影响降到最低。

为了能在一定的参数变化范围内较快地达到较高的产能水平，计算气井产能与裂缝导流能力、裂缝穿透率的关系图版，同时计算产能关于导流能力对数的导数，得到新型分段压裂水平井产能优化图版（图6）。

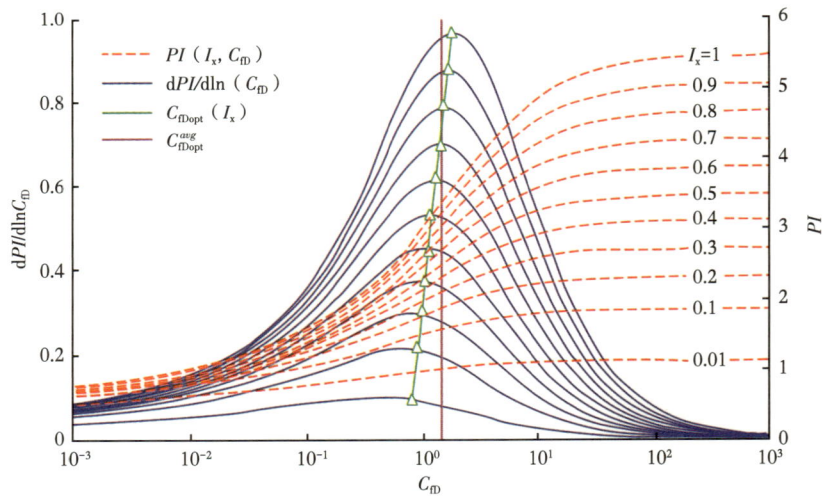

图 6 新型压裂水平井导流能力优化图版（$x_{\text{eD}}/y_{\text{eD}} = 0.3$，$n_f = 8$）

由图6可知，随着裂缝穿透率的变化，最优导流能力随之变化，并非是一个定值，通过回归可以得到裂缝穿透率与最优导流能力的关系式：

$$C_{\text{fDopt}} = 36.92I_x^5 - 88.303I_x^4 + 72.824I_x^3 - 23.86I_x^2 + 3.9491I_x + 0.4519 \quad (46)$$

对 C_{fDopt} 取积分平均，可得到最优导流能力参考值：

$$C_{\text{fDopt}}^{\text{avg}} = \int_0^1 C_{\text{ftopt}}(I_x)\,dI_x = 1.472 \qquad (47)$$

式（47）计算值 1.472 与 Economides[32] 给出的最佳无量纲导流能力值 1.6 相近，验证了本文算法的合理性。需要强调的是，在裂缝布局最优的情况下，压裂水平井可等效为一系列的单裂缝问题，对应单缝泄流面积的几何形状为 $x_e \times (y_e/n_f)$，此时裂缝导流能力的优化函数关系线［式（46）］随地层长度与宽度比例 y_e/x_e、裂缝条数 n_f 的变化而发生改变。

综上所述，合理使用式（42）、式（43）、式（44）、式（46）、式（47）的步骤如下：

（1）根据气井的有效控制面积确定气藏矩形长宽比；

（2）利用式（42）中压裂段穿透率与裂缝条数的最优关系，获得裂缝穿透率与裂缝条数的优化关系线［式（43）、图5］，进而利用式（44）得到最优裂缝条数参考值和对应的裂缝穿透率；

（3）根据特定的矩形长宽比和裂缝条数参考值确定裂缝穿透率与导流能力的优化关系线［式（46）、图6］，同时利用式（47）得到最优导流能力参考值；

（4）实际应用时，可以选取最优参数关系线附近的一个小条带区域作为优化压裂参数的参考区域。在最优参数的作用下，气井能够较为显著地达到较高的产能水平。

3 结论

（1）利用积分变换、渐近分析、势迭加、附加导流因子等方法能有效地建立起考虑边界封闭影响的有限导流压裂水平井拟稳态产能计算模型，裂缝条数、长度、导流能力、压裂段长度及地层几何规模、裂缝相对分布均会对气井产能产生影响；

（2）提高气井产能主要通过减小缝间干扰、降低边界封闭作用、增大裂缝与地层接触面积、平衡裂缝与地层的流入流出关系实现，当裂缝系统中各裂缝对应的泄流面积相同时，缝间干扰最小，边界封闭影响最低。

（3）对于实际生产而言，气井能在一定压裂参数变化范围内较快地达到较高的产能水平更具现实意义。通过求解产能关于压裂参数的导数极大值得到最优压裂参数分布线，利用积分平均的方法获得压裂参数的优化参考值。

（4）该方法主要适用于生产时间较长、已达到井间干扰或地层边界干扰阶段的压裂水平井产能优化问题，即完全进入拟稳态生产阶段的井。

参 考 文 献

[1] 郝明强, 王晓冬, 胡永乐. 压敏性特低渗透油藏压裂水平井产能计算［J］. 中国石油大学学报（自然科学版）, 2011, 35（6）: 99-104.

[2] 王本成, 贾永禄, 李友全, 等. 多段压裂水平井试井模型求解新方法［J］. 石油学报, 2013, 34（6）: 1150-1156.

[3] 周明, 孙树栋. 遗传算法原理及应用［M］. 北京: 国防工业出版社, 1999: 123-135.

[4] 樊冬艳, 姚军, 姚婷, 等. 基于自适应遗传算法的压裂水平井参数优化［J］. 油气地质与采收率, 2011, 18（5）: 85-89.

[5] Ranghvan R S, Chen C C, Agaewal B. An analysis of horizontal wells intercepted by multiple fracures［J］.

SPE Journal, 1997, 2: 235-245.
[6] Chen C C, Raghavan R S. A multiply fractured horizontal well in a rectangular drainage region [J]. SPE Journal, 1997, 2: 455-465.
[7] 郝明强, 胡永乐, 李凡华. 特低渗透油藏压裂水平井产量递减规律 [J]. 石油学报, 2012, 33 (2): 269-273.
[8] 姚军, 刘丕养, 吴明禄. 裂缝性油气藏压裂水平井试井分析 [J]. 中国石油大学学报 (自然科学版), 2013, 37 (5): 107-114.
[9] 宁正福, 韩树刚, 程林松, 等. 低渗透油气藏压裂水平井产能计算方法 [J]. 石油学报, 2002, 23 (2): 68-72.
[10] Wang X D, Li G H, Wang F. Productivity analysis of horizontal wells intercepted by multiple finite-conductivity fractures [J]. Petroleum Science, 2010, 7: 367-371.
[11] 王晓冬, 张义堂, 刘慈群. 垂直裂缝井产能及导流能力优化研究 [J]. 石油勘探与开发, 2004, 31 (5): 78-81.
[12] 罗万静, 王晓冬, 李凡华. 分段射孔水平井产能计算 [J]. 石油勘探与开发, 2009, 36 (1): 97-102.
[13] 曾凡辉, 郭建春, 何颂根, 等. 致密砂岩气藏压裂水平井裂缝参数的优化 [J]. 天然气工业, 2012, 32 (11): 54-60.
[14] 曲占庆, 曲冠政, 何利敏, 等. 压裂水平井裂缝分布对产能影响的电模拟实验 [J]. 天然气工业, 2013, 33 (10): 1-7.
[15] 柳毓松, 廉培庆, 同登科, 等. 利用遗传算法进行水平井水平段长度优化设计 [J]. 石油学报, 2008, 29 (2): 296-299.
[16] 刘珊, 同登科. 水平井分段采油优化模型 [J]. 计算力学学报, 2010, 27 (2): 342-246.
[17] Ozkan E, Raghavan R. New solutions for well-test analysis problems: part1: analytical consideration [J]. SPE 18303, 1991.
[18] 王晓冬, 罗万静, 侯晓春, 等. 矩形油藏多段压裂水平井不稳态压力分析 [J]. 石油勘探与开发, 2014, 41 (1): 74-78.
[19] Cinco-ley H, Samaniego V F, Dominguez A N. Transient pressure behavior for a well with a finite conductivity vertical fractures [J]. SPE 6014, 1976.
[20] Al-kobaisi M, Ozkan E, Kazemi H. A hybrid numerical/analytical model of finite-conductivity vertical fracture intercepted by a horizontal well [J]. SPE 92040, 2006.
[21] Blasingame T A, Poe B D. Semi-analytic solutions for a well with a single finite-conductivity vertical fracture [J]. SPE 26424, 1993.
[22] Brown M, Ozkan E, Raghavan R, et al. Practical solutions for pressure-transient responses of fractured horizontal wells in unconventional shale reservoirs [J]. SPE 125043, 2009.
[23] Wilkinson D J. New results for pressure transient behavior of hydraulically fractured wells [J]. SPE 18950, 1989.
[24] Van D M. Perturbation methods in fluid mechanics [M]. California: Parabolic Press, 1975.
[25] Gringarden A C, Ramey H J, Raghavan R. Unsteady-state pressure distributions created by a well with a single infinite-conductivity vertical fracture [R]. SPE 4051, 1972.
[26] Zerzar A, BETTAM Y. Interpretation of multiple hydraulically fractured horizontal wells in closed systems [J]. SPE 84888, 2003.
[27] 孔祥言. 高等渗流力学 [M]. 合肥: 中国科技大学出版社, 2010.
[28] Wang L, Wang X D, Ding X M, et al. Rate decline curves analysis of a vertical fractured well with fracture face damage [J]. Journal of Energy Resource Technology, 2012, 134: 1-9.

[29] Riley M F, Brigham W E, Horne R N. Analytic solutions for elliptical finite-conductivity fractures [J]. SPE22656, 1991.

[30] 王军磊, 贾爱林, 何东博, 等. 致密气藏分段压裂水平井产量递减规律及影响因素 [J]. 天然气地球科学, 2014, 25 (2): 278-285.

[31] Zerzar A, Bettam Y. Interpretation of multiple hydraulically fractured horizontal wells in closed systems [J]. SPE84888, 2003.

[32] Economides M, Oligney R, Valko P. Unified fracture design: Bridge the gap between theory and design [M]. Texas: Orsa Press, 2002.

阈压效应对致密高含水砂岩气藏气井产能影响研究

李明秋　刘林清　庄小菊　王小娟

（中国石油西南油气田公司勘探开发研究院）

摘要：致密砂岩气藏由于储层致密且含水饱和度高，在渗流过程中存在的"阈压效应"可能导致该类气藏生产井无法进行常规开发。采用气泡法与压差流量法相结合的实验方法，研究四川盆地致密高含水砂岩储层在不同物性、不同含水饱和度条件下的阈压梯度，确定阈压梯度与渗透率及含水饱和度的定量关系，建立阈压梯度与渗透率及含水饱和度关系模型，根据平行渗流与径向流动的转换关系对实验数据进行了修正，建立了适合矿场生产的产能计算公式，为单井合理配产提供可靠依据。

关键词：致密砂岩；高含水；阈压效应；产能

所谓"阈压效应"可以表述为非润湿相在岩石孔隙中建立起连续流动相所需的最小压力值，又称启动压力，描述了岩样两端流动压差增大至一定程度时气体才开始流动的现象。阈压梯度是指气体发生流动所需要的最小压差，刻画了气体从静止到流动的突变和时间滞后现象。致密砂岩气藏由于储层致密且含水饱和度高，在渗流过程中存在的"阈压效应"可能导致该类气藏生产井无法进行常规开发。

1 阈压梯度与渗透率及含水饱和度关系模型

由于在高含水致密砂岩储层中，大量孔隙水是使得气体在致密储层中渗流存在阈压梯度主要原因。因此，采用气泡法与压差流量法相结合的实验方法，研究四川盆地高含水致密砂岩储层不同物性、不同含水饱和度条件下的阈压梯度，归纳出阈压梯度与渗透率及含水饱和度的定量关系，建立阈压梯度与渗透率及含水饱和度关系的模型，可以为进一步分析阈压效应对于产能的影响提供依据。

用于实验的岩心渗透率为 $0.018\sim1.02\mathrm{mD}$，岩心中含水饱和度的变化范围是 $20\%\sim75\%$。在渗透率大于 $0.1\mathrm{mD}$ 的岩心中，无论含水饱和度大小，阈压效应均不明显；在渗透率小于 $0.1\mathrm{mD}$ 的储层中，随着含水饱和度的增加，储层阈压梯度明显增加（图1）。根据数值拟合得出四川盆地高含水致密砂岩储层阈压梯度与渗透率、含水饱和度的关系模型，具体可以表述为

$$\lambda = 9\times10^{-9}\times e^{(26.86\times S_w)}\times K^{(3.93\times S_w - 3.1551)} \tag{1}$$

阈压梯度与渗透率倒数呈幂函数关系 $\lambda = \alpha K^{-b}$（图2），其中系数 a、b 与含水饱和度 S_w 相关。

进一步分析阈压梯度与渗透率及含水饱和度关系数学模型，可得出：系数 a、b 分别

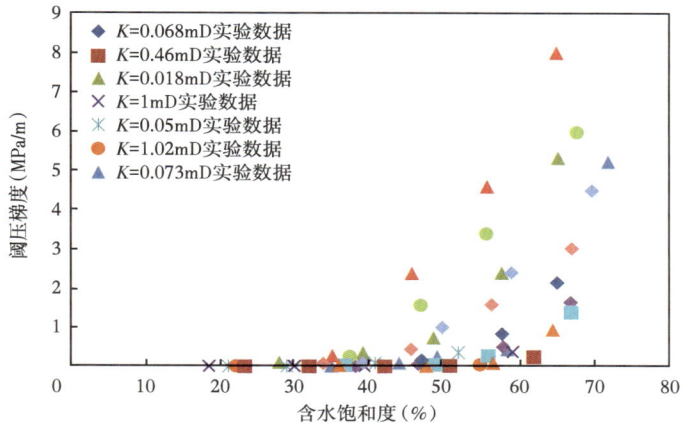

图 1 不同渗透率、不同含水饱和度条件下的阈压梯度实验结果

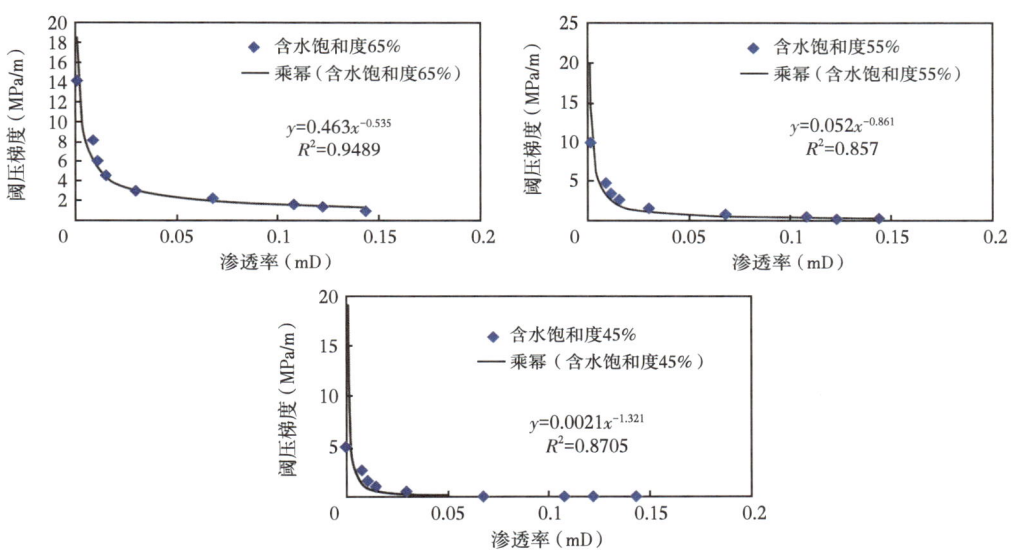

图 2 储层阈压梯度和渗透率呈幂函数关系

与含水饱和度成指数函数关系、线性关系（图3），从而使得含水致密储层的阈压梯度与含水饱和度成指数函数关系，与储层渗透率成幂函数关系。为了证明该模型的正确性，应

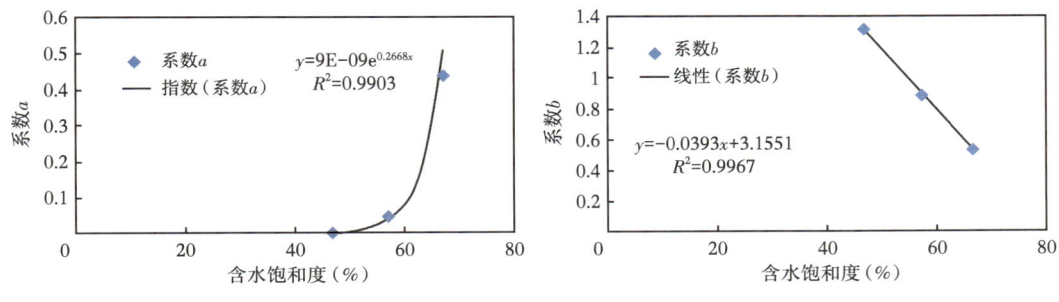

图 3 系数 a、b 与含水饱和度分别呈指数函数关系、线性关系

用此数学模型计算出渗透率为 0.005mD、0.01mD、0.05mD、0.1mD、0.5mD、1mD 的储层在不同含水饱和度变化曲线，计算结果表明，6 条典型阈压梯度曲线与实验结果有很好的吻合性，说明此数学模型是可行可靠的（图 4）。

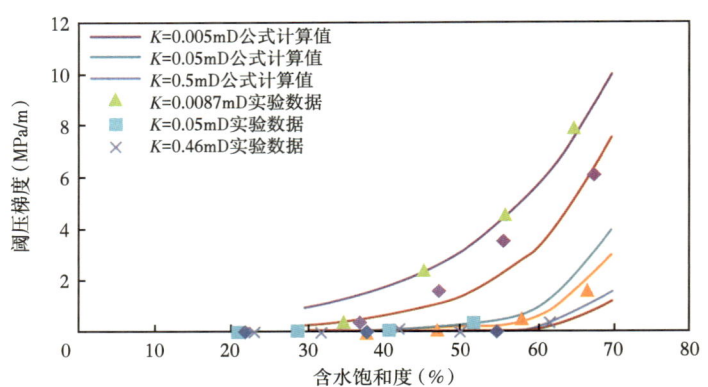

图 4　不同渗透率、不同含水饱和度条件下的阈压梯度实验结果与计算结果

储层致密及高含水饱和度是渗流过程中产生阈压梯度的主要原因，致密储层的渗透率越小，致密储层的含水饱和度越高，储层的阈压梯度就越大。储层渗透率为 0.1~0.65mD 时，阈压效应在含水饱和度 20%~75% 的范围内表现均不明显；储层渗透率为 0.02~0.1mD 时，阈压效应在含水饱和度大于 55% 时显现；储层渗透率为 0.01~0.02mD 时，阈压效应在含水饱和度 43.5% 时表现明显，储层渗透率小于 0.01mD 时，在含水饱和度各区间阈压梯度值都较大。

2　阈压梯度对致密气藏气井产能的影响

在代入计算之前还需要注意到的是，由于实验室环境与现场实际环境有一定差别，因此，在实验室获得的阈压梯度数据需要进行一定的处理才能用于现场实际情况之中。本次研究根据平行渗流与径向流动的转换关系对实验数据进行了修正。

由于实验室岩心是平行渗流的状态，可知当平行渗流时，端点压力等于启动压力梯度与压力影响距离的乘积，即

$$\lambda_D = \frac{p_{mD}}{x_{mD}} \tag{2}$$

式中　λ_D——无因次启动压力梯度；
　　　p_{mD}——无因次端点压力；
　　　x_{mD}——无因次压力传播距离。

而现场情况属于径向流状态，当径向渗流时，井底压力等于启动压力梯度与压力影响半径的乘积，即

$$\lambda_D = \frac{p_{rD}}{r_{rD} - 1} \tag{3}$$

式中　p_{rD}——无因次井底压力；

r_{rD}——无因次压力影响半径。

可以认为，在无因次情况下，实验室获得的启动压力梯度与矿场实际的启动压力梯度是相同的，于是有

$$\frac{p_{mD}}{x_{mD}} = \frac{p_{rD}}{r_{rD} - 1} \tag{4}$$

将量纲代入式（4）中，得到考虑单位情况下的等式：

$$\frac{\pi r_m^2 g \lambda_m}{Q_{cm}} = \frac{8.64g 2\pi h r_w g \Delta p_r}{Q_{cr} g \left(\frac{\Delta p_r}{\lambda_r} - r_w \right)} \tag{5}$$

显然，存在某个生产压差 Δp_{r1} 使得井底流速 v_w 对应于实验室岩心端口流速 v_m，得到

$$\lambda_m = \frac{8.64 g \Delta p_{r1}}{\frac{\Delta p_{r1}}{\lambda_r} - r_w} \tag{6}$$

对于井筒半径 r_w，显然 $\frac{\Delta p_{r1}}{\lambda_r} - r_w$，因此

$$\lambda_m \approx 8.64 g \lambda_r \tag{7}$$

式中 λ_m——实验室获得的启动压力梯度；

λ_r——现场获得的启动压力梯度。

由该换算关系可以对实验测定的阈压梯度做出修正，克服实验测定值偏大的问题，并用于矿场的分析计算。

根据考虑阈压梯度的气井产能公式为

$$\overline{p}^2 - p_w^2 = \frac{1.291 \times 10^{-3} T_f \overline{\mu} \overline{Z}}{Kh} \left(\ln \frac{r_e}{r_w} - \frac{3}{4} \right) q_{sc} + \lambda \overline{p} \left(\frac{4}{3} r_e - 2 r_w \right)$$
$$+ \frac{2.828 \times 10^{-21} \beta \gamma_g \overline{Z} T_f}{h^2} \left(\frac{1}{r_w} - \frac{1}{r_e} \right) q_{sc}^2 \tag{8}$$

根据矿场资料，四川盆地致密砂岩储层有效储层束缚水饱和度为38.5%，含水饱和度上限为54%，在此饱和度区间内，分别考虑含水饱和度为38.5%、43%、47%、51%和54%时不同物性储层气井的产能变化（表1）。

表1 气井基本物性参数表

平均地层压力 p（MPa）	33.25	地层温度（K）	356
泄流半径（m）	250	井筒半径（m）	0.1
地层压力条件下黏度（mPa·s）	0.021	压力 p 下的偏差因子 Z	0.877
气层厚度（m）	25	渗透率（mD）	

通过计算可以获得各饱和度时储层的阈压梯度（表2）。

表2 不同含水饱和度下阈压梯度值

渗透率	修正阈压梯度值				
	$S_W = 38.5\%$	$S_W = 43\%$	$S_W = 47\%$	$S_W = 51\%$	$S_W = 54\%$
0.1	0.0014	0.0030	0.0062	0.0126	0.0215
0.03	0.0098	0.0177	0.0298	0.0503	0.0745
0.01	0.0596	0.0884	0.1255	0.1782	0.2317

通过比较不同物性储层在束缚水饱和度下是否考虑阈压效应的产能计算结果，覆压渗透率为0.1mD的储层阈压效应造成无阻流量的产能损失为14%，覆压渗透率为0.03mD的储层产能损失为17%，覆压渗透率为0.01mD的储层产能损失为23%，即储层的渗透能力越差，阈压效应造成产能损失越大。对于覆压渗透率为0.1mD的储层，随着含水饱和度的增加，阈压效应对于气井无阻流量的影响并不明显，造成产能损失小于20%，对于覆压渗透率分别为0.03mD、0.01mD的类储层，随着含水饱和度的增加，阈压效应对于气井无阻流量的影响越来越明显，造成的产能损失最大可至60%以上（图5）。

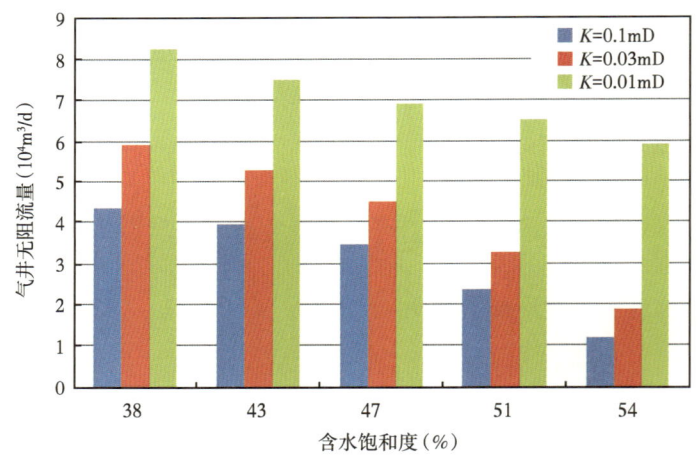

图5 含水饱和度对致密气藏直井无阻流量的影响

对于四川盆地致密砂岩储层，直井开发的效果较差，因此，在考虑阈压效应的条件下，还可尝试利用水平井开采。考虑阈压梯度的水平井气井产能公式如下：

$$q_{sc} = \frac{774.6\sqrt{K_h K_v} h}{\bar{\mu} \bar{Z} T} \cdot \frac{p_e^2 - p_{wf}^2 - 2\bar{p}\lambda(r_e - r_w) - 2\bar{p}\lambda\left(r'_w - \frac{2\pi r_w^2}{h}\right)}{\ln\frac{a + \sqrt{a^2 - (L/2)^2}}{L/2} + \frac{h\beta}{L}\ln\frac{\beta h}{2\pi r_w} + Dq_{sc}} \quad (9)$$

通过水平井产能公式，利用覆压渗透率为0.01mD储层的基本参数，计算在800m水平段的IPR曲线，可以得到图6所示的结果。

在相同的束缚水饱和度下水平井的开采效果优于直井，覆压渗透率为0.03mD的储层无阻流量可以达到6.59×10⁴m³/d，是直井开采的1.86倍；水平井阈压效应的影响更为明

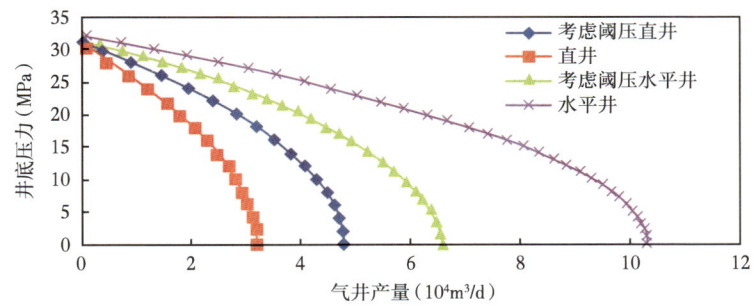

图6 束缚水含水饱和度下直井与水平井 IPR 曲线 ($K=0.01\text{mD}$)

显,直井由阈压梯度造成的产能损失为29%,水平井由于阈压梯度造成的产能损失为37%。

3 结论

(1) 室内实验及矿场生产结合,建立了考虑阈压效应的适合四川盆地高含水致密砂岩气藏单井产能计算公式。

(2) 储层物性越差,含水饱和度越高,气井产能损失受阈压效应影响越大,产能损失在14%以上。

(3) 高含水致密砂岩储层水平井受阈压影响比直井更甚。

参 考 文 献

[1] 郭平,张茂林,黄全华,等. 低渗透致密砂岩气藏开发机理研究 [M]. 北京:石油工业出版社,2009:69-70.
[2] 文光. 天然气非达西低速不稳定渗流 [J]. 天然气工业,1986,6 (3):41-48.
[3] 李凡发,刘慈群. 含启动压力梯度的不定常渗流的压力动态分析 [J]. 油气井测试,1997,6 (1):1-4.
[4] 杨朝蓬,李星民,等. 苏里格低渗致密气藏阈压效应 [J]. 石油学报,2015,3 (36).
[5] 王志平,冉启全. 致密气藏压裂气井产能计算新方法 [J]. 科学技术与工程,2013,36 (13).
[6] 宋付权,刘慈群,李捷. 启动压力梯度的室内简便测量 [J]. 低渗透油气田,1999,4 (4):48-50.

致密气藏分段压裂水平井产量递减规律及递减因素

王军磊　贾爱林　何东博　位云生　齐亚东

（中国石油勘探开发研究院）

摘要：为得到致密气藏压裂水平井的产量递减因素及递减规律，利用考虑气体滑脱效应的拟压力和拟时间变量，建立带有矩形封闭边界的分段压裂水平井渗流数学模型，应用 Newman 乘积、拉普拉斯变换、相似流动替换及压力叠加原理求解模型以得到气井不稳态产量公式。通过公式研究裂缝长度、导流能力、裂缝数、水平压裂段长度等参数对气井产能的影响，并应用正交试验法做参数敏感度分析。研究表明：裂缝参数不影响封闭气藏的弹性采收率，但决定达到弹性采收率的有效开采年限；增加裂缝导流能力、裂缝长度均可有效减缓气井递减速率，缩短开采年限；压裂段长度、裂缝数间存在最优组合，当各裂缝泄流面积相等时开采效果最佳。在实例分析中，裂缝数、压裂段长度、缝长、导流能力对气井产能的影响程度依次降低，最优参数组合为裂缝数 3 条、缝长 97.6m，压裂段长 279.2m，导流能力为 2446.8mD·m。

关键词：致密气；多裂缝；压力叠加；产量递减；正交试验；有效开采年限

从 Arps 到 Fetkovich 再到 Blasingame，油（气）井产量变化规律一直都是油藏工程师所关心的核心问题之一[1-3]。分段压裂水平井能有效增加气藏泄流面积、提高气井产能，是实现致密气藏有效开发的关键技术[4,5]。但压裂水平井渗流机理复杂，分析气井产量递减规律难度大，廉培庆等[6]在考虑井筒导流能力基础上应用约束条件建立压裂水平井的非稳态流动模型，研究了气井产量递减规律；郝明强等[7]以椭圆渗流理论和质量守恒定律为基础，利用叠加原理研究了低渗透无限大地层压裂水平井的产量递减规律；Chen 等[8]基于 Ozkan 的研究结果给出计算压裂水平井产能的有效方法，详细分析存在边界条件下的裂缝相互干扰问题；谢维扬等[9]运用等值渗流阻力法推导出页岩气藏压裂水平井稳定渗流公式，并用拟压力替换方法对压裂效果进行了研究。

对裂缝几何形状、导流能力，王晓冬等[10]给出了单条垂直裂缝导流能力的优化图版，曾凡辉等[11]研究了气藏压裂水平井的多参数综合优化问题，张枫等[12]利用当量井径模型提出了有限导流裂缝水平井的产能评价方法，Pedro 等[13]提出了一种评估裂缝实际导流能力及支撑剂选择的经济影响的压裂优化方法。

本文在此基础上研究更具实际意义的矩形封闭地层压裂水平井产量递减问题，建立了井口定压条件下的致密气压力控制方程，通过定义气体拟压力、拟时间消除方程气体动态滑脱、高压物性非线性影响，利用 Newman 乘积、拉普拉斯变换、相似流动替换、附加表皮因子修正的方法得到单条有限导流裂缝的压力公式，同时根据叠加原理和气井定压生产的约束条件计算压裂水平井的产量递减问题，分析裂缝长度、导流能力、条数、水平压裂

基金项目：国家科技重大专项（2011ZX05015）。

长度等裂缝参数对气井产量的影响,以达到弹性采收率所需的有效开采年限为评价标准,利用正交试验法做参数的敏感度分析,为分段压裂水平井的裂缝参数优化设计提供理论依据。

1 致密气渗流模型

液体在多孔介质为层状流动,自壁面至孔隙中心流动速度呈抛物线状[图1(a)],致密储层渗透率极低,广泛发育纳米级孔隙,平均孔隙半径接近于孔隙半径[13],气体沿固体壁面的滑脱效应明显[图1(b)],与达西流动相比会产生额外的流量。

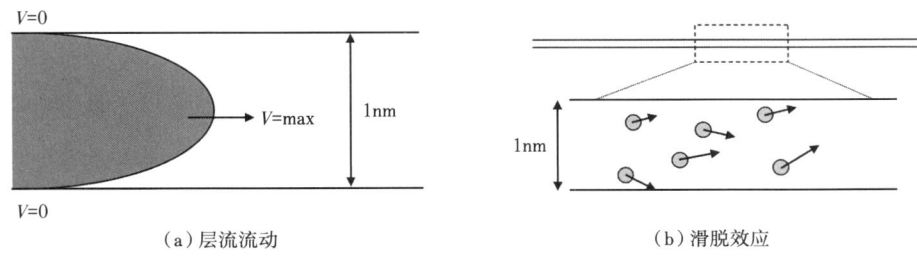

图1 液体与气体在介质中流动示意图

通过达西渗流定律和Fick扩散定律模拟纳米级孔隙的流动,总质量流速公式为

$$v_t = v_D + v_F = -\rho_g \frac{K_\infty}{\mu_g} \cdot \nabla p - M_g D \cdot \nabla C \tag{1}$$

式中 ρ_g——气体黏度,g/cm³;

μ_g——气体黏度,mPa·s;

K_∞——液体等效渗透率,D;

p——气体压力,MPa⁻¹;

M_g——气体分子量,mol/g;

D——扩散系数,cm²/s;

C——气体浓度,g/cm³。

利用气体的高压物性$\rho_g = (pM_g)/(Z_g RT)$,以及气体浓度$C = \rho_g/M_g$处理式(1):

$$v_t = -\frac{M_g}{RT}\left[\frac{K_\infty p}{\mu_g Z_g} \cdot \nabla p + D \cdot \nabla\left(\frac{p}{Z_g}\right)\right] \tag{2}$$

利用高压物性关系进一步处理式(2)可得到

$$v_t = -\rho_g \frac{K_\infty}{\mu_g}\left(1 + \frac{pc_g \mu_g D}{pK_\infty}\right)\nabla p \tag{3}$$

在式(3)中定义有效渗透率K_a:

$$K_a = K_\infty\left(1 + \frac{pc_g \mu_g D/K_\infty}{p}\right) \tag{4}$$

式(4)与Klinkenberg公式形式相同,在SI单位制下定义气体动态滑脱因子b_a:

$$b_a = pc_g \mu_g \frac{D}{0.006328 K_\infty} \tag{5}$$

其中，扩散系数 D 与等效渗透率和气体分子量的关系式[14,15]：

$$D = \frac{31.54}{\sqrt{M_g}} K_\infty^{0.67} \tag{6}$$

2 分段压裂水平井渗流模型

气体分子自地层孔隙通过渗流、扩散作用流入水力裂缝中，沿裂缝流入井筒后向井口流动（图 2）。为明确研究背景，渗流模型做如下假设：

（1）地层等厚、均质、矩形，长轴 y_e，短轴 x_e；
（2）水平井筒与地层长轴 y_e 平行，水力裂缝垂直于井筒；
（3）不考虑水平井筒引起的地层流动，井筒无限导流，保持井口定压生产；
（4）各裂缝等长、等间距，井筒两翼缝长相等。

基于抽象的渗流数学模型，利用已得到的动态滑脱因子 b_a 定义气体拟压力、拟时间，同时对渗流模型进行无量纲化处理，得到单条裂缝压力动态；根据压力叠加原理及相关约束条件，求解方程组得到压裂水平井产量的不稳态递减规律，以形成裂缝参数敏感度分析的理论基础。

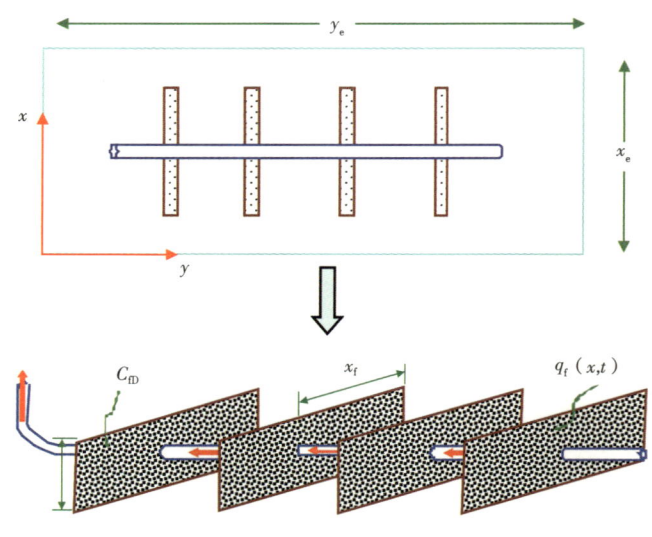

图 2 分段压裂水平井示意图

2.1 单条裂缝渗流模型

2.1.1 地层非稳态渗流模型

在实空域内，利用 Green 函数和 Newman 乘积原理可得到封闭地层中不同源/汇条件下的压力分布，但源/汇强度包含在关于时间的积分中，处理变强度时计算速度很慢，数值易发散，借助卷积公式的拉普拉斯变换性质可以很好地处理这个问题。

第 i 条裂缝的缝长为 x_{fi}，裂缝中心坐标为 (x_{wi}, y_{wi})，在致密气藏中形成的压力控制

方程为

$$\nabla\left(K_r(p)\frac{p}{\mu_g(p)Z(p)}\nabla p\right) + q_{fi}(x,t)\delta(y-y_{wi}) = \frac{\phi\mu_g(p)c_g(p)}{K_\infty}\left(\frac{p}{\mu_g(p)Z(p)}\right)\frac{\partial p}{\partial t} \quad (7)$$

这里，q_{fi} 沿裂缝 i 流量分布，定义致密气体拟压力式（8）和拟时间式（9）以处理式（7）：

$$m(P) = \frac{\mu_{gi}Z_i}{p_i}\int_{p_{ref}}^{p}\frac{K_r}{\mu_g Z}p\,dp \quad (8)$$

$$t_a = (\mu_g c_t)_i \int_0^t \frac{K_r}{\mu_g c_t}\,dt \quad (9)$$

同时对式（7）做无量纲处理，处理结果如下：

$$\nabla^2 m_D + q_{fDi}(x_D, t_D)\delta(y_D - y_{wDi}) = \frac{\partial m_D}{\partial t_D} \quad (10)$$

其中，相关的 SI 制无量纲定义为

$$t_D = \frac{0.0036 \times 24 K_\infty t_a}{\phi\mu_{gi}c_{gi}x_{ref}^2} \quad (11)$$

$$x_D = \frac{x}{x_{ref}} \quad (12)$$

$$x_{fDi} = \frac{x_{fi}}{x_{ref}} \quad (13)$$

$$C_{fDi} = \frac{K_{fi}w_{fi}}{K_\infty x_{fi}} \quad (14)$$

$$p_D(x_D, y_D, s) = \frac{m(p_i) - m(p)}{m(p_i) - m(p_{ref})} \quad (15)$$

$$q_{fDi} = \frac{1.842 \times 10^4 q_{fi}(t)\mu_{gi}}{K_\infty h[m(p_i) - m(p_{ref})]} \quad (16)$$

式中　K——地层渗透率，mD；

　　　K_{fi}——裂缝 i 渗透率，mD；

　　　w_{fi}——裂缝 i 宽度，m；

　　　x_{fi}——裂缝 i 长度，m；

　　　x_{ref}——参考长度，m；

　　　ϕ——地层孔隙度；

　　　μ_g——气体黏度，mPa·s；

　　　p_i——原始地层压力，MPa；

　　　p_w——气井井底压力，MPa；

　　　p_{ref}——参考压力，MPa；

q_{fDi}——裂缝 i 产量；

c_g——气体压缩系数；

t——生产时间，h；

x_{fi}——裂缝 i 半长，m；

w_{fi}——裂缝 i 宽度，m；

k_{fi}——裂缝 i 渗透率，mD。

利用 Newman 乘积原理处理式（10），可以得到实空域单条均匀流量垂直裂缝形成的压力场：

$$m_D(x_D, y_D, t_D) = \frac{2\pi}{x_{eD}y_{eD}} \int_0^{t_D} q_{fDi}(\tau) \frac{[S_{xDi} \cdot S_{yDi}]}{V} d\tau \tag{17}$$

其中：

$$S_{xDi}(x_D, t_D, x_{wDi}, x_{fDi}) = \left[1 + \frac{2x_{eD}}{\pi x_{fDi}} \sum_{n=1}^{\infty} \frac{1}{n} \exp\left(-\frac{n^2\pi^2 t_D}{x_{eD}^2}\right) \sin\frac{n\pi x_{fDi}}{x_{eD}} \cos\frac{n\pi x_{wDi}}{x_{eD}} \cos\frac{n\pi x_D}{x_{eD}}\right] \tag{18}$$

$$S_{yDi}(y_D, t_D, y_{wDi}) = \left[1 + 2\sum_{n=1}^{\infty} \exp\left(-\frac{n^2\pi^2 t_D}{y_{eD}^2}\right) \cos\left(\frac{n\pi y_{wDi}}{y_{eD}}\right) \cos\left(\frac{n\pi y_D}{y_{eD}}\right)\right] \tag{19}$$

根据卷积的拉普拉斯反演性质处理式（11）：

$$\widetilde{m}_D(x_D, y_D, s) = \frac{2\pi}{x_{eD}y_{eD}} \widetilde{q}_{fDi}(x_D, s) \widetilde{V}(x_D, y_D, s) \tag{20}$$

其中：

$$\widetilde{V} = \frac{1}{s} + \frac{2x_{eD}}{\pi x_{fDi}} \sum_{n=1}^{\infty} \frac{1}{n} \frac{1}{s + \frac{n^2\pi^2}{x_{eD}^2}} \sin\frac{n\pi x_{fDi}}{x_{eD}} \cos\frac{n\pi x_{wDi}}{x_{eD}} \cos\frac{n\pi x_D}{x_{eD}} + 2\sum_{n=1}^{\infty} \frac{1}{s + \frac{n^2\pi^2}{y_{eD}^2}} \cos\left(\frac{n\pi y_{wD}}{y_{eD}}\right) \cos\left(\frac{n\pi y_D}{y_{eD}}\right) +$$

$$\frac{4x_{eD}}{\pi x_{fDi}} \sum_{n=1}^{\infty} \left\{ \frac{1}{n} \sin\frac{n\pi x_{fDi}}{x_{eD}} \cos\frac{n\pi x_{wDi}}{x_{eD}} \cos\frac{n\pi x_D}{x_{eD}} \left[\sum_{m=1}^{\infty} \frac{1}{s + \frac{n^2\pi^2}{x_{eD}^2} + \frac{n^2\pi^2}{y_{eD}^2}} \cos\left(\frac{m\pi y_{wD}}{y_{eD}}\right) \cos\left(\frac{m\pi y_D}{y_{eD}}\right)\right]\right\} \tag{21}$$

利用相关数学公式处理式（15），可得到裂缝压力公式：

$$\widetilde{m}_D(x_D, y_D, x_{wDi}, y_{wDi}, s) = \widetilde{q}_{fDi}(s) \Delta\widetilde{m}_D(x_D, y_D, x_{wDi}, y_{wDi}, s) \tag{22}$$

其中：

$$\Delta\widetilde{m}_D = \frac{2\pi}{x_{eD}} \left[\frac{\cosh\sqrt{s}(y_{eD} - |y_D \pm y_{wDi}|)}{2\sqrt{s}\sinh y_{eD}\sqrt{s}} + \frac{x_{eD}}{\pi x_{fDi}} \sum_{n=1}^{\infty} \frac{\sin\frac{n\pi x_{fDi}}{x_{eD}} \cos\frac{n\pi x_{wDi}}{x_{eD}} \cos\frac{n\pi x_D}{x_{eD}}}{n\alpha_n} \cdot \frac{\cosh\alpha_n(y_{eD} - |y_D \pm y_{wDi}|)}{\sinh(\alpha_n y_{eD})}\right] \tag{23}$$

注意：需要利用 Bessel 函数等特殊函数对式（23）进行改造后才能进行计算。

2.1.2 裂缝内稳态渗流模型

气体从地层流入到裂缝后，通过渗流作用运动至水平井筒。对于填砂裂缝，由于裂缝体积较小，弹性较小，可忽略裂缝弹性的影响，流体在裂缝中简化为稳态形式。Riley 曾用椭圆坐标处理线状裂缝内的流动[16]，故可将裂缝近似为长轴为 x_f 短轴为 w_f 的椭圆形裂缝，这里为了研究裂缝的导流能力可弱化裂缝内变质量流动效应[7,17]。

水平井横向裂缝内的流动可分解为垂直裂缝流动+表皮因子两部分，表皮因子可以对横向裂缝内近井筒地带的径向流动效应进行定量表征，表皮因子表达式为[18]

$$\text{skin} = \frac{1}{C_{\text{fD}i}} \frac{h_\text{D}}{x_{\text{fD}i}} \left(\ln \frac{h_\text{D}}{2r_{\text{wD}}} - \frac{\pi}{2} \right) \tag{24}$$

垂直裂缝内流动可利用相似流动替换法计算[19]：在两条无限长的相距为 d 的等压边界中线处有一井筒半径为 r_w 的生产井，流量为 q_{fi}（图3）。

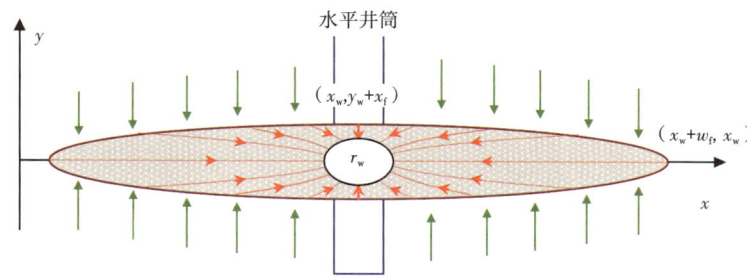

图 3 裂缝内椭圆形流动示意图

根据位势叠加原理结合贝塞特公式，得到裂缝内流动的解析解：

$$m_f(P) = \frac{(\mu_g)_i}{4\pi k_{fi} h} \ln \frac{\cosh \frac{\pi x}{2d} - \cos \frac{\pi y}{2d}}{\cosh \frac{\pi x}{2d} + \cos \frac{\pi y}{2d}} \tag{25}$$

可认为式（18）中某一特定椭圆等压线与裂缝形状近似，（0，$w_{fi}/2$）和（x_{fi}，0）处为裂缝表面的（等）压力，则可得到参数 d 与 x_{fi}、$w_{fi}/2$ 的函数关系式：

$$\tan \frac{\pi w_{fi}}{8d} = \tanh \frac{\pi x_{fi}}{4d} \tag{26}$$

同理可以得到（圆形）井筒处压力，利用式（25）可以得到裂缝内的产量关系式：

$$q_{fi}(t) = \frac{2\pi k_{fi} h}{(\mu_g)_i \ln \left(\tan \frac{\pi w_{fi}}{8d_i} / \tan \frac{\pi r_w}{4d_i} \right)} \{ m_f[p_e(t)] - m_f(p_w) \} \tag{27}$$

对式（27）进行无量纲化处理并做拉普拉斯变换，可得到裂缝 i 表面的压力：

$$\widetilde{m}_{\text{fD}}(p_{\text{eD}}) = \widetilde{q}_{\text{fD}i}(s) \cdot \frac{1}{C_{\text{fD}i} x_{\text{fD}i}} \ln \left(\tanh \frac{\pi x_{\text{fD}i}}{4d_\text{D}} / \tan \frac{\pi r_{\text{wD}}}{4d_\text{D}} \right) \tag{28}$$

在地层中，对式（23）积分平均可得到裂缝 i 表面的压力：

$$\widetilde{m}_{wDi} = \widetilde{q}_{fDi}(s)\Delta\widetilde{m}_{wDi} = \frac{\widetilde{q}_{fDi}(s)}{2x_{fDi}}\int_{x_{wDi}-x_{fDi}}^{x_{wDi}+x_{fDi}}\Delta\widetilde{m}_D(x_D, y_{wDi}, x_{wDi}, y_{wDi}, s)\mathrm{d}x_D \quad (29)$$

利用地层与裂缝的耦合条件，即式（28）与式（29）相等，得到具有有限导流能力的水平井单条横向裂缝压力场：

$$\widetilde{m}_{FD}(x_D, y_D, x_{wDi}, y_{wDi}, s) = \widetilde{q}_{fDi}(s)\left\{\Delta\widetilde{m}_D - \Delta\widetilde{m}_{wDi} + \frac{1}{C_{fDi}x_{fDi}}\ln\left(\tanh\frac{\pi x_{fDi}}{4d_{Di}}\bigg/\tan\frac{\pi r_{wD}}{4d_{Di}}\right) + \text{skin}\right\} \quad (30)$$

2.2 多段裂缝渗流模型

根据式（7）可知，地层中的压力控制方程为线性齐次方程，利用压力叠加原理，可得到拉普拉斯空间下 n 条裂缝沿第 j 条裂缝产生的压力分布：

$$\widetilde{m}_{Dj}(x_D, y_{wDj}, s) = \sum_{i=1}^{n}\widetilde{q}_{fDi}(s)\Delta\widetilde{m}_{DFji}(x_D, y_{wDj}, x_{wDi}, y_{wDi}, s) \quad (31)$$

不考虑水平井筒的导流能力，井口定压生产，各裂缝井筒处压力相等，裂缝产量及井口产量为时间的函数，形成 n 阶的线性方程组：

$$\begin{bmatrix} \Delta\widetilde{m}_{FD11}(s) & \Delta\widetilde{m}_{FD12}(s) & \Lambda & \Delta\widetilde{m}_{FD1n}(s) \\ \Delta\widetilde{m}_{FD21}(s) & \Delta\widetilde{m}_{FD22}(s) & \Lambda & \Delta\widetilde{m}_{FD2n}(s) \\ & & \cdots & \\ \Delta\widetilde{m}_{FDn1}(s) & \Delta\widetilde{m}_{FDn2}(s) & \Lambda & \Delta\widetilde{m}_{FDnn}(s) \end{bmatrix} \cdot \begin{bmatrix} \widetilde{q}_{fD1}(s) \\ \widetilde{q}_{fD2}(s) \\ \cdots \\ \widetilde{q}_{fDn}(s) \end{bmatrix} = \begin{bmatrix} 1/s \\ 1/s \\ \cdots \\ 1/s \end{bmatrix} \quad (32)$$

利用 Stehfest 数值反演，Newton 迭代方法处理式（32）可以得到满意的计算结果，则任意时刻 t_D 下，压裂水平井气井产量满足：

$$q_{fD}(t_D) = q_{fD1}(t_D) + q_{fD2}(t_D) + \cdots + q_{fDn}(t_D) \quad (33)$$

3 气井产量递减规律

利用式（32）可以得到裂缝产量及井口产量随时间的变化规律。以 5 条裂缝为例进行计算分析，结果表明：压裂水平井自开井生产将先后经历三个流动阶段（图4）；（1）瞬时流阶段（$t_D<0.2$），包括双线性流、拟径向流，此时裂缝未相互干扰，流量相等且随时间平稳递减，相当于无限大地层中单条裂缝引起的流动；（2）过渡流阶段（$0.2<t_D<10$），包括复合线性流和复合径向流，此时裂缝间相互干扰，各裂缝产量递减幅度开始不同，裂缝对应的泄流面积越大，递减幅度越低；（3）晚期流阶段（$t_D>10$），主要是边界控制流，此时压力波完全传播到边界上，压裂水平井的流动特征近似于缝长等于压裂段的单条裂缝特征，气井产量呈现指数型递减规律。

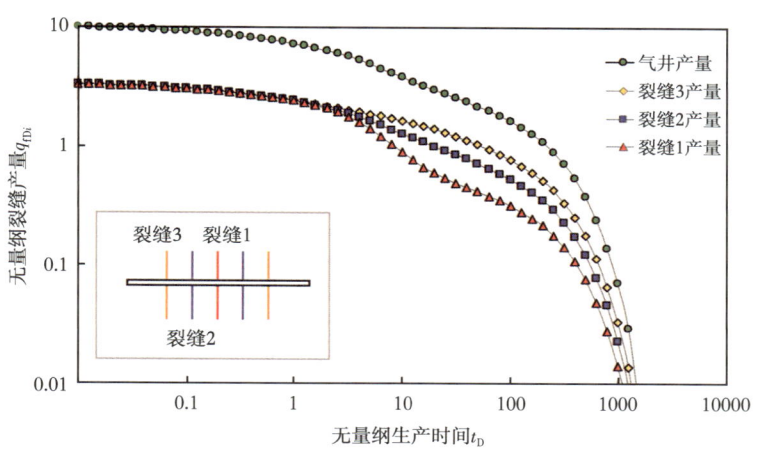

图 4 裂缝流量递减规律及流态变化

对于特定气藏而言，储层属性及气体物性是固定的。当井口压力恒定时气藏最终弹性采收率为常数，此时压裂水平井递减规律主要受裂缝属性（长度及导流能力）、数量、压裂段长度等因素影响，导致达到弹性采收率所需的开采年限不同（记为 t_{Dmax}）。

（1）压裂段长度 L_{fD} 影响（图5）。

设定相同裂缝数（均为3条），从图5可看出，L_{fD} 越小，裂缝干扰出现得越早，越不利于开采，增加 L_{fD} 可改善开采效果，但不是 L_{fD} 越大，有效开采年限越短，而是存在最优值，$L_{fD}/y_{eD}=2/3$。其主要原因是，当 L_{fD} 过小时，裂缝相互干扰严重，导致内部阻力增加，L_{fD} 增加能够扩大裂缝系统与地层的接触面积，减小外部渗流阻力，L_{fD} 过大，则导致内外阻力不匹配，气井增产效果降低。

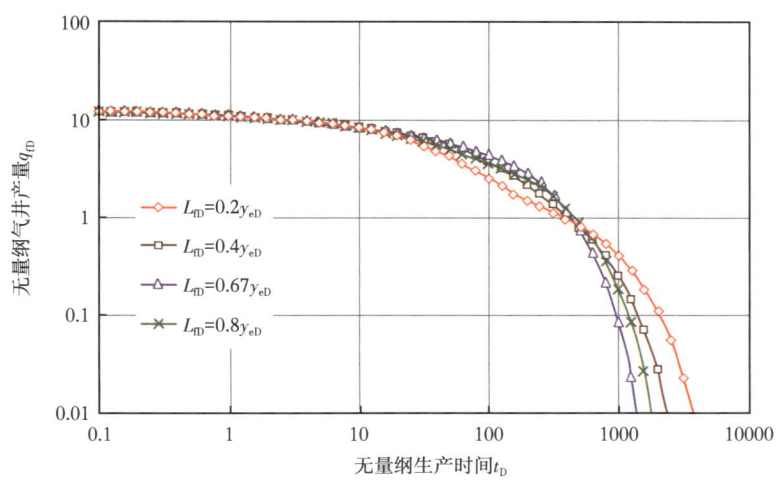

图 5 压裂段长度对气井产量递减规律的影响

（2）裂缝数 n 影响（图6）。

压裂段长度 L_{fD} 相同，沿井筒压裂 3～9 条裂缝，在裂缝未相互干扰阶段裂缝数决定气井产量，裂缝数越多，增产效果越好，随着开采进行裂缝数少的气井递减加剧，在总体上呈现裂缝数越多的气井递减幅度越小、有效开采年限越小的规律，但同时改善递减幅度的效果也随着裂缝数的增加而减小。

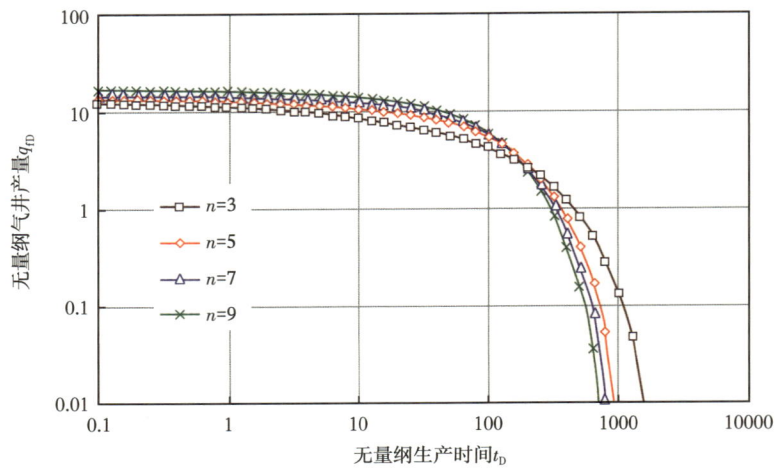

图 6　裂缝数对气井产量递减规律的影响

图 5 和图 6 反映出裂缝数、压裂段长度之间存在着最优组合，偏于最优值增产改善效果降低。其主要原因是，压裂水平井流动阻力可以分为水力裂缝内的人工阻力、压裂段内裂缝相互干扰形成的内阻、压裂水平井与封闭地层间的外阻，只有总渗流阻力最小时气井产量递减幅度才最小。由镜像反演原理可知，各裂缝同时生产时裂缝间将形成虚拟的封闭边界，裂缝产量与各自对应的有效泄流面积呈正相关关系，当泄流面积相同时各裂缝递减规律一致，达到最优值，开采效果最好（图 7）。

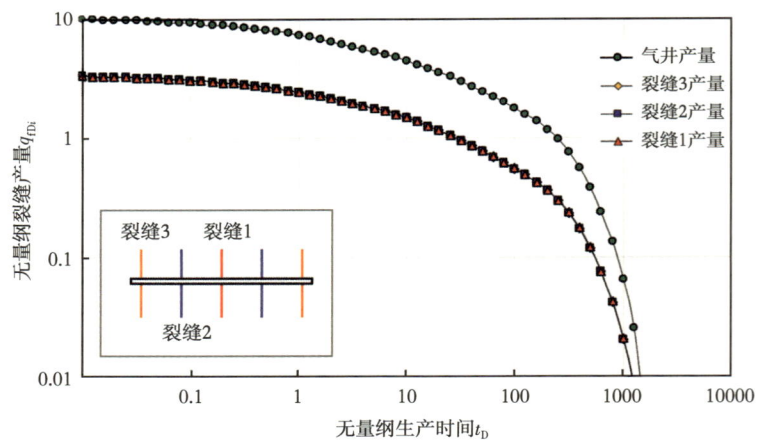

图 7　最优裂缝间距下裂缝及气井递减规律

（3）裂缝长度影响（图 8）。

图 8 中反映缝长越大，气井产量越高，但随着缝长的增加，气井产量增幅减小，产量增加与缝长不是简单的线性关系。主要原因是大缝长能有效地增加水力裂缝系统与气藏的接触面积，减少了气体从地层流入裂缝过程中的阻力，压裂水平井的等效井筒半径增加，

但增加缝长也导致了裂缝干扰加剧、内阻增大，改善效果降低。

（4）裂缝导流能力影响与缝长变化规律一致。

可解释为，当裂缝导流能力过低时，人工阻力过大，气藏供气能力较强，使得在裂缝表面形成流体聚集，形成附加压力，此时增加裂缝导流能力能够有效减小附加压力，增加气井产量。

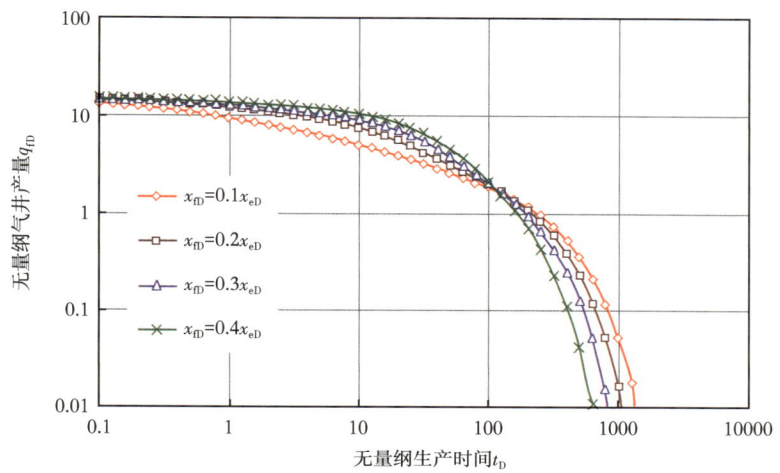

图 8　缝长对气井产量递减规律的影响

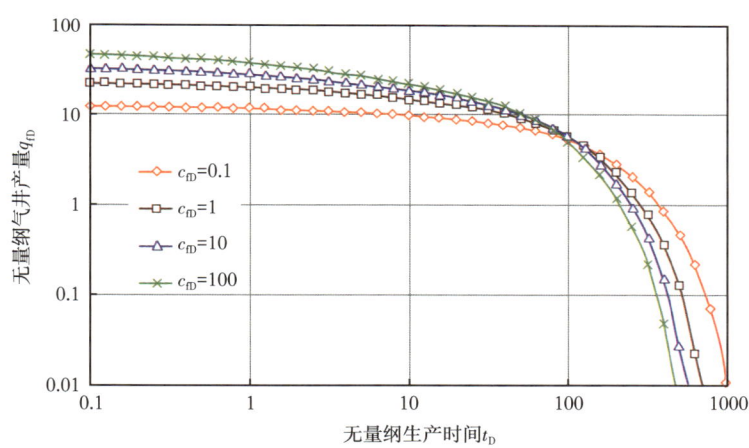

图 9　裂缝导流能力对气井产量递减规律的影响

4　裂缝参数敏感性分析

从图 5 至图 9 可以看出，各个裂缝参数对气井产量递减规律的影响方式和程度都是不同的，但上面只分析了各个单因素对压裂水平井产量递减规律的影响，但没有实现各参数对气井产能影响的重要程度排序（即敏感度分析）。通过引入正交试验设计法，以典型的具有代表性的有限个方案反映大量方案中所包含的内在本质规律，定量地确定参数对气井产量递减规律的影响。

根据致密气藏的基础数据，储层规模349m×244m，有效厚度20m，孔隙度0.19，地层渗透率0.014mD，水平井筒半径0.107m，原始地层压力29.13MPa，井底流压为1.45MPa，气体初始黏度0.021mPa·s，初始偏差因子0.87，初始压缩系数2.28×10^{-3} MPa^{-1}。以达到弹性采收率所用的有效开采年限为评价标准，对相关裂缝参数进行敏感度分析，试验方案见表1。

表1 分段压裂水平井产量递减规律分析结果

试验号	裂缝条数	缝长 x_f (m)	压裂段长 L_f (m)	导流能力 $K_f w_f$ (mD·m)	开采时间 t_{max} (d)
试验1	3	24.4	69.8	122.3	2786.749
试验2	3	48.8	139.6	615.5	1396.682
试验3	3	73.2	219.4	1223.0	881.251
试验4	3	97.6	279.2	2446.8	556.024
试验5	5	24.4	139.6	1223.0	2004.044
试验6	5	48.8	69.8	2446.8	1758.316
试验7	5	73.2	279.2	122.3	1109.423
试验8	5	97.6	219.4	615.5	881.251
试验9	7	24.4	219.4	2446.8	1123.409
试验10	7	48.8	279.2	1223.0	866.635
试验11	7	73.2	69.8	615.5	2213.589
试验12	7	97.6	139.6	122.3	1214.402
试验13	9	24.4	279.2	615.5	1109.423
试验14	9	48.8	219.4	122.3	1359.967
试验15	9	73.2	139.6	2446.8	881.251
试验16	9	97.6	69.8	1223.0	808.192

对试验结果进行极差分析（表2），从表2中可以看出各裂缝参数对气井产量递减规律的影响程度由强到弱依次为裂缝数、压裂段长度、缝长、导流能力。说明致密气藏开发要更加重视水力裂缝系统与地层之间的外部阻力，尽可能增大水力裂缝系统与地层的接触面积，有效增加压裂水平井的等效井径，在此基础上再对裂缝的导流能力进行合理的优化设计。

表2 各裂缝参数对气井产量递减规律的极差分析

取值水平	各因素不同取值水平有效开采时间（d）			
	裂缝条数	缝长 x_f (m)	段长 L_f (m)	导流能力 $K_f w_f$ (mD·m)
水平K1	1305.18	1755.91	1603.49	1617.52
水平K2	1438.26	1076.24	1099.61	1390.67
水平K3	1935.01	1217.10	1061.27	1139.81
水平K4	1485.29	691.85	910.47	1079.58
极差	729.83	679.67	693.02	537.94

通过比较各参数4个水平的计算结果可知，裂缝数取K1的指标值最小，开采年限最短，效果最好，缝长取K4水平，压裂段长度为K4水平，导流能力为K4水平，由此看来该区块压裂水平井的最佳裂缝参数组合为裂缝数3条、缝长97.6m，压裂段长279.2m，导流能力为2446.8mD·m。当然这种敏感度反映也会随着评价标准的不同而变化，在实际致密气藏开采中，应以"经济效益为中心"进行相关的经济技术评价。

5 结论

（1）建立了考虑致密气动态滑脱效应的封闭地层分段压裂水平井渗流模型，通过新定义的气体拟压力、拟时间以消除模型非线性影响，应用相关数理理论、相似流动替换和叠加原理得到模型的解析解。

（2）压裂水平井先后经历裂缝独立流动、裂缝干扰和拟稳态流动三个阶段，递减特征受裂缝数、压裂段长度、裂缝长、导流能力的影响。大裂缝长度和高导流能力可有效提高气井产能，压裂段长度和裂缝条数满足各裂缝泄流面积相等时，气井的开采效果最佳。

（3）以达到弹性采收率所需的有效开采年限为评价标准，在正交试验中，裂缝数、压裂段长度、缝长、导流能力对气井产能的影响程度依次降低，最优参数组合为裂缝数3条、缝长97.6m，压裂段长279.2m，导流能力为2446.8mD·m，这为分段压裂水平井的优化设计提供了理论依据。

参 考 文 献

[1] Arps J J. Analysis of decline curves [J]. Trans AIME, 1945, 160: 228-247.

[2] Fetkovich M J. Decline curve analysis using type curves [J]. Journal of Petroleum Technology, 1980, 1: 1-16.

[3] Blasingame T A, McGrat T J, Lee W J. Decline curve analysis for variable pressure drop/variable flow rate system [C]// Paper SPE 21513 presented at the SPE Gas Technology Symposium. Texas, USA, 1991: 1-12.

[4] ……苏里格低渗透气田开发技术最新进展 [J]. 天然气工业, 2011, 31 (21): 59-62.

[5] 董大忠, 邹才能, 杨桦, 等. 中国页岩气勘探开发进展与发展前景 [J]. 石油学报, 2012, 33 (S1): 108-114.

[6] 廉培庆, 同登科, 程林松, 等. 垂直裂缝水平井非稳态条件下的产能分析 [J]. 中国石油大学学报, 2009, 33 (4): 98-102.

[7] 郝明强, 胡永乐, 李凡华. 特低渗透油藏压裂水平井产量递减规律 [J]. 石油学报, 2012, 33 (2): 269-273.

[8] Chen C C, Raghavan R S. A multiply-fractured horizontal well in a rectangular drainage region [J]. SPE Journal, 1997, 2: 455-465.

[9] 谢维扬, 李晓平. 水力压裂缝导流的页岩气藏水平井稳产能力研究 [J]. 天然气地球科学, 2012, 23 (2): 378-383.

[10] 王晓冬, 张义堂, 刘慈群. 垂直裂缝井产能及导流能力优化研究 [J]. 石油勘探与开发, 2004, 31 (6): 78-81.

[11] 曾凡辉, 郭建春, 何颂根, 等. 致密砂岩气藏压裂水平井裂缝参数的优化 [J]. 天然气工业, 2012, 32 (11): 1-5.

[12] 张枫, 赵仕民, 秦建敏, 等. 有限导流裂缝水平井产能研究 [J]. 天然气地球科学, 2009, 20 (5): 817-821.

[13] PedroE S, Terry T P. Hydraulic fracture optimization in unconventional reservoirs [C]. Paper SPE151128 presented at the SPE Middle East Unconventional Gas Conference and Exihabition. UAE, 2012: 1-15.

[14] Javadpour F. Nanopores and apparent permeability of gas flow in mudrocks [J]. Journal of Canadian Petroleum Technology, 2009, 48 (8): 16-21.

[15] Ertekin T, King G A, Schwerer F C. Dynamic gas slippage: a unique dual-mechanism approach to the flow of gas in tight formation [J]. SPE Formation Evaluation, 1 (1): 43-52.

[16] Riley M F, Brigham W E, Horne R N. Analytic solutions for elliptical finite-conductivity fractures [C]. Paper SPE 22656 presented at the 66th Annual Technical Conference and Exhibition. USA, 1991: 1-14.

[17] Prats M. Effect of vertical fractures on reservoir behavior-incompressible fluid case [C]. Paper SPE1515 presented at 35th Annual Fall Meeting of SPE. USA, 1961: 103-117.

[18] Sollman M Y, Hunt J L, Ei-rabaI A M. Fracturing aspects of horizontal wells [J]. Journal of Petroleum Technology, 1990: 966-973.

[19] 刘月田, 葛家丽. 各向异性圆形地层渗流的解析解 [J]. 石油大学学报, 2000, 24 (2): 40-43.

致密气藏水平井产能图版及应用

吕志凯[1]　冀　光[1]　位云生[1]　孙永兵[2]　甯　波[1]

(1. 中国石油勘探开发研究院；2. 渤海钻探工程有限公司长庆石油工程事业部)

摘要：水平井分段压裂技术是提高苏里格气田单井控制储量和采收率、实现规模有效开发的关键技术。根据一点法产能方程绘制了水平井产能图版，利用初期生产数据可快速获取水平气井的绝对无阻流量，并作为气井合理产量的参考指标。通过分析63口气井的实际生产数据，回归得到平均日产气量与无阻流量之间的关系式，可用于指导气井初期配产。研究结果显示：利用水平井产能图版，仅需初期生产数据即可快速、直观地估算苏里格气田水平井的绝对无阻流量，误差范围在10%以内；水平气井的绝对无阻流量越大，其配产系数越小，二者呈负指数关系。该方法对评价压裂水平井产能、指导致密气藏产能建设有积极意义。

关键词：致密气藏；水平井；产能图版；绝对无阻流量；配产系数

致密砂岩气藏是中国非常规天然气藏的主要类型，多段压裂水平井技术是开发该类气藏的重要有效手段。苏里格致密砂岩气藏储层属于河流相沉积，具有阻流带，必须对每口井进行先期压裂才能正常生产，且稳产状况差。致密储层的特点和产能状况决定其必须采取低成本开发策略，而常规产能试井流程复杂、周期长、成本高，且测试条件严格，不适应苏里格气田快速投产的要求[1]。常用的方法是，利用试气资料采用"一点法"初步估算气井的绝对无阻流量，再根据无阻流量对气井进行初期配产[2-5]。

对于不同气藏、不同区块，应用同一个"一点法"产能公式计算出来的无阻流量与产能测试算出的结果相差较大，许多学者针对此问题进行了研究，指出了"一点法"的局限性[6-8]。对于压裂水平井，无阻流量反映的是生产初期近井区压裂裂缝带的渗流特征，若仍采用常规方法（即绝对无阻流量的1/4～1/3进行配产）明显不妥。因此，确定该类气井的合理产能成为亟待解决的技术难题。

通过论证"一点法"的适用性，利用水平井修正等时试井资料确定α值，并基于"一点法"产能方程绘制适用于苏里格气田水平井的产能图版，在没有任何测试资料（修正等时试井或一点法测试）情况下，利用气井初期生产数据即可确定绝对无阻流量。分析实际生产资料，提出适用于苏里格水平气井初期配产的方法，从而指导气田合理配产及产能建设。

1　"一点法"适用性分析

由气井稳态渗流理论，可导出"一点法"产能方程为[5]

基金项目：国家科技重大专项"天然气开发关键技术"（2011ZX05015）。

$$Q_{AOF} = \frac{2(1-\alpha)q_{sc}}{\alpha\left[\sqrt{1 + 4\left(\dfrac{1-\alpha}{\alpha^2}\right)\left(\dfrac{p_R^2 - p_{wf}^2}{p_R^2}\right)} - 1\right]} \quad (1)$$

$$\alpha = \frac{A}{A + BQ_{AOF}} \quad (2)$$

式中 Q_{AOF}——绝对无阻流量，$10^4 m^3/d$；

q_{sc}——稳定日产气量，$10^4 m^3$；

p_{wf}——稳定井底流压，MPa；

p_R——稳定地层压力，MPa；

α——产能方程系数；

A、B——二项式方程系数。

由式（2）可知，每口气井的 α 值不同，对应一个不同于其他井的单点产能方程[10-12]。但由于同一地区、同一类型气田（气藏）的地质特征差异不大，其 α 值相差也不大[11]。利用苏里格 8 口水平井的修正等时试井资料确定出产能方程和无阻流量，由此求得各井的 α 值（表 1）。为进一步明确 α 取值的影响程度，计算了不同 α 取值无阻流量结果的误差，平均误差为 10.36%，故该值确定的"一点法"产能方程，适用于苏里格气田水平井产能计算。

表 1 利用修正等时试井资料确定 α 值

井号	稳定产能方程	无阻流量	α	α 平均值
苏东 41-45H1	$p_R^2 - p_{wf}^2 = 55.398q + 0.730q^2$	12.28	0.8607	
苏东 59-34H1	$p_R^2 - p_{wf}^2 = 55.723q + 0.664q^2$	12.51	0.8704	
桃 2-7-3H	$p_R^2 - p_{wf}^2 = 14.746q + 0.124q^2$	33.41	0.7368	
苏东 34-47H2	$p_R^2 - p_{wf}^2 = 26.3q + 0.228q^2$	22.90	0.8432	0.8560
苏 40-58H	$p_R^2 - p_{wf}^2 = 14.746q + 0.124q^2$	16.79	0.8508	
苏东 55-66H2	$p_R^2 - p_{wf}^2 = 106.447q + 2.167q^2$	4.19	0.9214	
苏 48-19-62H1	$p_R^2 - p_{wf}^2 = 42.229q + 0.608q^2$	15.63	0.8163	
苏 20-8-10H	$p_R^2 - p_{wf}^2 = 45.439q + 0.150q^2$	16.60	0.9481	

2 产能图版的制作与应用

将式（1）变形为

$$Q_{AOF} = \frac{2(1-\alpha)q_{sc}}{\alpha\left\{\sqrt{1 + 4\left(\dfrac{1-\alpha}{\alpha^2}\right)\left[1 - \left(\dfrac{p_{wf}}{p_R}\right)^2\right]} - 1\right\}} \quad (3)$$

通过上述研究认为，苏里格气田水平井的 α 值为 0.856。由式（3）可知，由一个稳定点的 q_{sc}、p_{wf}/p_R 即可确定水平气井的无阻流量。由于苏里格气田气井下入井下节流装置，为获得井底流压，需要进行套压折算。采用 Cullender-Smith 井底压力计算方法，对苏

75-70-6H井不同生产时间的套压值进行折算。结果表明，套压变化值与其对应的井底流压变化值一致。这说明，稳定点的井底流压与地层压力的比近似等于稳定点的套压与初始点的套压比。为此，仅需水平井初期生产数据中初始时刻的套压、稳定点的套压及日产气量，即可确定气井的绝对无阻流量。由此绘制出水平井产能图版（图1），可以快速、直观地对水平井无阻流量进行估算。

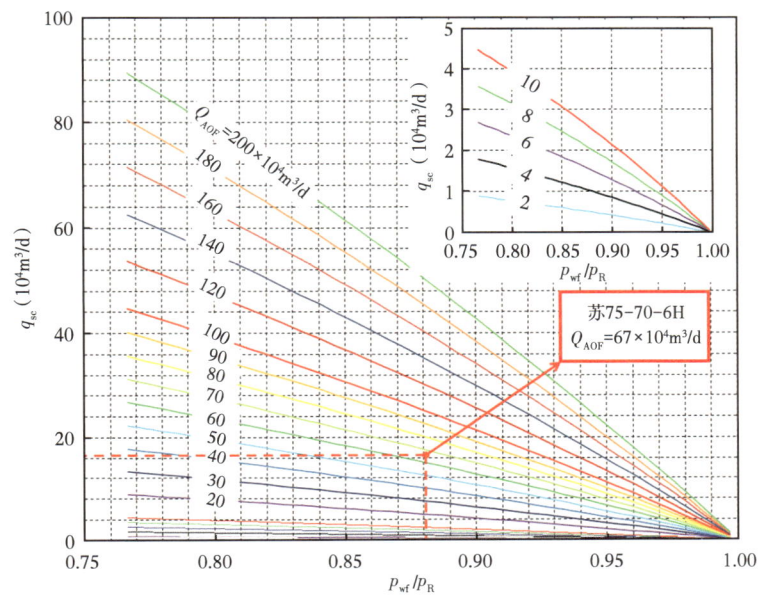

图1 苏里格水平气井绝对无阻流量图版

以苏75-70-6H井为例，图2是该井的生产曲线，初始时刻套压为22.32MPa，取生产30天后的稳定点作为求算点（苏里格气田修正等时试井延续阶段为30天），套压为19.65MPa，产气量为18.14×10^{4}m^3/d，由图版可知水平井无阻流量为67×10^{4}m^3/d，实际计算结果为68.19×10^{4}m^3/d，误差仅为1.75%。

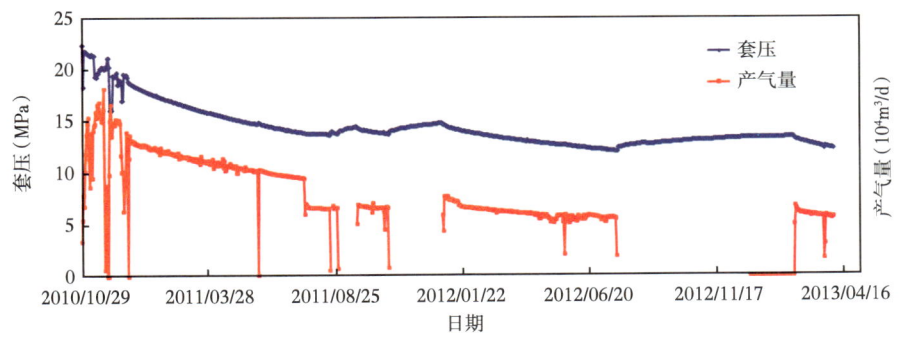

图2 苏75-70-6H井生产曲线

利用10口水平井初期生产数据获得稳定日产气量、稳定点的套压与初始点的套压比，计算出气井无阻流量，与图版法结果对比见表2。

表 2　图版法估算水平气井绝对无阻流量的验证

井号	稳定点的套压与初始点的套压比	产气量（$10^4 m^3/d$）	求解无阻流量（$10^4 m^3/d$）	图版无阻流量（$10^4 m^3/d$）	误差（%）
苏 75−70−6H	0.88	16.62	68.19	67	1.75
苏 20−18−18H	0.82	20.01	56.11	54	3.75
苏 53−74−32H	0.89	11.28	46.73	46	1.56
苏 53−78−63H	0.81	12.55	33.47	32	4.38
苏东 59−34H2	0.85	7.98	26.40	25	5.29
苏 75−67−6H	0.80	16.43	41.21	40	2.94
苏 6−21−12H	0.90	8.13	39.50	40	1.26
苏 53−82−49H	0.93	10.63	66.59	66	0.88
桃 7−17−15H	0.84	3.81	11.78	12	1.91
苏 53−78−55H	0.81	13.64	36.36	35	3.75

由表 2 可知，两者相差不大（误差在 10% 以内），在获取了试气资料的基础上，利用该图版可快速对水平气井的绝对无阻流量进行估算，可满足工程技术需求。

3　水平气井合理产量的确定

对于常规气藏，考虑到气井的高产与稳产，气井的合理产量一般定为绝对无阻流量的 $1/4\sim1/3$[13]。但对于致密气藏，由于应用压裂水平井技术开发，储层性质发生了改变，无阻流量反映的是生产初期近井地层压裂裂缝带的渗流特征[14]，应用传统的配产方式显然不合适。根据开发部署，为保证苏里格气田整体上的平稳生产，同时避免压力下降过快引起压敏效应，气井应有 2~3 年的稳产期。分析了生产时间在 3 年以上的 63 口气井实际生产数据，得出各井稳定产量，建立配产系数与无阻流量的关系（图 3）。可以看出，水平气井的无阻流量越大，其配产系数越小，二者呈负指数关系。

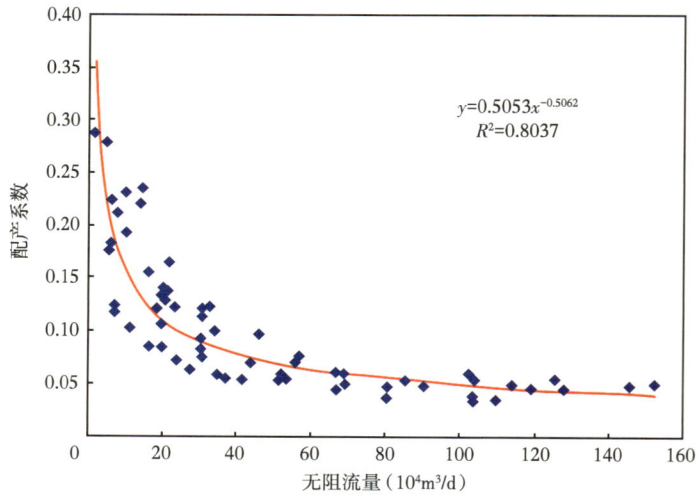

图 3　水平气井配产系数与绝对无阻流量关系

由苏东59-34H1井试气资料，可得稳定日产气量、稳定点的套压与初始点的套压比，由产能图版估算无阻流量为$12×10^4m^3/d$，进而计算初期合理产量为$1.75×10^4m^3/d$。由苏东59-34H1井的采气曲线（图4）可以看出，该井投产581天，套压降速率为0.03MPa/d，压降速率偏大（0.01~0.02MPa/d为合理范围），日产量波动大，说明初期配产偏高。

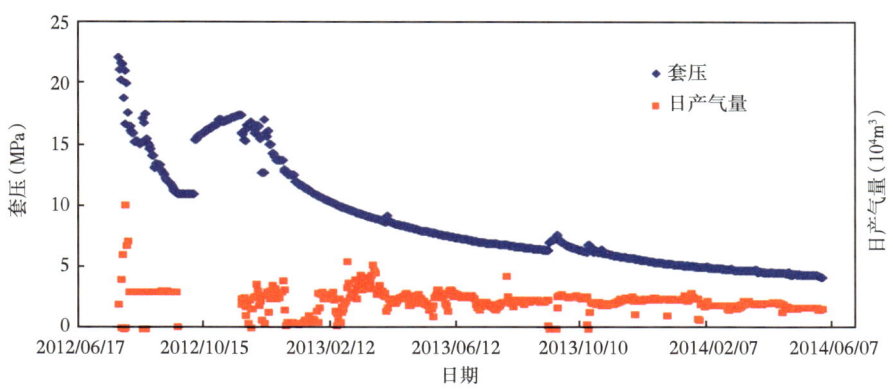

图4 苏东59-34H1井生产曲线

4 结论

（1）鉴于一点法测试的优点，对于同一地区、同一类型地质特征差异不大的气田（气藏），应用该方法可以方便地获得无阻流量，对气井产能进行初步评价。

（2）绘制适用于苏里格气田水平井的产能图版，在没有测试资料的情况下（修正等时试井或者一点法测试），结合水平气井初期生产数据，利用该产能图版可以快速、直观地对水平井无阻流量进行估算。

（3）通过水平气井生产资料分析发现，水平气井的无阻流量越大，配产系数越小，二者呈负指数关系。

参 考 文 献

[1] 刘永红，何乃琴，陈永兰，等. 苏里格气田苏25区块气井快速简化产能评价方法研究[J]. 石油钻采工艺，2009，31（2）：83-86.

[2] Mishra S, Caudle B H. A simplified procedure for gas deliverability calculations using dimensionless IPR curves [J]. SPE13231, 1984：1-12.

[3] Vogel J L. Inflow performance relationships for solution-gas drive well [J]. JPT, 1968, 20 (1)：83-92.

[4] Chase R W, Williams A T. Dimensionless IPR curves for predicting the performance of fractured gas wells [J]. SPE14507, 1985：1-6.

[5] 陈元千. 确定气井绝对无阻流量的简单方法[J]. 天然气工业，1987，7（1）：59-63.

[6] 何同均，李颖川. 特低渗气藏水平井一点法产能测试理论分析[J]. 钻采工艺，2010，31（1）：40-46.

[7] 胥洪成，陈建军，万玉金，等. 一点法产能方程在气藏开发中的应用[J]. 石油天然气学报，2007，29（3）：454-456.

[8] 曹继华，刘俊丰，李伟. 一点法试井在台南气田的应用及校正[J]. 岩性油气藏，2007，22（S0）：104-106.

[9] 陈元千. 无因次 IPR 曲线通式的推导及线性求解方法 [J]. 石油学报, 1986, 7 (2): 63-73.

[10] 胡永乐, 孙志道, 方义生, 等. 气井测试一点求绝对无阻流量方法局限性研究 [J]. 特种油气藏, 2012, 19 (3): 55-57.

[11] 赵继承, 苟宏刚, 周立辉, 等. "单点法"产能试井在苏里格气田的应用 [J]. 特种油气藏, 2003, 13 (3): 63-69.

[12] 李颖川, 杜志敏. 气井无因次流入动态曲线的特征函数 [J]. 天然气工业, 2002, 22 (1): 67-69.

[13] 陈元千. 油气藏工程实践 [M]. 北京: 石油工程出版社, 2005: 147-154.

[14] 蔡磊, 贾爱林, 唐俊伟, 等. 苏里格气田气井合理配产方法研究 [J]. 油气井测试, 2007, 16 (4): 25-28.

致密砂岩气藏气井产量递减影响因素研究

李明秋 杨 柳 刘林清 徐 伟 周 鸿 常 程 申 艳

(中国石油西南油气田勘探开发研究院)

摘要：致密砂岩气藏储层孔隙度低、含水饱和度高，自然产能低，气井需加砂压裂方能获产，但受储层非均质性和裂缝发育程度影响，气井均表现出初期测试产能较高、投产后递减较快等特征。为此，利用气井实际生产数据，综合考虑气藏储层物性、储层改造等多种因素，通过建立理论模型定量研究各种影响因素对气井递减的影响程度。研究表明气井快速递减在投产前3年，且60%以上产能由近井改造区和裂缝发育区域贡献，改造对气井递减影响最大，其次是裂缝，储层越致密，早期生产受裂缝和改造越明显；3年后气井产量主要由基质供给，在小产量下缓慢、递减生产。研究成果可为明确致密砂岩气藏气井不同阶段产量递减影响因素及指导气井合理配产提供依据。

关键词：致密砂岩；气藏；递减；影响因素；权重

致密砂岩气藏气井生产数据离散性较强，呈多段弱台阶形态，早期产量高、递减快，但随着生产时间的推移，气井产量递减不断减缓，每一段生产曲线符合指数递减。由于致密砂岩气藏气井生产效果受地质、储层、工程工艺等多种因素交互影响，因此有必要对影响气井递减各种影响因素综合分析，明确影响气井每个生产阶段递减的主要因素，为能快速判断气井生产趋势提供依据。

1 地质模型分区

设定储层平均渗透率0.03mD，孔隙度9.25%，储层有效厚度10m，含水饱和度50%，考虑裂缝半长250m（表1），储层改造有效范围30m左右，地层原始压力33.26MPa。建立的单井模型考虑了阈压效应、应力敏感效应等影响因素。

表1 地质模型基本参数

有效厚度(m)	孔隙度(%)	含水饱和度(%)	基质渗透率(mD)	改造范围(m)	裂缝半长(m)
10	9.25	50	0.03	30	250

致密砂岩储层改造后形成两个渗流区：高渗流区和低渗流区。考虑井底裂缝发育，单井控制范围可以分为4个渗流区，即改造范围内的裂缝发育区和无缝发育区（即一区和二区），改造范围外的裂缝发育区和无缝发育区（即三区和四区），受改造和裂缝共同作用，单井预测20年控制范围460m。一区、二区、三区、四区渗流区域面积分别占0.25%、0.25%、14.78%、84.71%（图1、表2）。

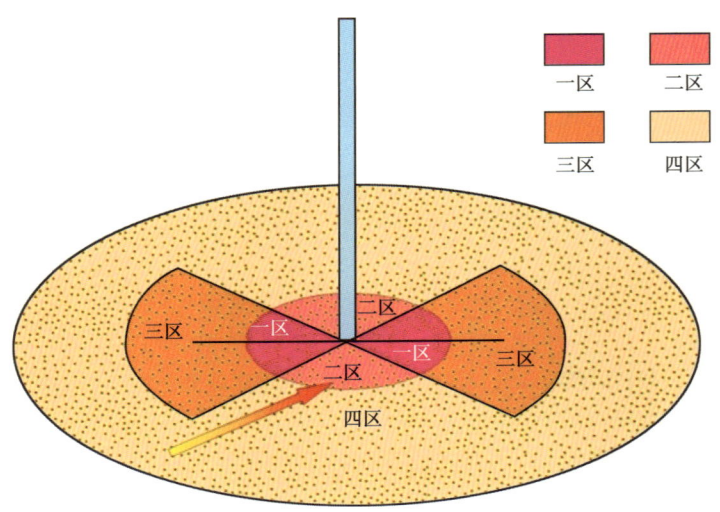

图 1 裂缝发育储层改造后供气机理地质模型

表 2 不同储层类型统计

区域	一区	二区	三区	四区
影响因素	改造+裂缝	改造+无缝	未改造+裂缝	未改造+无缝
面积比例（%）	0.25	0.25	14.78	84.71

2 三维空间产能变化

不同生产时间段及不同生产泄流面积的压力剖面结果表明：生产时间越短，压降曲线越陡，泄流面离井底越近，压降曲线越陡。由此可见气井生产早期产能主要由近井区供给（图2）。

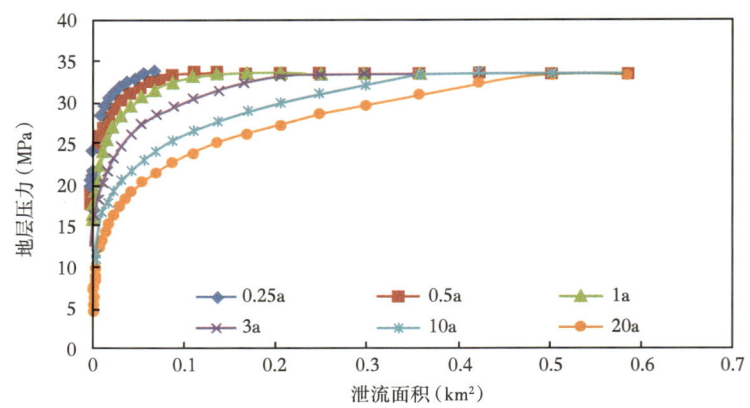

图 2 单井生产过程中不同部位压力变化图

一区、二区、三区产能贡献率随时间增大而减小，四类区产能贡献率随生产时间延长而增大。不同时间段，一区和二区产能贡献率基本一致，可见改造区内裂缝发育对单井生产影响不大；三区面积是四区的 1/6，但单井生产前三年内的产能贡献比四区大。可见基质中裂缝越发育越有利储量动用（图3）。

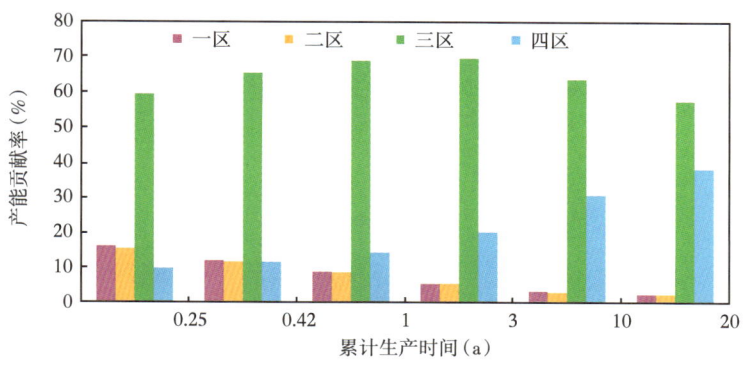

图3 不同渗流区域产能贡献对比图

3 气井递减影响因素程度分析

通过对每个区域裂缝、改造及基质对产能影响程度分析得到每一影响因素对产能影响权重。生产第一年裂缝发育对气井产能的贡献权重大于50%，改造对气井产能的贡献权重介于9%~20%，基质对气井产能贡献权重介于28%~37%；生产20年后裂缝及改造对气井产能贡献权重分别为24.67%、1.96%，基质对产能贡献权重最大值为73.37%。可见，生产前期产能主要由裂缝及改造贡献，但是裂缝发育及改造程度毕竟有限，生产井后期产能主要由基质贡献（图4）。

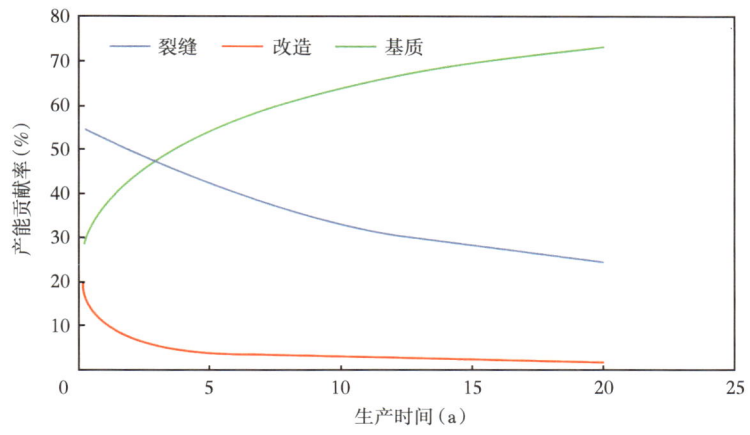

图4 不同影响因素产能贡献权重曲线

根据裂缝、改造、基质对气井产能贡献权重分析结果对生产井生产数据进行批分重整，形成裂缝、改造、基质贡献的生产曲线。单井生产曲线具有分阶段生产特征，生产初期产量快速下降，生产仅3个月产量下降20%，生产中后期产量递减变缓。裂缝及改造贡献日产气曲线具有多阶段特征，而基质贡献气产量曲线仅具一段流特征，为了比较裂缝、改造、基质对生产井递减的影响程度，按3年将生产曲线划分为两段，生产井前3年产量年递减率为 26.9%，3 年后年递减率为 3.9%。改造储层前 3 年年递减率最高达到 68%，其次是裂缝发育储层为 31.7%，3 年后改造和裂缝储层递减趋一致；基质储层气产量年递减率为 3.5% 左右。生产前三年，改造对气井递减影响最大，其次是裂缝的影响；3 年后生产井主要由基质供给（表 3、图 5）。

表 3　分类储层递减分析

储层类型	年递减率（%）	
	前 3 年	3 年后
基质	3.8	3.5
裂缝	31.7	6.8
改造	68	7.6
综合	26.9	3.9

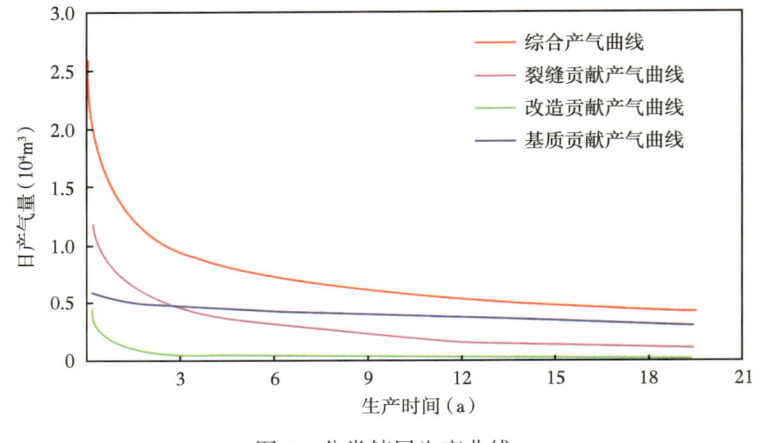

图 5　分类储层生产曲线

此外，考虑不同含水饱和度对气井递减的影响，含水饱和度分别为 40%、50%、60% 时，不同影响因素生产曲线递减规律基本一致，受含水饱和度影响较小（图 6）；但是不

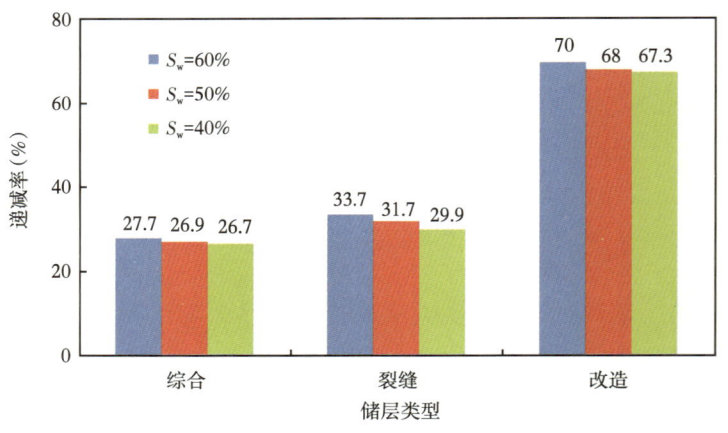

图 6　含水饱和度对气井前 3 年递减影响

同物性对生产井不同影响因素生产曲线递减影响却不一致，储层越致密，生产前期递减越快，且裂缝和改造影响更突出（图7）。

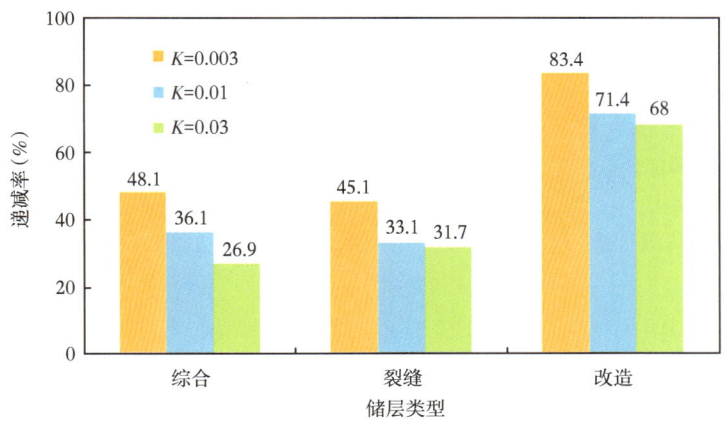

图 7 储层物性对气井前 3 年递减影响

4 结论

（1）改造及裂缝发育区域产能贡献随生产时间减小，基质区域与之相反；气井生产前 3 年 60% 以上产能由近井改造区和裂缝发育区域贡献。

（2）裂缝及改造贡献日产气曲线具有多阶段特征，而基质贡献气产量曲线仅具一段流特征。

（3）生产前 3 年，改造对气井递减影响最大，2 倍于裂缝影响，3 年后各个贡献区域产能递减率基本一致，表现为基质渗流特征。

（4）含水饱和度对各个区域产能递减程度影响较小，储层越致密，早期生产受裂缝和改造越明显。

参 考 文 献

［1］殷代印，王蒸，袁赫，等.产量递减多因素分析理论模型的建立与应用［J］.数学的实践与认识，2013，43（18）：104-108.

［2］梁斌，张烈辉，李闽，等.用数值模拟方法研究气井产量递减［J］.西南石油大学学报，2008，30（30）：106-110.

［3］罗富平，张华，叶芊，等.致密砂岩气井递减参数的合理取值［J］.油气藏评价与开发，2012，2（1）：29-32.

［4］张明禄，张宗林，樊友宏，等.长庆气区低渗透气藏开发技术创新与管理创新［J］.天然气工业，2009，29（3）：1-4.

［5］陈效领，李家平，安俊波，等.五八区低渗致密气藏压裂改造技术研究［J］.新疆石油科技，2007，4（17）：20-22.

［6］杨涛，张国生，等.全球致密气勘探开发进展及中国发展趋势预测［J］.中国工程科学，2012，14（6）：65-68.

［7］杨莎，李晓平，等.川东石炭系气藏产量递减规律研究［J］.重庆科技学院学报，2012，14（2）：94-97.

［8］朱学谦，等．低渗气藏渗流特征法气井产量预测［J］．中外能源，2009，14（2）：49-51.

［9］王金琪，等．中国大型致密砂岩含气区展望［J］．天然气工业，2000，20（1）：11-14.

［10］罗富平．致密砂岩气井递减参数的合理取值［J］．油气藏评价与开发，2012，2（1）：32-33.

［11］李春兰．一种新型的产能递减曲线研究［J］．西南石油大学学报，2003，25（5）：32-34.

［12］常渭涛．苏里格气田气井分类新方法及递减规律分析［J］．中国石油和化工标准与质量，2013（19）：202-203.

［13］王海．苏A区块气井产量递减规律研究［J］．辽宁化工，2013，42（9）：1128-1130.

［14］熊健．基于渗流特征的低渗气藏压裂井产能递减规律研究［J］．科学技术与工程，2013，13（6）：1592-1594.

［15］郝上京，低渗透气藏产量递减规律分析［J］．新疆石油地质，2009，30（5）：616-618.

气井单井控制储量快速评价新方法
——以苏里格气田水平井为例

李 波 贾爱林 冀 波 王军磊 位云生

(中国石油勘探开发研究院)

摘要：以苏里格气田水平井静态地质和动态生产资料为基础，通过 RTA 产量不稳定分析图版拟合法、物质平衡原理和产能方程相结合，对早期投产典型水平井的生产动态进行了分析，建立了水平井单井控制储量快速评价图版，并运用图版评价了 6 口水平井的单井控制储量。结果表明，水平井单位压降采气量随生产时间的延长而增大；水平井单井控制储量与不同生产时刻的压降采气量均成较好的线性关系，并且两者之间的相关性随着生产时间的延长变得越来越好；通过单位压降采气量建立的水平井单井控制储量快速评价图版具有使用简单、所需参数少、预测精度高的优点，为苏里格气田水平井单井控制储量快速评价提供了一种全新的方法，同时也可为其他单井控制储量方法的评价结果提供参考，具有重要现场应用价值。

关键词：致密砂岩气；水平井；生产动态分析；单井控制储量；图版；应用

位于鄂尔多斯盆地北部的苏里格气田是我国最大的致密砂岩气田，探明储量（含基本探明）达 $3.49\times10^{12}m^3$，2013 年苏里格气田产气 $211.8\times10^8m^3$，也是中国产量规模最大的天然气田。苏里格气田主力储层孔隙度 5%~12%，渗透率 0.06~1mD，岩心实验表明 85% 以上样品覆压渗透率小于 1mD，具有"低压、低孔、低渗、强非均质性"的特点[1-5]，常规直井开发面临单井产量低、压力下降快、单井控制储量小、稳产难度大等难题。为了实现苏里格气田有效开发，苏里格气田从 2001 年便开始进行水平井探索，便于 2009 年取得重要突破，目前已进入水平井大规模推广应用阶段[6-8]。截至 2013 年 5 月，苏里格气田共投产水平井 394 口，水平井平均产量 $5.1\times10^4m^3/d$，为临近直井的 3~5 倍，日均产气 $1775\times10^4m^3$，约占气田产量的 30%，占全年新建产能 50% 以上，已成为气田上产和长期稳产的主要保障。

苏里格气田水平井开发总体效果较好，但是随着气田开发的不断深入，水平井开发井数越来越多，未来水平井部署区域的储量品质可能越来越差，水平井生产管理难度和新井投资风险会越来越大。因此，急需对生产时间较长的水平井的生产动态进行分析，而生产动态分析的核心是水平井单井控制储量的评价。气井单井控制储量评价方法较多[9-17]，但适用于致密砂岩气多段压裂水平井单井控制储量评价的方法非常有限，即便是可用的方法也可能由于经济或技术的原因使其广泛运用受到限制[18-22]。因此，在苏里格气田现有水平井静态和动态资料基础上，建立适合于致密砂岩气藏水平井生产特征的水平井单井控制储量快速评价方法对气井生产管理和气田开发规划具有重要意义，也是对气井单井控制储

基金项目：国家科技重大专项"大型油气田及煤层气开发"《天然气开发关键技术研究》（2011ZX05015）资助。

量评价方法的有效补充。

1 苏里格气田水平井开发关键技术

苏里格气田是典型的大面积低丰度致密砂岩气藏，储层结构复杂、非均质性强[1-3]，水平井开发经历了从开发探索、现场技术攻关与试验到规模应用的曲折发展过程，最终形成了以气藏地质精细描述为基础，水平井优化部署、参数优化、快速钻井和多段压裂等相结合的水平井关键技术[7,8]，取得了较好开发效果。

1.1 水平井优化部署

根据苏里格气田致密砂岩储层大范围分布、局部富集、非均质性强的特点，目前已经形成了"富集区整体部署、潜力区评价部署、已建产区加密部署"的水平井步井技术思路[7]，部署地质目标体主要为盒8段下亚段广泛稳定发育的辫状河心滩沉积微相砂体。苏里格心滩砂体叠置模式复杂多样，适合水平井部署的叠置模式有大型心滩孤立型、心滩侧向切割连通型、横向"串葫芦"型、具夹层的心滩叠置型和具泥质隔（夹）层的心滩叠置型砂体[3]。水平井井型设计主要以提高水平井有效储层的钻遇率、产量和水平井单井控制储量为目的，主要根据砂体空间分布和气层发育特征，有针对性地在块厚状砂体设计平直性水平井、多层叠置型砂体设计大斜度水平井及削截式分段砂体设计阶梯水平井。

1.2 水平井参数优化

水平井水平段长度、压裂段数、井网井距和方向对水平井产能、有效泄流面积、动态控制储量等有直接影响[23]。理论上水平井水平段越长越好，但实际需由有效砂体规模、井筒流动压降、钻井工程技术和经济效益多因素综合决定，通过地质评价、产能理论公式计算、数值模拟分析、经济评价和现场应用效果分析5个方面综合评价得到苏里格气田水平井水平段最优长度为1000～1200m，压裂5～6段，水平井整体开发最优井网为600m×1500m。水平井方向设计需考虑提高气藏的钻遇率和压裂改造效果，因此既要沿着河道延伸和砂体展布的方向，又要沿着地层最小主应力方向。苏里格气田砂体基本呈南北向分布，最大主应力方向为北东方向98°～108°（近东西向），砂体走向与最小主应力方向几乎一致，因此水平井方向选择南北方向为主。

1.3 快速钻井技术

以提高钻井速度、降低钻井成本为目的，针对斜井段、水平段钻速低、井壁易坍塌的难题，苏里格气田开展了多年的探索、攻关与实践，最终形成了以井身结构优化、PDC钻头个性化设计、井眼轨迹优化与控制和复合岩钻井液体系等为核心的水平井快速钻井配套技术。2010年至今，该技术已在240余口水平井上规模推广应用，平均钻井周期由以前的90.2天缩短至67.1天，钻井成本下降了1/3，平均砂层钻遇率达到了81%，平均有效储层钻遇率达到62.1%，取得了显著的技术经济效益。

1.4 水平井多段压裂技术

苏里格气田水平井改造经历了裸眼酸洗、单点喷射和多段改造的探索过程。实践证明，水平井分段储层改造技术是苏里格气田致密砂岩气藏获得有效开发的关键。目前，苏里格气田已形成了水平井不动管柱水力喷砂多段压裂和裸眼封隔器多段压裂两大主题技术[3,7]。通过研发高强度小直径喷射器、油嘴以及新型小极差滑套，形成了 ϕ114.3mm 套管内一趟管柱分压 7 段和 ϕ152.4mm 套管内一趟管柱分压 10 段的不动管柱水力喷砂多段压裂配套技术。在引进国外技术的基础上，通过研发耐高温裸眼封隔器、优化小级差滑套结构和材质，提高分压能力和耐冲蚀性，形成了 ϕ152.4mm 裸眼连续分压 15 段的水平井裸眼封隔器多段压裂配套技术。

2 水平井单井控制储量评价

单井控制储量是水平井长期高产和稳产的物质基础，是决定水平井开发效益的主要因素之一。气井单井控制储量评价方法较多，先后出现了物质平衡法、流动物质平衡法、试井分析法、产量不稳定分析法（Blasingame、Agarwal-Gardner、NPI、Transient 等典型图版拟合法）、产量累计法、修正产量递减法和数值模拟法等评价方法[9-17]，每种方法适用条件和所需资料不同，不考虑限制条件的使用会导致评价结果误差较大，甚至是错误的结果[19]。考虑到致密气藏开发的渗流特点（气井一般不存在严格的稳产期，投产便出现递减；不稳定流动时间长，需较长时间才能达到边界控制流），因此真正适用于致密砂岩气藏水平井单井控制储量的方法只有物质平衡法、不稳定产量分析法和试井分析法。为此，下面将首先对物质平衡法、不稳定产量分析法和试井分析弹性二相法的基本原理做一个简单的介绍，然后研究适合于致密砂岩气多段压裂水平井单井控制储量评价的方法，为建立水平井单井控制储量快速评价方法做准备。

2.1 单井控制储量评价理论

2.1.1 物质平衡法

由 Schilthuis 于 1936 年提出的物质平衡法以质量守恒原理为基础，可以用于定容弹性气藏、水驱气藏、凝析气藏、异常高压气藏和非均质具有补给区气藏等几乎所有类型气藏的动态分析与储量计算。在原始地层压力和生产数据切实可靠情况下，物质平衡法被认为是气藏（井）动态储量计算最准确的方法。

致密砂岩气藏大多没有与气藏连通边水、底水，或边水、底水很不活跃，气藏视地层压力（p/z）与累积采气量（G_p）呈线性关系[图1（a）]，将直线外推到 $p/z=0$ 对应的累积采气量即为气井单井控制储量（G），废弃条件（$p=p_a$）对应的累计采气量即为气井可采储量 G_{pa}。

由 L. Matter 于 1998 年提出的流动物质平衡法[10]实际是物质平衡法的特殊情况。根据

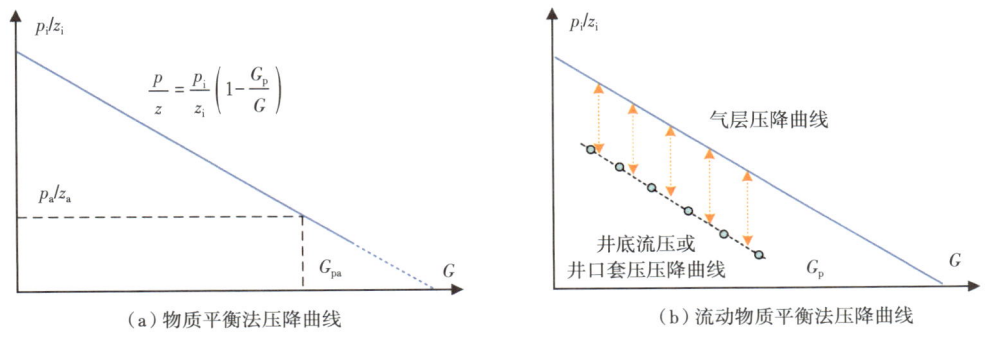

图 1 定容气藏压降曲线图
（a）物质平衡法压降曲线　　（b）流动物质平衡法压降曲线

渗流力学原理，封闭气藏气井以定产量生产一段时间后，压力波将传到地层边界后，流动进入拟稳定流动阶段，同一时刻压降漏斗形曲线彼此平行［图1（b）］，即同一个时间段内地层压力下降值与井底流压下降几乎相等，因此可用井底流压或井口套压压降直线的斜率和原始地层压力确定气井单井控制储量。但是由于致密砂岩气藏储层物性差、非均质性强，投产后出现离井底较远的区域向井底补给流体的速度非常缓慢，气井达到拟稳态流动需要很长的时间，采用生产早期数据评价水平井单井控制储量结果偏小。此外，致密气井生产稳定性差，一般难以以恒定产量生产很长时间，因此运用流动物质平衡方法计算低渗透—致密气井单井控制储量需要格外谨慎。

2.1.2 产量不稳定分析法

Arps 于 1945 年针对具有较长生产历史且定井底流压生产的油气井，通过统计方法将油气井的递减归纳为 3 种类型：指数递减、双曲线递减以及调和递减[9]。Arps 递减法是基于产量随时间变化的统计规律而建立的，分析方法相对简单，不需要油气藏或井的参数，可应用于不同类型油气藏，但要求气井流动必须达到边界控制流动，适用于气井以定井底流压生产的中后期，对于处于不稳定流动阶段和稳产阶段、产量频繁变化的气井不适用。以典型图版拟合为核心的现代递减分析法可以对不稳定流动早起和晚期生产数据进行分析，在近 30 年来取得了很大的发展，先后出现了 Fetkovich、Blasingame、Arawal-Gardner、NPI 和 Transient 等递减典型图版[21]。

Fetkovich 产量递减分析方法[12]作为传统 Arps 递减与现代递减分析方法之间的过渡方法，以圆形有界地层不稳定渗流理论为基础，通过将地层不稳定流动与 Arps 边界控制流动相结合，形成了一套反映地层完整流动过程的典型图版，易于判断油气井是处于不稳定流动阶段，还是边界控制流动阶段。与 Arps 递减曲线一样，Fetkovich 方法都是假定圆形封闭地层油气井以定井底流压生产，气体物性不随压力变化。由于 Fetkovich 递减曲线苛刻的适用条件，其适用性受到很大限制。

Blasingame 等于 1989 年通过引入拟压力规整化产量和物质平衡拟时间，使边界控制流阶段曲线汇聚成一条调和递减曲线[13]。此外，为了降低生产数据噪声波动影响，Blasingame 还将试井领域中的产量积分和产量积分导数概念引入到递减分析中，从而形成 Blasingame 复合图版，奠定了现代产量递减分析的理论基础。Blasingame 典型图版考虑了生产过程中产量、井底流压及流体物性的变化，通过图版拟合可以确定气层参数、井参数和气井控制储量，局限性在于产量积分对早起数据点的误差非常敏感，早起数据点很小的误差都会导致产量积分与产量积分导数曲线产出很大的累计误差。

Agarwal 等于 1998 年建立的产量递减曲线图版[14]，与 Blasingame 图版的不同之处在于 Agarwal 图版的无因次时间是基于井控面积定义的，其图版曲线前期部分较 Blasingame 图版更分散，有利于降低拟合分析的多解性。Agarwal 图版压力导数的倒数与不稳定试井压力导数功能相似，能较好地辨别流态，但是该参数对数据质量要求高，而对实际上比较分散的生产数据使导数曲线失去分析的意义。

除了上面提到的 Blasingame 图版和 Agarwal 图版，现代产量递减分析法常用的图版还有 NPI（产量规整化压力）和 Trasient 图版，其原理与前两种方法基本相同，在这里不再多作阐述。

尽管产量不稳定分析技术已取得了很大的发展，特别是现代递减分析方法解决了油气井生产数据数据分析中的变产量、流压的实际问题，为低渗透—致密油气井生产数据分析带来了巨大进步，但正如 Mattar 所述，目前仍没有一种确定的方法总能提供最可靠地解释，实际应用过程中还需要选择合适的模型组合协助分析，以提高分析结果的可靠性[24]。尽管多模型组合可以在一定程度上解决了生产数据分析的不确定性，但对部分生产数据分散性严重的复杂致密多级分段压裂水平井，由于拟合参数较多，图版拟合多解性问题突出，仅靠多模型图版拟合还是很难得到较为可靠的结果，因此还需要借助其他单井控制储量评价方法联合协助评价。

2.1.3 试井法

试井法以不稳定渗流理论为基础，通过测试阶段压力波响应计算单井控制储量，其常用的方法是弹性二相法。对定容封闭气藏或地层水不活跃气藏流动系统，气井以稳定产量开井生产，气井流动分为不稳定流动、过渡流和拟稳态流动阶段（图2）。在气井流动达到拟稳态流动阶段后，地层中各点的压力下降速度相同，p_{wf}^2-t 在直角坐标上呈直线下降关系，可通过直线斜率确定气井控制储量。

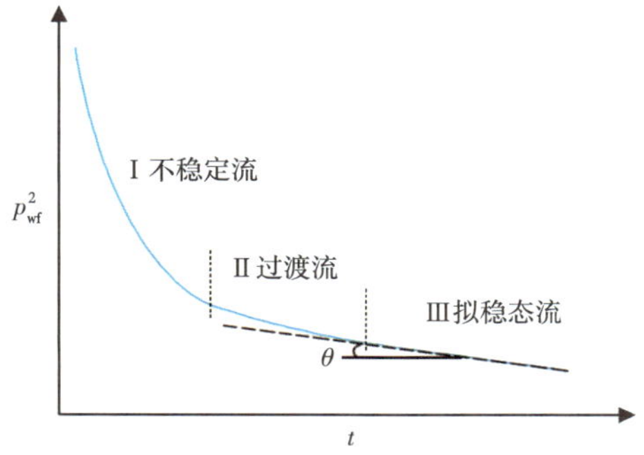

图 2 弹性二相法理论曲线

弹性二相法评价气井动态控制储量，要求气井以较合理的工作制度生产，产量与应与气藏供气能力相匹配，达到真实的拟稳态流动。若气井产量过大，容易出现"假拟稳态"，表现为 p_{wf}^2-t 曲线过早出现直线段，直线段斜率较真实值偏大，导致计算的动态储量偏小[19]。此外，对储层渗透率低的致密砂岩气藏，压力波传播慢，需要测试很长的时间才能探测到气井流动边界，测试成本较高且影响气井正式生产，因此对于一般开发井，几乎不采用该方法评价气井单井控制储量。

2.2 苏里格气田水平井单井控制储量评价

根据苏里格气田水平井钻遇储层渗透率低、非均质性强的特点，一般均采取多段分级水力压裂以提高单井产量和单井控制储量。为了准确评价水平井单井控制储量，本次先通过气藏工程中广泛运用的现代递减分析软件（Fast. RTA）的产量不稳定分析法（Blasingame 图版等）初步评价水平井单井控制储量。在实际分析过程中，由于 RTA 图版拟合多段压裂水平井模型涉及的参数较多（包括气层参数、钻完井参数和裂缝参数等），加之生产数据的发散性，图版拟合可能会出现多解性问题。为了解决 RTA 图版拟合法的多解性问题，本文再通过物质平衡原理与水平井产能方程相结合预测水平井井各时刻产量，然后计算预测产量与实际产量的平方差，最后根据极小化误差迭代确定水平最终单井控制储量，具体流程（图3）如下：

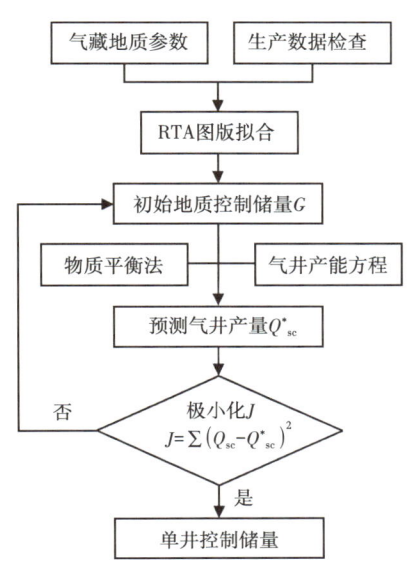

图 3 水平井单井控制储量评价流程图

（1）从不同开发区块选取典型水平井（投产时间较长、生产比较稳定），并检查生产数据；

（2）根据水平井控制骨架井测井资料、试气资料及水平井实钻资料，确定水平井钻遇气层的原始地层压力、温度、有效厚度、孔隙度、渗透率、含气饱和度，并根据有效储层划分标准界定水平井有效水平段长度；

（3）根据水平井钻遇气层地质参数和生产数据，通过RTA产量不稳定图版拟合法评价水平井单井控制储量；

（4）根据水平井试井资料或试气资料，计算水平井无阻流量，确定水平井产能方程；

（5）根据RTA图版拟合得到的水平井单井控制储量，结合物质平衡方程，计算气层压力，利用井口压力折算得到井底流压，然后通过水平井产能方程计算各时刻水平井井口产量 Q_{sc}^*；

（6）取各时刻的井口 Q_{sc} 与预测产量 Q_{sc}^*，计算目标函数 $J=\sum(Q_{sc}-Q_{sc}^*)^2$，并通过极小化 J 迭代求解水平井最终单井控制储量。

通过上述储量评价方法，对苏里格气田早期投产的150口水平井单井控制储量进行了评价，其结果如图4所示，水平井平均单井控制储量 $60.82\times10^6 m^3$，其中有24口高效水平井单井控制储量大于 $100\times10^6 m^3$（占总井数的16.00%），52口低效水平井单井控制储量小于 $40\times10^6 m^3$（占34.67%），评价结果与地质认识结果和单井数值模拟结果一致，说明上述评价方法可靠。

由图4可知，苏里格气田水平井单井控制储量与单位压降采气量总体成较好的相关性，水平井单位压降采气量越大，其控制储量也越大，部分数据点偏离回归直线关系的原因是水平井投产时间不同和生产历史存在差异。苏里格气田典型水平井单位压降采气量随生产时间变化规律表明（图5），水平井单位压降采气量随生产时间的延长而增大，在水平井生产早期，随着水平井泄流范围的不断扩大，水平井动态控制储量越来越大，水平井单位压降采气量增大较快；在水平井生产中后期，水平井泄流界面达到井控流动边界（苏里格气田水平井生产动态分析表明，水平井达到边界控制流动需400~560天不等，具体与储层物性、流动边界和钻完井参数有关），水平井单井控制的动态储量趋近于水平井地质控制储量，水平井单位压降采气量增大趋势逐渐变缓。

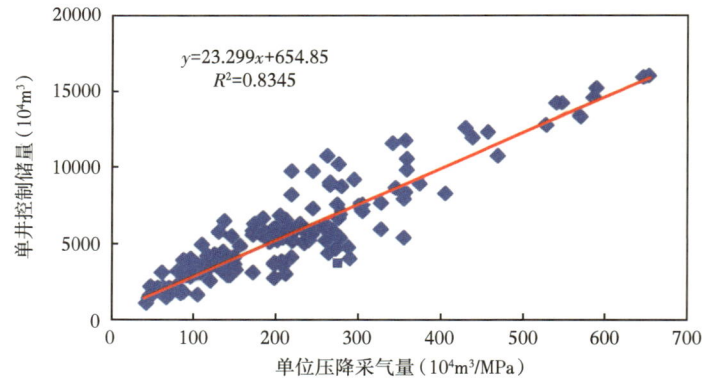

图4 水平井单井控制储量与单位压降采气量关系图

论文正式基于水平井的上述特征，下面将重点研究水平单井控制储量与压降采气量之间的关系，并建立水平井单井控制储量快速预测关系式（或图版）。

图5　水平井单位压降采气量随生产时间变化图

3　水平井单井控制储量快速评价方法

3.1　快速评价图版的建立

为了更加准确地研究水平井单井控制储量与单位压降采气量之间的关系，从150口早期投产水平井中选出56口更具代表性的典型水平井进行分析。典型水平井要求气井生产时间较长、配产合理、生产比较稳定（未出现频繁开关井或较长时间的关井），能代表苏里格气田一般水平井生产动态特征。56口水平井投产时间均超过600天，平均投产时间850天，所有水平井均进入边界控制流阶段，单井动态控制储量几乎不再随时间变化。水平井单井控制储量涵盖范围（29.72～165.21）×$10^6 m^3$，平均84.51×$10^6 m^3$，因此能代表苏里格气田所有Ⅰ类、Ⅱ类、Ⅲ类水平井的单井控制储量的范围。

基于上述水平井单井控制储量评价结果，分析不同生产时刻水平井单井控制储量与单位压降采气量的关系，结果如图6所示。由图6可知，水平井单井控制储量与各生产时刻

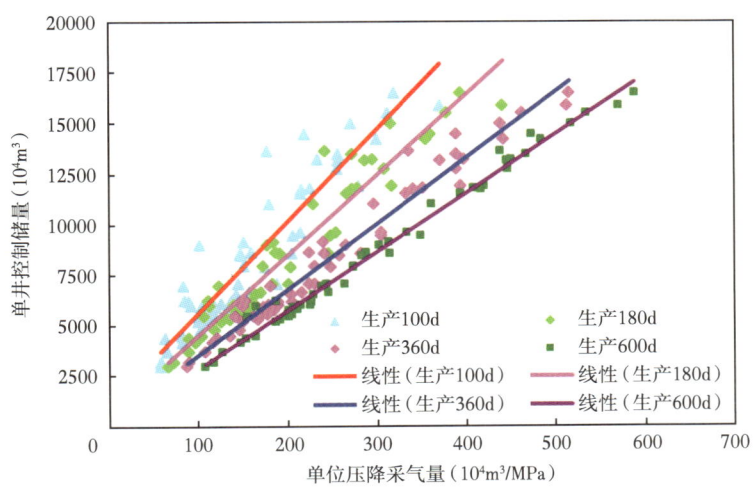

图6　水平井单井控制储量评价图版

的单位压降采气量均成较好的线性相关性（相关系数均大于0.8548），因此所有的线性回归关系式均具有较高的精度，具体表达式见表1。此外，水平井单井控制储量与单位压降采气量之间的相关性会随着水平井生产时间的延长越来越好，在生产时间到达600天时（水平井流动已进入边界控制流动阶段），两者之间的相关性达到0.9874，说明此时的线性回归关系式具有非常高的精度，完全可用于评价苏里格气田其他水平井单井控制储量，以及用于校正通过其他方法评价出的结果。

表1 水平井单井控制储量预测关系式汇总

生产时间（d）	预测关系式	相关系数
100	$y = 45.52x + 1049.70$	0.8548
180	$y = 39.758x + 540.36$	0.9229
360	$y = 32.577x + 300.08$	0.9668
600	$y = 28.975x - 29.323$	0.9874

注：y 为水平井单井控制储量，$10^4 m^3$；x 为水平井单位压降采气量，$10^4 m^3/MPa$。

3.2 快速评价图版的应用与讨论

苏里格气田6口多段压裂水平井基本生产情况见表2，运用所建的水平井单井控制储量评价关系式进行评价，评价结果见表3。

表2 水平井基本生产参数表

井号	生产（d）	开井时率（%）	初始产量（$10^4 m^3/d$）	当前产量（$10^4 m^3/d$）	初始套压（MPa）	当前套压（MPa）	累计产气量（$10^4 m^3$）
X1	957	98.3	19.81	5.68	20.12	4.28	10212
X2	717	95.8	13.19	8.29	21.67	9.45	6606
X3	918	96.7	7.23	3.22	19.14	6.66	4396
X4	885	97.2	7.74	4.09	16.68	4.13	4148
X5	745	99.5	5.85	2.17	18.39	4.04	3428
X6	757	90.8	6.79	1.23	16.83	5.74	1620

表3 单井控制储量快速评价结果与误差分析

井号	单井控制储量（$10^4 m^3$）	生产100d 预测（$10^4 m^3$）	误差（%）	生产180d 预测（$10^4 m^3$）	误差（%）	生产360d 预测（$10^4 m^3$）	误差（%）	生产600d 预测（$10^4 m^3$）	误差（%）	平均误差（%）
X1	15540	15291	-1.60	15576	0.23	15381	-1.02	15482	-0.37	-0.69
X2	14202	14750	3.85	14701	3.51	14728	3.70	14025	-1.25	2.45
X3	8501	7776	-8.54	8218	-3.34	8716	2.53	8179	-3.80	-3.29
X4	5961	6469	8.52	6506	9.15	5931	-0.50	5943	-0.30	4.22
X5	5823	6300	8.18	6126	5.19	6000	3.03	6105	4.84	5.31
X6	2973	3717	25.03	3193	7.39	3156	6.14	3099	4.24	10.70
平均值	8834	9050	5.91	9053	3.69	8985	2.31	8806	0.56	3.12

由表 3 可知，利用表 2 中的水平井单井控制储量评价关系式评价水平井单井控制储量具有较高精度，通过生产 100 天、180 天、360 天和 600 天时的单位压降采气量分别评价 6 口水平井单井控制储量，与水平井实际单井控制储量平均相对误差分别为 5.91%、3.69%、2.31% 和 0.56%，预测误差随着生产时间的延长而减小。

值得注意的是利用生产 100 天时单位压降采气量评价 X6 井单井控制储量误差高达 25.03%，但误差随着后来生产时间的延长逐渐变小。X6 井生产动态分析表明，造成生产 100 天时评价结果误差较大的原因是 X6 井自投产 41~95 天一直处于关井状态（图 7），即处于较长时间的压力恢复状态，在生产动态上的反映是生产 100 天内套压下降值相对较小，单位压降采气量相对偏大，因此出现生产 100 天时的压降采气量评价出的单井控制储量偏大的结果。由此可知，气井的生产制度的较大变化会影响水平井单井控制评价关系式的评价精度，特别是在计算某时刻压降采气量之前出现较长时间的关井，因此应尽量选取生产比较稳定的时间数据点计算气井单井控制储量。此外，对生产管理特点不同的气田，应选取具有典型特点的水平井或直井建立适合分析气田的储量预测图版，以为其他井单井控制储量评价提供方法和指导。

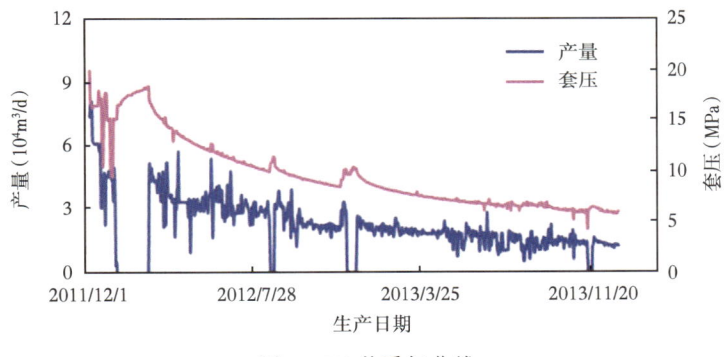

图 7 X6 井采气曲线

4 结论

（1）苏里格气田具有渗透率低、非均质性强的特点，储层精细描述、水平井优化部署、参数优化、快速钻井和多段压裂等技术是气田水平井有效开发的关键。以苏里格气田水平井静态地质资料和动态生产资料为基础，通过 RTA 产量不稳定分析图版拟合法、物质平衡原理和产能方程相结合，可以准确评价水平井单井控制储量。

（2）水平井单位压降采气量随生产时间的延长而增大。在水平井生产早期，随着水平井泄流范围的不断扩大；在水平井生产中后期，水平井泄流界面达到井控流动边界，水平井单井控制的动态储量趋近于水平井地质控制储量，水平井单位压降采气量增大趋势逐渐变缓。

（3）单井控制储量与各生产时刻的压降采气量成较好的线性关系，并且两者之间的相关性随着水平井生产时间的延长变得越来越好。通过单位压降采气量建立的水平井单井控制储量快速评价关系式（图版）具有使用简单、所需参数少、预测精度高的优点，为苏里格气田水平井单井控制储量快速评价提供了一种全新的方法，同时也可为其他单井控制储量方法的评价结果提供参考。

符号注释

p——气藏压力,MPa;

p_a——废弃压力,MPa;

z——天然气压缩因子,无因次;

G_p——累计采气量,$10^4 m^3$;

G_{pa}——可采储量,$10^4 m^3$;

G——单井控制储量,$10^4 m^3$;

p_{wf}——气井井底流压,MPa;

t——开井生产时间,h;

Q_{sc}——气井产量,$10^4 m^3/d$;

Q_{sc}^*——气井预测产量,$10^4 m^3/d$;

J——产量误差函数,$(10^4 m^3/d)^2$。

参 考 文 献

[1] 戴金星,倪云燕,吴小奇. 中国致密砂岩气及在勘探开发上的重要意义 [J]. 石油勘探与开发,2012,39(3):257-264.

[2] 马新华,贾爱林,谭健,等. 中国致密砂岩气开发工程技术与实践 [J]. 石油勘探与开发,2012,39(5):572-579.

[3] 何东博,贾爱林,冀光,等. 苏里格大型致密砂岩气田开发井型井网技术 [J]. 石油勘探与开发,2013,40(1):79-89.

[4] 雷群,万玉金,李熙喆,等. 美国致密砂岩气藏开发与启示 [J]. 天然气工业,2010,30(1):45-48.

[5] 李忠平,刘正中,谢峰. 致密砂岩气藏难动用储量影响因素及其开发对策 [J]. 天然气工业,2007,27(3):1-3.

[6] 杨志伦,赵伟兰,陈启文,等. 苏里格气田水平井高效建产技术 [J]. 天然气工业,2013,33(8):44-48.

[7] 卢涛,张吉,李跃刚,等. 苏里格气田致密砂岩气藏水平井开发技术及展望 [J]. 天然气工业,2013,33(8):38-43.

[8] 李进步,白建文,朱李安,等. 苏里格气田致密砂岩气藏体积压裂技术与实践 [J]. 天然气工业,2013,33(9):65-69.

[9] Arps J J. Analysis of Decline Curves. Trans [J]. AIME,1945,160,228.

[10] Mattar L,McNeil R. The "flowing" gas material balance [J]. Journal of Canadian Petroleum Technology,1998,37(2):52-55.

[11] Fetkovich M J. Decline Curve using Type Curves [J]. JPT,1980,1065.

[12] Fetkovich M J,Fetkovich E J,Fetkovich M D. Useful Concepts for Decline Curve Forecasting,Reserve Estimation and Analysis [J]. SPERE,1996,13.

[13] Blasingame T A,Johnston J L,Lee W J. Type-curve analysis using the pressure integral method [J]. SPE 18799,1989.

[14] Agarwal R G,Gardner D C,Kleinsteiber S W,Fussell D D. Analyzing Well Production Data Using Combined Type Curve and Decline Curve Analysis Concepts [C]. paper SPE 57916 presented at the 1998 SPE Annual Technical Conference and Exhibition,New Orleans,27-30 September.

[15] Fraim M L, Wattenbarger R A. Gas Reservoir Decline Curve Analysis Using Type Curves with Real Gas Pseudo-pressure and Normalized Time. SPEFE, 1987, 671.

[16] 王鸣华, 何晓东. 一种计算气井控制储量的新方法[J]. 天然气工业, 1996, 16 (4): 50-53.

[17] 胡建国, 杨莲荣. 衰减曲线分析方法评价[J]. 石油勘探与开发, 1998, 25 (6): 57-62.

[18] 冯曦, 贺伟, 许清勇. 非均质气藏开发早期动态储量计算问题分析[J]. 天然气工业, 2002, 22 (增刊): 87-90.

[19] 郝玉鸿, 许敏, 徐小蓉. 正确计算低渗透气藏的动态储量[J]. 石油勘探与开发, 2002, 29 (5): 66-68.

[20] 刘晓华. 气藏动态储量计算中的几个关键参数探讨[J]. 天然气工业, 2009, 29 (9): 71-75.

[21] 刘晓华, 邹春梅, 姜艳东, 等. 现代产量递减分析基本原理与应用[J]. 天然气工业, 2010, 30 (5): 50-56.

[22] 罗瑞兰, 雷群, 范继武, 等. 低渗透致密气藏压裂气井动态储量预测新方法——以苏里格气田为例[J]. 天然气工业, 2010, 30 (7): 28-32.

[23] 位云生, 何东博, 冀光, 等. 苏里格型致密砂岩气藏水平井长度优化[J]. 天然气地球科学, 2013, 23 (4): 775-779.

[24] 孙贺东. 油气井现代产量递减分析方法与应用[M]. 北京: 石油工业出版社, 2013: 1-179.

致密砂岩气田储量分类及井网加密调整

郭 智　贾爱林　冀 光　甯 波　王国亭　孟德伟　赵 昕　付宁海

（中国石油勘探开发研究院）

摘要：苏里格气田是我国致密砂岩气田的典型代表，储层物性差，有效砂体规模小，分布频率低，非均质性强，区块之间差异明显。依靠600m×800m的主体开发井网难以实现储量的整体有效动用，采收率仅为30%左右，需要开展储量分类评价，针对各类储量区分别实施井网加密调整。优选气田中部苏14区块为研究区，通过密井网区精细解剖、干扰试井分析明确了储层的发育频率及规模；以沉积相带为约束，结合储量丰度值、储层叠置样式、差气层影响、生产动态特征，将气田储量分成5种类型。从Ⅰ类到Ⅴ类，储层厚度减小，连续性变差，储量品位降低，单井产量变低。依据密井网实际生产数据与建模及数模结果，针对各储量类型，研究了井网密度、干扰程度、采收率的关系，论证了合理井网密度下的单井开发指标。在现有的经济条件及技术条件下，各类储量区合适井网密度2～4口/km^2，气田最终采收率约为50%。通过系统研究落实了致密砂岩气田复杂地质条件下的储量构成，为开发中后期加密调整方案的编制提供了地质依据，为保障气田长期稳产奠定了基础，对于地质条件类似的其他气田的开发也具有一定的借鉴意义。

关键词：致密砂岩气；苏里格气田；储量分类评价；储层叠置样式；井网加密调整

苏里格气田是我国发现的一个特大型低渗—致密砂岩气田，气田地质条件表现为低孔、低渗、低丰度[1]，储层连续性及连通性差[2]，非均质性强，开发难度大。气田经过十几年的科研及生产攻关，研发形成了一系列低成本开发的特色技术[3]，无论从储量还是产量规模来看，都已成为国内最大的气田[4]。气田地质储量4.77×10^{12}m^3，于2014年提前达到249×10^{8}m^{3}的规划年产能（约为全国天然气年产量的1/5），进入稳产阶段。苏里格这一超大气田的稳产，对于"陕京线"向京津冀地区长期平稳供气具有战略意义，在油价持续低迷、天然气业务地位不断上升的背景下，也是中国石油上游产业链保持较高盈利水平的重要举措。

然而由于地质条件和开发技术约束，气田稳产及提高采收率面临着严峻的挑战：随着开发的深入，优质储量区不断减少，储层品质逐步降低，开发对象日益复杂；单井泄气面积小，产量低，生产压差下降快，单井及区块递减率高；气田现有的600m×800m主体开发井网对储量控制不足，采收率仅在30%左右；气藏多层段含气，水平井开发虽然能提高采气速度，但从长远来看，不可避免地造成部分层段储量漏失，影响最终采收率[5]。国内外开发实践表明，采用直井井网加密是致密砂岩气藏提高储量动用程度和气田采收率的最有效手段[6]。苏里格气田年产能综合年递减率20%～22%，若稳产每年需弥补递减（50～60）×10^{8}m^3，新钻直井1000～1500口。井网加密一是要解决部署区域（优质储量筛选）的问题，二是要解决加密方式（合理井网密度）的问题。长久以来，长庆油田与中国石油

基金项目：国家油气重大专项"致密气富集规律与勘探开发关键技术"（2016ZX05047）。

勘探开发研究院就气田合理井网密度存在着争议。长庆油田着眼于保证Ⅰ类+Ⅱ类井比例和单井开发效益，认为井网密度应控制在 3 口/km² 以内；中国石油勘探开发研究院从气田整体开发有效、提高采收率入手，认为可以接受一定程度的井间干扰，可整体加密至 4 口/km²。由于储层的强非均质性，各区块之间甚至同一区块内部差异明显，井网加密密度还不能一概而论，需要在落实储量规模的基础上，明确不同类型储量构成、分布及动用程度，分类形成各储量区加密调整对策，论证合理动用顺序。

目前主流的储量分类方法主要依靠储量丰度这一个参数，虽然能表现各区带储量规模及平面分布情况，在勘探及开发评价早期阶段也发挥了一定的作用，但无法反映储层叠置样式、气体流动性等复杂地质信息，导致地质静态资料与生产动态资料关联度低，满足不了开发中后期的需要，例如较高比例的生产井表现出低丰度高产、高丰度低产的特征。为此，本研究充分结合钻井、测井和生产动态资料，深刻剖析动静态资料的内在关系，探索影响开发效果的关键地质因素，构建储量分类的多参数划分标准，开展适合于开发中后期的储量分类综合评价研究，为加密调整和气田长期稳产提供地质基础和依据。

1 气田基本情况

1.1 砂体与有效砂体呈"砂包砂"二元结构

苏里格气田位于鄂尔多斯盆地伊陕斜坡的西北侧（图1），主要产层为二叠系盒 8 段

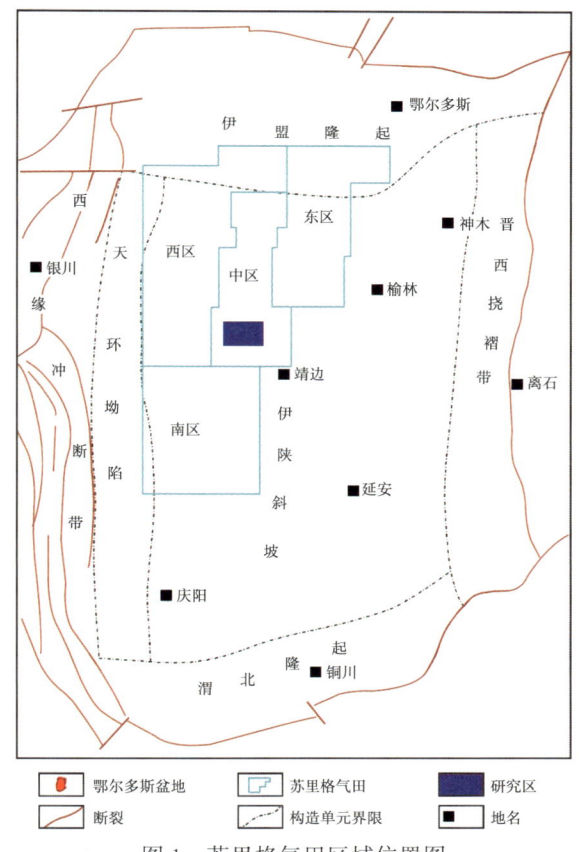

图 1 苏里格气田区域位置图

和山1段。主体沉积环境为陆相辫状河，在宽缓的构造背景下，河道多期改道、叠置，形成几千平方千米甚至上万平方千米的大规模砂岩区[7]，呈片状连续分布。储层沉积后遭受强烈的压实和胶结等成岩作用变得致密[8]，原生孔隙所剩无几，孔隙类型以次生孔隙为主。在普遍低渗透—致密砂岩背景下，孔渗值高（孔隙度大于5%，渗透率大于0.1mD），含气性好（含气饱和度大于45%）的砂体被称为"有效砂体"，是探明储量计算的主体对象和产能的主要贡献者。不同于砂体的大规模连续分布，有效砂体发育规模小、频率低，在空间上呈"甜点"状分散分布[9]，与连片的致密砂体呈"砂包砂"二元结构，有效累计厚度仅占砂体厚度的1/3~1/4，空间预测难度大，需要开展储层精细解剖，明确有效砂体分布特征。

1.2 储层非均质性强，各区块差异明显

受物源、沉积水动力、成岩作用改造和后期构造运动等多因素影响[10]，储层非均质性强[11]。气田勘探面积近5万平方千米，主要分为中区、西区、东区和南区等大区（图1）。中区储层质量相对好，投产时间长，开发效果最好；西区储层物性与中区接近，但大面积含水[12]，造成超过$7000×10^8m^3$的储量难于动用；东区岩屑含量高，储层较致密，北部部分层段见水；南区距离沉积物源远，岩石粒度细，储层厚度薄[13]，仅有部分区块建产，基本还处在开发评价阶段。各大区特征差异明显，同属于一个大区的多个开发区块之间甚至同一区块内部，地质特点及开发效果也不尽相同。需要在抽提储层共性的基础上对储量进行分类评价[14]。

1.3 单井产量低，递减快，管理难度大

气田平均储量丰度低（$1.2×10^8m^3/km^2$），地层压力低（压力系数0.8~0.9），直井泄气面积小，单井产量低（平均日产气$1×10^4m^3$），经济有效开发难度大。低渗透—致密气藏气井没有严格意义上的稳产期，投产之后即递减，前三年平均递减率22.7%。直井按照所处的地质条件和开发效果可分为Ⅰ类井、Ⅱ类井和Ⅲ类井三类，三年期平均日产量分别为$1.95×10^4m^3$、$0.97×10^4m^3$和$0.51×10^4m^3$，井数所占比例分别为20%、40%和40%。目前日产量低于$0.5×10^4m^3$的低产井5000余口，占气田总井数的一半以上，并呈增加趋势。大部分Ⅲ类井本身就是低产井，Ⅰ类井和Ⅱ类井投产5~6年后，随着产量递减亦成为低产井。大量低产井、低效井的存在，加大了气田效益开发的难度。需要进一步筛选优质储量，提升Ⅰ类井+Ⅱ类井比例。

1.4 储量规模落实，优质储量比例小，动用程度低

气田地质储量$4.77×10^{12}m^3$，由于矿权、保护区等因素影响地质储量$0.85×10^{12}m^3$，含水区影响地质储量$0.72×10^{12}m^3$，开发区内地质储量为$2.99×10^{12}m^3$，其中探明储量$1.23×10^{12}m^3$。虽然储量基数大，但优质储量比例小，开发区探明储量仅占气田地质储量26%。气田整体开发井网由早期的600m×1200m调整为600m×800m，储量动用程度由20%提升至30%左右。但现有井网依然对有效砂体控制不足，导致最终采收率偏低，与处在开发中后期阶段的国内外其他气田相比，仍然有较大的提升空间。需要系统研究合理井网密度[15]，论证不同类型储量动用顺序。

2 储量分布特征及动用程度评价

从苏里格气田众多的开发区块中优选苏14区块作为研究区（图1）。这是因为：（1）

研究区位于气田中区,面积850km²,储层条件较好;(2)区块于2009年投产,开发时间长,是苏里格气田最早投产的几个区块之一,动态资料可靠;(3)区内共有井数646口(直井570口,水平井76口),加密区6个,动静态资料完备,适合开展综合研究。

2.1 有效砂体分布规律研究

有效砂体刻画是储量计算、分类评价的基础。气田有效砂体连续性差,空间分布零星。目前的主体开发井网的井距大于有效砂体的规模尺度,使得有效砂体精细描述难度大。2008—2015年,气田在苏14、苏6、苏36-11等区块打了多排加密井并进行了42个井组的井间干扰实验,井网密度2.5~5口/km²,是有效砂体解剖的宝贵资料。气田井距方向为东西向,排距方向为近南北向,与砂体展布方向基本一致(图2)。干扰试验表明:井距在300~800m之间,排距在500~900m之间,随着井、排距增加,干扰概率逐渐降低,反映有效砂体的连通概率降低。井距方向大于600m,试验了3组,未见干扰;排距方向大于800m,试验了5组,干扰1组,干扰概率为20%(图3),可以判断有效砂体主体规模小于600m×800m。

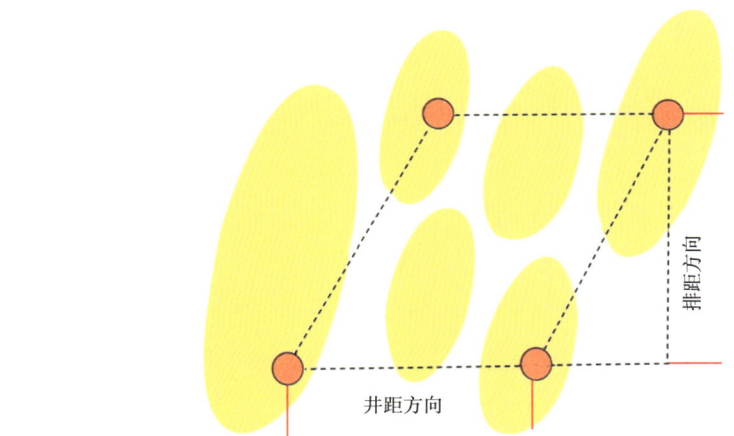

图2 储层展布方向与井、排距方向

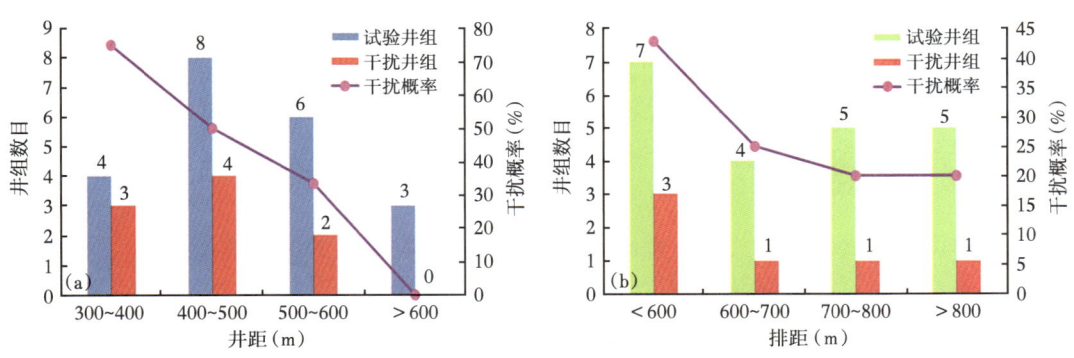

图3 不同井距(a)、排距(b)干扰试验井组统计直方图

以干扰试井分析为依据,结合野外露头观测、沉积物理模拟获得的长宽比1.5~4、宽厚比50~120数据[16],通过密井网区精细地质解剖,明确了研究区有效砂体的规模、叠置

样式及分布频率。有效单砂体厚度 1~5m，宽度为 100~500m，长度为 200~600m，1km² 地层内平均发育有效砂体 20~30 个。气田 80% 的有效砂体呈孤立分布，规模小，平均小于 400m×600m；20% 的通过垂向叠置、侧向搭接，规模较大，储量占总储量的比例达到 45%。

2.2 开发储量评价

本次储量核算垂向上刻画到单砂体，平面上区分砂组，具体方法：（1）以测井解释为依据，针对全区所有直井以单砂体为单元计算储量丰度，提高了储量计算的精度和准确性；（2）考虑有效砂体在平面的连续性，以砂层组为单位，圈定各储量丰度区间的含气面积，计算砂层组的地质储量；（3）将各砂层组储量累加，得到区块地质储量。

经计算，研究区储量总计 $1288.6×10^8m^3$，多层叠合后，全区含气，区块平均储量丰度 $1.52×10^8m^3/km^2$。各层段中，盒 8 段下亚段、山 1 段含气面积大，储量规模大，集中了区块 70% 以上的储量（表1）。受主河道控制，研究区东部储量相对富集。

表1 苏14区块各层段储量参数表

层段	含气面积（km^2）	地质储量（10^8m^3）	储量占比（%）	含气区储量丰度（$10^8m^3/km^2$）
其他	515.0	169.7	13.2	0.33
盒8段上亚段	261.6	108.7	8.4	0.42
盒8段下亚段	825.2	632.3	49.1	0.77
山1段	737.9	282.3	21.9	0.38
山2段	266.4	95.6	7.4	0.36
总计	850.0	1288.6	100.0	1.52

2.3 储量动用程度分析

结合产量不稳定法（Blasingame、流动物质平衡、递减曲线分析）和递减曲线分析法评价每口单井的动态储量和泄气范围。区块直井 570 口，平均动储量 $3005×10^4m^3$，平均泄气范围 $0.20km^2$；水平井 76 口，平均动用储量 $7283×10^4m^3$，平均泄气范围 $0.62km^2$。累加得到区块已动用地质储量为 $226.7×10^8m^3$，已动用面积 $161.9km^2$，分别占区块储量的 18% 和面积的 19%，整体动用程度较低，通过井网加密提高储量动用程度和采收率的潜力较大，但针对何种储量区采用何种井网密度进行加密还需要进行详细的论证。

3 储量分类综合评价

针对研究区开展地质与气藏工程研究，分析影响开发效果的关键地质参数，建立储量分类的多参数划分标准，对储量进行分类综合评价，为分类开展井网加密提供地质基础。

3.1 生产动态主控地质因素分析

3.1.1 储量丰度

较高的储量丰度是气井高产与区块效益开发的物质基础，井的产量与储量丰度有一定的正相关性。随着储量丰度的增加，高产量井比例逐渐增高。但在较高的储量丰度条件下，仍然对应一定比例的低产井。在储量丰度大于 $2.5×10^8m^3/km^2$ 区域范围内，依然有

13%的井预测最终累计产量（EUR）小于 $1300×10^4 m^3$。储量丰度是影响气井产能的重要因素，但不是唯一重要的因素，储量规模、储量构成（纯气层、差气层比例）、储层垂向叠置样式、平面连续性等多参数共同影响了气井的最终开发效果。

3.1.2 单层厚度

当有效厚度、储量丰度接近时，储层分布样式不同，各井累计产气量差异较大。有效储层为地下三维地质体，具有一定的长宽比和宽厚比[17]。单层厚度越大，则优质储层在平面的延伸规模越大，储层的连续性和连通性越好。若厚砂体厚度为薄砂体的 2 倍（图4），则它的体积（$8πab$）可达到薄砂体体积（$πab$）的 8（2^3）倍。假设有两口井，A井钻遇了 1 个厚层，B井钻遇了 2 个薄层（图4），两井的累计有效厚度相等，都为 $2h$，A井所控制储层的延伸面积为 B 井的 4（2^2）倍。

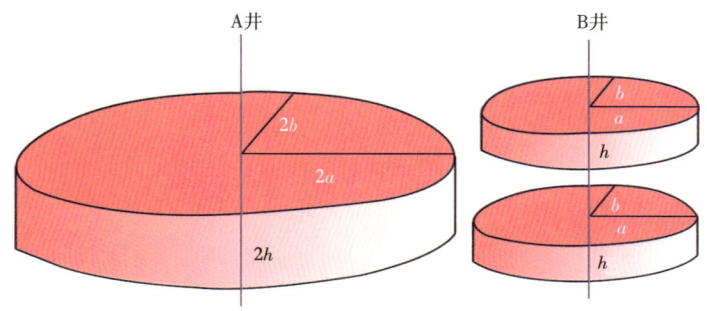

图 4　储层分布对储量影响模式图

区块约80%的有效单砂体小于4m，将大于4m的单砂体定为厚砂体。厚砂体平均厚度5.58m，薄砂体平均厚度2.46m。前者平均厚度为后者的2.27倍，在同样累计厚度下，延伸面积为薄砂体的 5.2（2.27^2）倍。

3.1.3 差气层比例

气田有效砂体根据物性及含气性差异可分为差气层及纯气层两种类型。差气层孔隙度大于5%，渗透率大于0.1mD，含气饱和度大于45%；气层一般孔隙度大于7%，渗透率大于0.3mD，含气饱和度大于55%。气田表现为多层含气的特点，单井平均钻遇4~5个有效砂体，差气层及气层的比例大约各占一半。差气层与纯气层相比，其物性差、含气饱和度小、含水饱和度高，储层内气体相对渗透率小，流动性差（图5）。

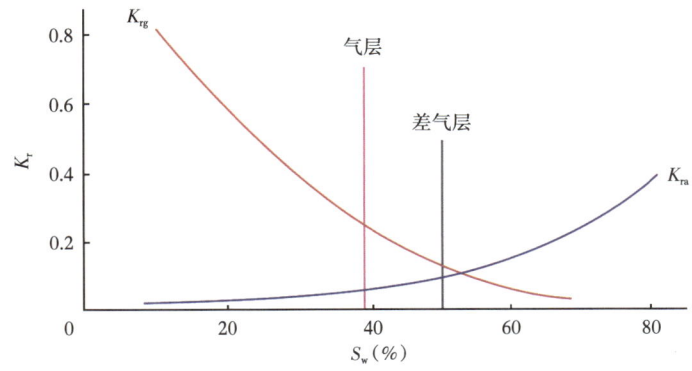

图 5　气水两相渗流模式图

为了对比差气层与纯气层的产能差异[18]，在研究区 570 口直井中挑选出仅钻遇差气层井 23 口，仅发育气层井 15 口。在储量丰度接近及有效厚度接近的条件下，仅发育差气层的气井平均 EUR 为 $1873×10^4 m^3$，仅发育纯气层的气井平均 EUR 为 $2492×10^4 m^3$，差气层产能仅为气层的 75%。

3.2 储量分类评价

前已述及，除了储量丰度，厚层发育程度、气层发育比例也是控制气井产能的重要地质参数。提出了厚层系数、气层系数等概念，对原有的储量丰度进行了修正。厚层系数 F_h 是指单井钻遇的若干个有效砂体中，折算厚层占累计有效厚度的比例，反映了储层的叠置程度及平面的连通性。因在同样的累计厚度下，厚储层延伸面积平均为薄储层的 5.2 倍，故薄层折算厚度为薄层的有效厚度除以 5.2。气层系数 F_g 是指单井累计有效厚度中折算纯气层的比例，与物性及气相的流动性密切相关。因同样储量丰度及有效厚度条件下，差气层的产能仅为气层 0.75，故差气层的折算厚度为差气层累计有效厚度乘以 0.75。事实上，一口井钻遇的若干有效砂体中，全都为厚层或全都为气层的概率微乎其微，故大多数情况下 F_h、F_g 皆小于 1，极个别情况等于 1。

$$F_h = \frac{h_h + h_b/5.2}{h_s} \tag{1}$$

式中 F_h——厚层折算系数；
h_h——厚层累计厚度；
h_b——薄层累计厚度；
h_s——有效砂体累计厚度。

$$F_g = \frac{h_g + h_{pg} \times 0.75}{h_s} \tag{2}$$

式中 F_g——气层折算系数；
h_g——纯气层累计厚度；
h_{pg}——差气层累计厚度。

$$I = (a \times F_h + b \times F_g) \times A_s \tag{3}$$

式中 I——修正储量丰度；
A_s——原始储量丰度。

其中，a、b 为相关系数，之和为 1，通过试算，当 $a=0.8$、$b=0.2$ 时，单井累产与修正储量丰度相关性最高。

研究中，需要分别统计各井的累计有效厚度及累计纯气层、差气层、厚层、薄层有效厚度等几个参数，通过式（1）至式（3），得到修正储量丰度。拟合修正储量丰度与单井预测最终累计产量的关系，认识到修正后的储量丰度与生产动态相关性显著提升，R 由原始储量丰度的 0.5 提升至修正后的 0.8（图 6）。反映出修正后的储量丰度能够表现地质资料与动态资料的内在关联，可以较准确地区分出不同类型的储量，可作为储量分级的主要依据。

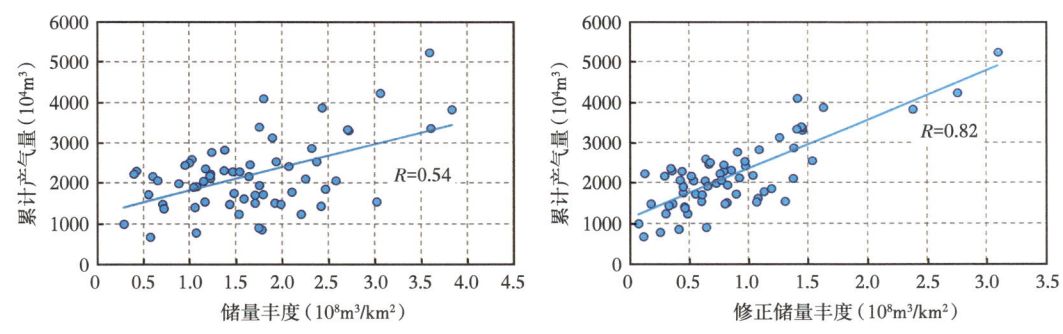

图6 单井预测最终累计产量与储量丰度及修正储量丰度关系图

综合考虑储量规模、储层分布特征、差气层影响,以修正储量丰度为主要依据,结合动静态资料多个参数,建立了储量综合分类标准(表2)。根据储量综合分类标准,将研究区储量分为5种类型。从Ⅰ类至Ⅴ类储量区,储量品质变差,储量趋于分散,有效厚度逐渐变薄,气层比例逐渐减小,单井累计产量逐渐变低。Ⅰ类、Ⅱ类及部分Ⅲ类储量对应优质储量,丰度大于$1.5×10^8m^3/km^2$。Ⅲ类及Ⅳ类储量的丰度有一定程度的重叠,其差别主要体现在储层叠置样式及差气层比例,进一步验证了储量丰度不是储量分类的唯一参数。各类储量区分布面积比例分别为17%、24%、30%、15%和14%,储量规模分别为$328.9×10^8m^3$、$362.6×10^8m^3$、$363.2×10^8m^3$、$170.1×10^8m^3$和$63.8×10^8m^3$。由于综合了多种因素,各类储量分布与储量丰度值在大趋势上有一定相关性,在局部细节又有诸多差异(图7)。

表2 储量综合分类标准

储层类型	修正储量丰度 ($10^8m^3/km^2$)	原始储量丰度 ($10^8m^3/km^2$)	累计有效厚度 (m)	单层有效厚度 (m)	气层比例 (%)	单井预测累计产量 (10^4m^3)	投产井类型
一类	≥1.4	≥2.0	≥18	≥5	≥70	≥3500	Ⅰ类井为主
二类	0.8~1.4	1.5~2.0	14~18	≥4	50~70	2500~3500	Ⅰ类井+Ⅱ类井
三类	0.5~0.8	1.1~1.5	10~14	≥3	40~50	1900~2500	Ⅱ类井为主
四类	0.2~0.5	1.1~1.4	6~12	<3	30~40	1350~1900	Ⅱ类井+Ⅲ类井
五类	<0.2	<1.1	<6	<3	<30	<1350	Ⅲ类井

Ⅰ类储量区位于高能主砂带主体,砂地比高,储层连续性强,有效砂体规模大,块状厚层型、多层叠置型比例高,有效砂体分布集中,纯气层发育数目占有效砂体中的比例大于70%(图8),是研究区开发潜力最好的一类储量。区内平均有效厚度19.7m,平均储量丰度$2.3×10^8m^3/km^2$,投产井以Ⅰ类井为主,井均预测最终累计产量$5117×10^4m^3$,井均泄气面积$0.29km^2$。

Ⅱ类储量区位于高能主砂带翼部及次高能主砂带主体,砂地比较高,储层连续性较强,有效砂体规模较大,区内平均有效厚度17.1m,平均储量丰度$1.76×10^8m^3/km^2$,井均预测最终累计产量$3045×10^4m^3$,泄气面积$0.23km^2$。与Ⅰ类储量相比,块状厚层比例低,多期叠置比例高,纯气层比例减少,为30%~50%。

Ⅲ类储量区主要分布在低能砂带,是分布最广泛的一类储量区,分布面积$254km^2$。

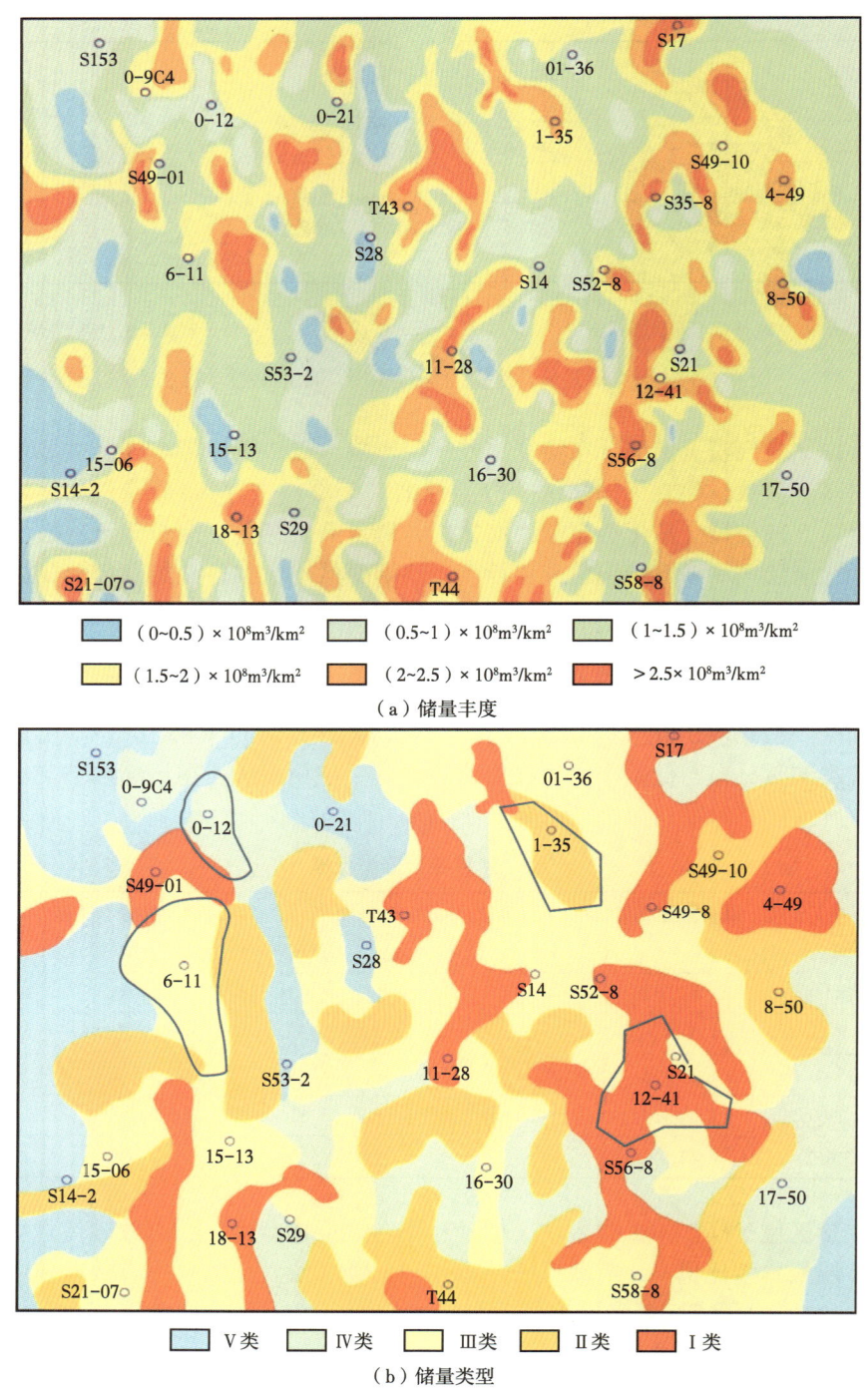

图7 储量丰度与储量类型分布平面对比图

有效砂体较为孤立,局部为多层叠置型,平均有效厚度13.8m,平均储量丰度1.43×10⁸m³/km²,纯气层比例40%~50%,投产井以Ⅱ类井为主,井均预测最终累计产量2228×10⁴m³,井均泄气面积0.21km²。与Ⅰ类、Ⅱ类储量区相比,储层连续性差,气层比例减小。

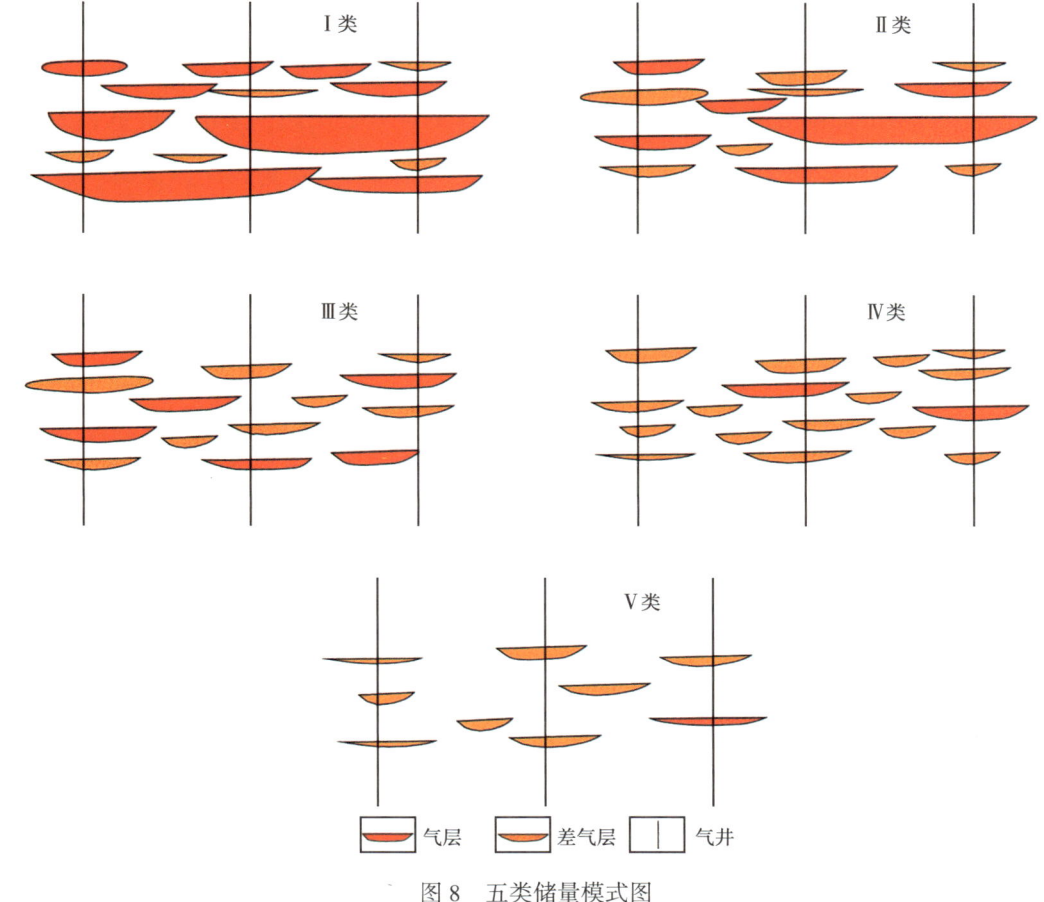

图 8 五类储量模式图

Ⅳ类储量区主要分布在砂带边部,砂地比低,有效砂体基本为孤立型,厚度薄,储层物性差,净毛比低,纯气层比例进一步减小至30%~40%。区内平均有效厚度13.1m,平均储量丰度 $1.35\times10^8m^3/km^2$,井均预测最终累计产量 $1880\times10^4m^3$,仅有边界效益,平均泄气面积 $0.16km^2$。

Ⅴ类储量区主要分布在区块的边部及砂带间,有效砂体厚度薄,规模小,在空间零星分布。单层有效单厚度一般小于3m,累计有效厚度小于6m,井均发育有效砂体1~2层,平均储量丰度 $0.53\times10^8m^3/km^2$,单井平均预测最终累计产量 $880\times10^4m^3$,泄气面积 $0.12km^2$。在现有的经济及技术条件下,单井累计产量达不到钻完井及储层改造成本所需的下限累计产量($1277\times10^4m^3$),没有加密潜力,建议暂不开发。故之后的加密调整研究主要针对Ⅰ类至Ⅳ类储量区。

不同类型储量区表现出不同的生产动态特征,这正是分类进行井网加密而不采用均一井网加密的原因。需要指出的是,本文的储量分类方法虽然能反映出差别较大的不同储量类型的储层地质特点和生产动态特征,但由于地质条件的复杂性及储层的强非均质性,在同一类型的储量区内,储层也不是均匀分布的。

4 井网加密调整对策

一般随着井网密度增加,井间干扰变得严重,单井平均产量降低,井组增加产量的速度变慢,采收率增加幅度变小。井网过稀,储量得不到有效动用,采出程度低;井网太密,受地质条件和产能干扰,单井累产降低,影响开发效益(图9)。确定合理井网密度要兼顾技术和经济条件,应遵循以下原则:

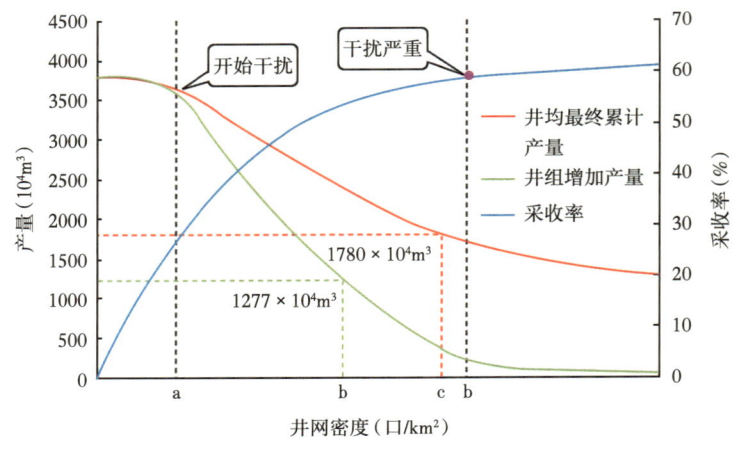

图 9 产量、采收率与井网密度关系图

(1) 同时保证较高的单井产量规模和区块采收率,允许一定程度的干扰,又要避免干扰严重,即 a(产生干扰井网密度)<适宜井网密度<b(严重干扰时井网密度);

(2) 骨架井及加密井整体达到12%内部收益率(最终累计产量不小于 $1780×10^4m^3$),即适宜井网密度≤c(经济极限井网);

(3) 每口加密井能够不亏本(最终累计产量不小于 $1277×10^4m^3$),即适宜井网密度≤d(最大收益井网密度)。

4.1 各类储量区加密调整研究

为了研究储层连通性,评价单井开发指标,气田在苏14、苏6、苏36-11等区块开展了不同储量类型、变井网密度下的8个密井网区的加密试验,井网密度2.1~5.0 口/km²,涵盖Ⅰ类至Ⅳ类储量区(表3)。以这8个密井网区的实际生产数据(单井累计产量、区块采收率)为依据,针对Ⅰ类至Ⅳ类储量区,分别建立地质模型、进行数值模拟,兼顾经济条件和技术因素,开展加密调整研究,论证各储量类型的适宜井网密度及开发指标。

首先针对各类储量优选建模区(建模区位置如图7b所示),建立地质模型。要确保建模精度,须使每类建模区拥有足够多的井数(大于10口)。由于各类储量区在平面上变化较快,很难保证每一类建模区只对应唯一类型的储量,但应要求尽量以相应的储量区为主。建模中通过基于目标的模拟方法建立砂体模型[19],在相控下建立有效砂体模型[20],建模结果与实际井的物性、储层规模、储量规模统计结果较一致,说明模型可靠,能较准确地表现出储层"砂包砂"二元结构。

在分别建立各类储量区地质模型的基础上,利用数值模拟方法模拟井网密度由1口井/km²到8口井/km²的生产过程,预测气井开发指标和生产期末最终采收率。变更井网密度时，先将老井抽离，重新布新井，打井的位置也就发生了变化。由于模拟是基于实际地质模型，储层非均质极强，井网密度改变前后即使没有井间干扰，单井的最终累计产量也可能发生变化，这是与概念均质模型不同之处。

表3 密井网区开发参数表

密井网区	井数（口）	井网（m×m）	井网密度（口/km²）	储量丰度（10⁸m³/km²）	修正储量丰度（10⁸m³/km²）	储量类型	预测最终累计产量（10⁴m³）	井组采收率（%）
苏36-11试验区	13	400×500	5.0	2.17	1.76	Ⅰ	2524	58.2
苏14三维区E	8	600×700	2.4	2.21	1.18	Ⅱ	2732	29.7
苏14加密区	18	500×700	2.9	1.74	0.79	Ⅲ	2336	39.8
苏6试验区	13	400×600	3.9	1.67	0.75	Ⅲ	1906	44.5
苏14三维区A	11	600×600	2.8	1.30	0.46	Ⅳ	1499	32.3
苏14三维区B	8	500×700	2.9	1.28	0.50	Ⅳ	1602	36.3
苏14三维区C	7	650×750	2.1	1.35	0.35	Ⅳ	1749	27.2
苏14三维区D	7	500×800	2.5	1.32	0.49	Ⅳ	1594	30.2

为了区别产量的减少是由储层变差引起的还是井间干扰造成的，这里引入"新老井产量比"的概念，是指井网密度每增加1口/km²，井组增加的产量（等效于新井的最终累计产气量）与老井平均最终累积产量之比。分析认为，新老井产量比的下降幅度较缓且大于50%时，主要是储层变差引起的产量降低；当新老井产量比呈"断崖式"迅速下降且小于30%时，意味着干扰严重，井网再加密，对采收率提升有限。

以Ⅰ类储量区为例开展分析。前文已述，根据生产动态数据计算得到Ⅰ类储量区的气井平均泄气面积为0.29km²，推算井网密度为3~4口/km²时产生井间干扰。根据数值模拟结果（表4），从2口/km²增加到3口/km²时，井组增加产量为2936×10⁴m³（等效新钻井最终累计产量），2口老井平均最终累计产量为4466×10⁴m³，则新钻井与老井平均产量比2936/4466=65.7%（大于50%），说明井网密度为3口/km²时，干扰不严重。井网密度从3口/km²增加到4口/km²时，新老井产量比为28.6%（小于30%），干扰严重，故Ⅰ类储量区井密度应小于4口/km²。

表4 Ⅰ类储量加密指标参数

井网密度（口/km²）	采出程度（%）	平均单井最终累计产量（10⁴m³）	井组增加产量（10⁴m³）	新老井产量比（%）
1	23.6	5296	5296	/
2	38.6	4466	3636	68.7
3	51.7	3956	2936	65.7
4	57.0	3250	1132	28.6
5	59.8	2753	765	23.5
6	62.6	2392	587	21.3
7	64.6	2130	558	23.3
8	66.9	1923	474	22.3

Ⅰ类储量区储层质量相对好,从区块整体效益来看,达到8口井/km²时,区块仍具经济效益,井均最终累计产量为1923×10⁴m³(大于1780×10⁴m³)。从新钻井自保的角度,当井网密度达到3口井/km²,新钻井最终累计产量为2936×10⁴m³(大于1277×10⁴m³),进一步加密到4口/km²,新钻井最终累计产量为1132×10⁴m³(小于1277×10⁴m³),故井网密度应不大于4口/km²。

综合考虑避免严重干扰、所有井整体有效、和新钻井能自保等3条加密原则(图10a),Ⅰ类储量区适宜井网密度为3口/km²。

Ⅱ类至Ⅳ类储量区井均控制范围分别为0.23km²、0.21km²、0.16km²,结合"新老井产量比"分析,认识到Ⅱ类至Ⅳ类储量区严重干扰时对应的井网密度分别为5口/km²、6口/km²和7口/km²。再根据所有井有效、加密井自保原则,研究了Ⅱ类至Ⅳ类储量区适宜井网密度(图10)。从Ⅰ类至Ⅳ类储量,随着储层品质依次降低:储量规模不断减小,平均储量丰度从2.30×10⁸m³/km²降到1.35×10⁸m³/km²;储层连续性逐渐下降,严重干扰井网密度从4口/km²上升到7口/km²;经济效益逐步减少,整体有效井网密度从8口/km²降到2口/km²;新井可自保的井网密度受干扰程度和储量质量双重影响,处在2~4口/km²范围之间(表5)。储量品质高,较少的井就可以有效控制储量,再打加密井,效益受损;储量品质低,经济效益差,多打加密井,开发风险大。这就产生了一种引人注意的现象:区块Ⅱ类储量区新井自保对应的最大井网密度能到达到4口/km²,而储量品质更好的Ⅰ类储量、品质稍差的Ⅲ类储量仅为3口/km²。

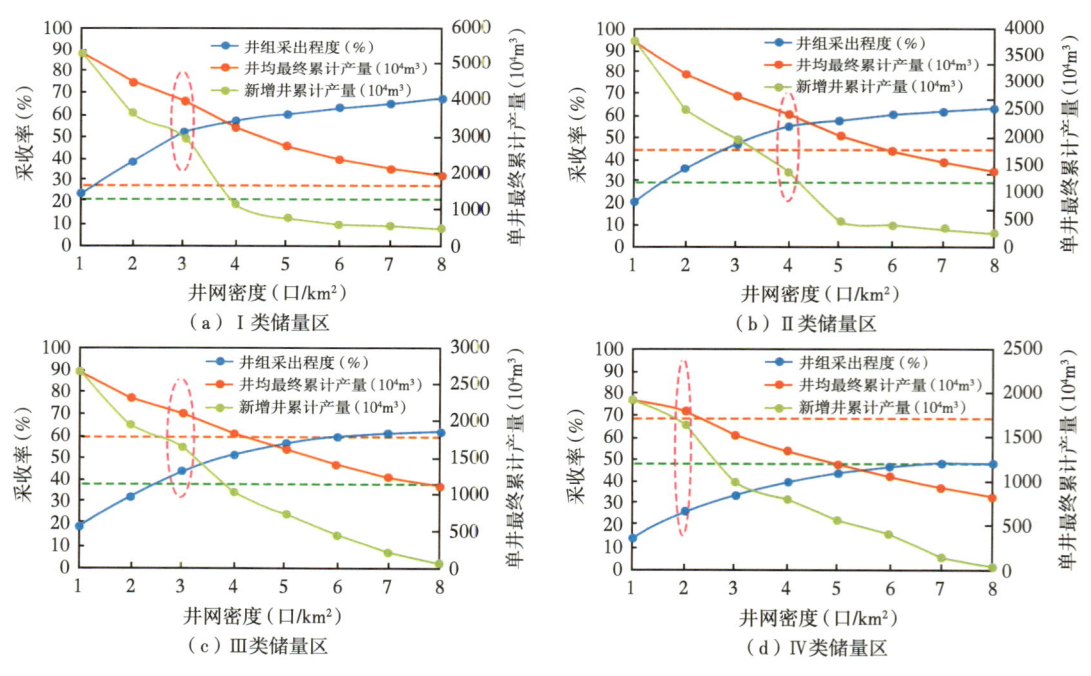

图10 各类储量区产量、采收率与井网密度关系

明确了Ⅰ类至Ⅳ类储量区适宜井网密度,分别为3口/km²、4口/km²、3口/km²和2口/km²。Ⅰ类至Ⅳ类储量区加密后井均预测最终累计产量分别为3956×10⁴m³、2407×10⁴m³、2086×10⁴m³和1782×10⁴m³,相比于各类储量区1口/km²井网条件下最终累产分

别减少了23%、12%、3%和2%。加密后优质储量区平均井网密度为3.7口/km²，证实了中国石油勘探开发研究院"气藏可整体加密至4口/km²"的判断是基本可靠的，也通过一系列分析基本消除了研究单位与油田现场对于合理井网密度的历史争议。

表5 各类储量区加密井指标

储量类型	未动用面积（km²）	建模区平均储量丰度（$10^8 m^3/km^2$）	严重干扰井网密度（口/km²）	整体有效井网密度（口/km²）	新井自保井网密度（口/km²）	适宜井网密度（口/km²）	加密后单井平均最终累计产量（$10^4 m^3$）	井组采出程度（%）
Ⅰ	101.5	2.30	4	≤8	≤3	3	3956	51.7
Ⅱ	147.0	1.76	5	≤5	≤4	4	2407	55.1
Ⅲ	195.7	1.43	6	≤4	≤3	3	2086	43.7
Ⅳ	87.6	1.35	7	≤2	≤2	2	1782	26.4

4.2 稳产及动用顺序论证

研究区按照井网对储量的控制程度可将井网分成3类：井网完善区、井网基本控制区和井网未控制区。井网完善区主要指水平井网及井网密度大于3口/km²的直井井网，对储量控制比较完善，下一步不再加密调整；井网基本控制区井密度1~2口/km²，储量类型多样，包涵600m×800m、600m×1200m多种井网，整体加密困难，适合"甜点"式加密；井网未控制区井密度小于1口/km²，面积和储量均占研究区总面积和总储量的70%以上，是加密调整的重点目标，建议根据各类储量适宜井网密度整体布井一次成型。

区块于2014年进入稳产阶段，规划年产能$18×10^8 m^3/a$，根据历年投产井的递减率按井数加权得到区块综合递减率为22%，确定今后每年需弥补递减$3.96×10^8 m^3$。考虑管道、集气站、天然气处理厂等地面建设完善程度[21]，秉承"有质量、有效益、可持续"开发原则，按照"开发一批、储备一批、攻关一批"的思路，建议针对井网基本控制区、井网未控制区Ⅰ类、Ⅱ类、Ⅲ类、Ⅳ类储量依次加密。综合各类储量区剩余储量、加密井密度、开发井指标预测及递减率分析，认为区块还能稳产22年，井网基本控制区、井网未控制区Ⅰ类至Ⅳ类储量区分别能够支撑区块稳产2年、6年、7年、6年和1年，整个稳产阶段还需打新井1862口，区块最终采气量$635.92×10^8 m^3$，采收率49.3%。

5 结论

气田储层结构复杂，非均质性强。根据储量规模、储层叠置样式、差气层影响、生产动态特征，将气田储量分为5类，避免了仅依据储量丰度这一单因素分类所造成的误差。兼顾技术和经济因素，明确了各类储量区适宜井网密度，Ⅰ类至Ⅳ类储量分别为3口/km²、4口/km²、3口/km²和2口/km²，Ⅴ类储量区单井产量低，达不到经济下限，暂不开发。

将本研究的储量分类及井网加密调整方法推广到气田的其他区块时，储量分类标准不变，只是其他区块5类储量的分布比例与研究区有所不同，各类储量区加密指标与研究区略有差异。考虑矿权、保护区等地面影响因素，其他区块的稳产年限会有所下降。通过井网加密，气田各区块可平均再稳产 15~20 年，采收率由 30%升至约 50%。

气田现有的密井网试验区存在一些问题，导致开发指标具有一定的不确定性。一是 8 个密井网试验区全部位于气田中区，储层品质好于气田的平均水平，缺乏代表性；二是井网密度还不够密（仅苏 36-11 试验区达到 5 口/km²，其余皆小于 4 口/km²），井距、排距一般大于 400m，对于识别长度和宽度在 400m 以下的有效砂体难度大。建议在气田的西区、东区加强密井网开发区先导性试验，进一步论证单井的开发指标、明确各类储量区适宜井网密度及合理动用顺序，为气田稳产及提高采收率提供更坚实的基础。

参 考 文 献

[1] 何光怀, 李进步, 王继平, 等. 苏里格气田开发技术新进展及展望 [J]. 天然气工业, 2011, 31（2）：12-16.

[2] 张文才, 顾岱鸿, 赵颖, 等. 苏里格气田二叠系相对低密度砂岩特征及成因 [J]. 石油勘探与开发, 2004, 31（1）：57-59.

[3] 卢涛, 刘艳侠, 武力超, 等. 鄂尔多斯盆地苏里格气田致密砂岩气藏稳产难点与对策 [J]. 天然气工业, 2015, 35（6）：43-52.

[4] 马新华, 贾爱林, 谭健, 等. 中国致密砂岩气开发工程技术与实践 [J]. 石油勘探与开发, 2012, 39（5）：572-579.

[5] 李建奇, 杨志伦, 陈启文, 等. 苏里格气田水平井开发技术 [J]. 天然气工业, 2011, 31（8）：60-64.

[6] 何东博, 贾爱林, 冀光, 等. 苏里格大型致密砂岩气田开发井型井网技术 [J]. 石油勘探与开发, 2013, 40（1）：79-89.

[7] 杨华, 付金华, 刘新社, 等. 鄂尔多斯盆地上古生界致密气成藏条件与勘探开发 [J]. 石油勘探与开发, 2012, 39（3）：295-303.

[8] 赵文智, 汪泽成, 朱怡翔, 等. 鄂尔多斯盆地苏里格气田低效气藏的形成机理 [J]. 石油学报, 2005, 26（5）：5-9.

[9] 闵琪, 付金华, 席胜利, 等. 鄂尔多斯盆地上古生界天然气运移聚集特征 [J]. 石油勘探与开发, 2000, 27（4）：26-29.

[10] 何东博, 贾爱林, 田昌炳, 等. 苏里格气田储集层成岩作用及有效储集层成因 [J]. 石油勘探与开发, 2004, 31（3）：69-71.

[11] 付金华, 魏新善, 任军峰. 伊陕斜坡上古生界大面积岩性气藏分布与成因 [J]. 石油勘探与开发, 2008, 35（6）：664-667.

[12] 孟德伟, 贾爱林, 冀光, 等. 大型致密砂岩气田气水分布规律及控制因素——以鄂尔多斯盆地苏里格气田西区为例 [J]. 石油勘探与开发, 2016, 43（4）：607-614.

[13] 郭智, 贾爱林, 薄亚杰, 等. 致密砂岩气藏有效砂体分布及主控因素——以苏里格气田南区为例 [J]. 石油实验地质, 2014, 36（6）：684-691.

[14] 王永祥, 张君峰, 段晓文. 中国油气资源/储量分类与管理体系 [J]. 石油学报, 2011, 32（4）：645-651.

[15] 严谨, 史云清, 郑荣臣, 等. 致密砂岩气藏井网加密潜力快速评价方法 [J]. 石油与天然气地质, 2016, 37（2）：125-128.

[16] 贾爱林, 何东博, 何文祥, 等. 应用露头知识库进行油田井间储层预测 [J]. 石油学报, 2003, 21（6）：51-53.

[17] 贾爱林, 程立华. 数字化精细油藏描述程序方法 [J]. 石油勘探与开发, 2010, 37（6）：623-627.

[18] 计秉玉,王春艳,李莉,等.低渗透储层井网与压裂整体设计中的产量计算[J].石油学报,2009,30(4):578-582.
[19] 贾爱林.中国储层地质模型20年[J].石油学报,2011,32(1):181-188.
[20] 郭智,孙龙德,贾爱林,等.辫状河相致密砂岩气藏三维地质建模[J].石油勘探与开发,2015,42(1):76-83.
[21] 武力超,朱玉双,刘艳侠,等.矿权叠置区内多层系致密气藏开发技术探讨——以鄂尔多斯盆地神木气田为例[J].石油勘探与开发,2015,42(6):826-832.